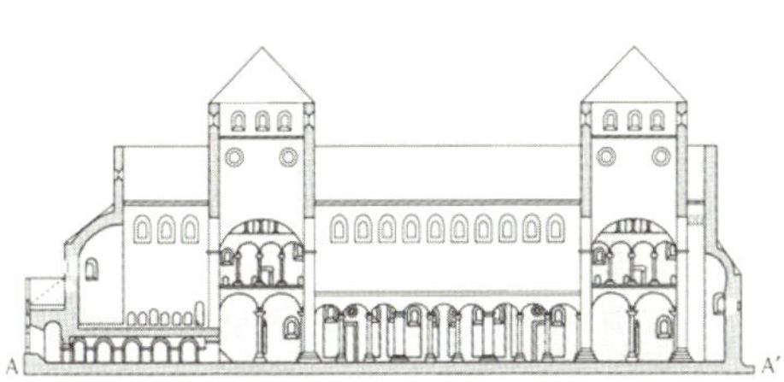


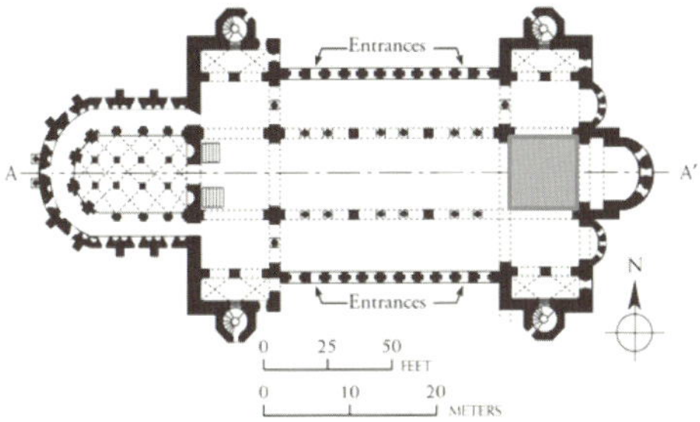

# 유럽의 교회건축

김홍섭 지음

EUROPEAN CHURCH ARCHITECTURE

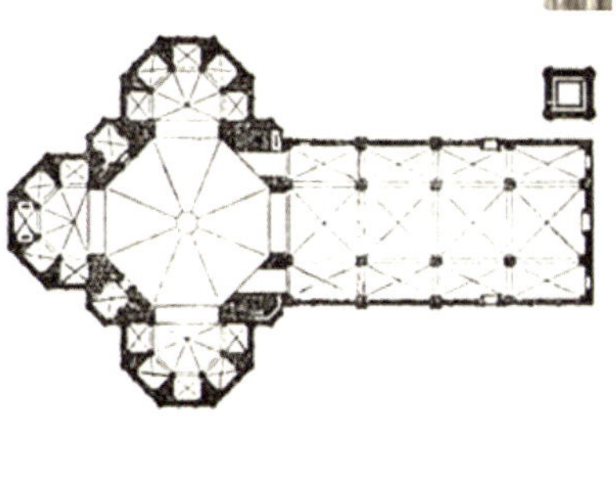

신아사

**김홍섭**

전남대학교 인문대학 독일언어문학과 교수이다. 독일문학은 물론 유럽의 문화와 예술, 미술사 등에 각별한 관심을 갖고 연구와 강의를 하고 있다. 여러 차례 '교육우수교수'에 선정되었고, '탁월한 강의상' 등을 다수 수상하였다.

주요 저서로는 『새롭게 읽는 유럽 미술사』(2003), 『독일 미술사』(2004), 『미술로 읽는 독일문화』(2012), 『독일문학 깊이 읽기』(2018), 『미술로 읽는 유럽문화』(2020), 『한눈에 보는 서양미술』(2021) 등이 있다.

# 유럽의 교회건축

초판 1쇄 발행 _ 2022년 8월 20일

저 자 · 김 홍 섭
발행인 · 정 현 걸
발 행 · 신 아 사
인 쇄 · 한승인쇄
주 소 · 서울특별시 은평구 통일로 59길 4 2층(122-826)
전 화 · (02) 382-6411 팩스 · (02) 382-6401
홈페이지 · www.shinasa.co.kr
E-mail · shinasa@daum.net
출판등록 · 1956년 1월 5일(제9-52호)

ISBN: 979-11-92428-24-6(03600)

정가 20,000원

# 머리말

중세 이래 그리스도교 교회는 '그리스도의 몸(Corpus Christi)'으로서 그리스도교 공동체를 의미했고, 공동체 안에 속한 구성원들은 그리스도의 몸을 이루는 지체였다. 반면 교회 건물은 지상에 임재하시는 하느님의 거처로서 '하느님의 집(Domus Dei)'을 의미했다. 그러나 오늘날 교회 건물은 '하느님의 집'이라기보다 '하느님 백성의 집(Domus Ecclesia)'이라는 생각이 강해지면서 그리스도교 공동체를 위한 예배 공간 정도로 여겨지는 경향을 보인다. 그러나 하느님은 다른 어디에 계시는 것이 아니라 그의 백성 안에 현존하시며, 하느님의 백성이 모인 공동체로서의 교회는 하느님께서 주관하신다는 점에서 그들이 모이는 교회 건물은 곧 하느님 공동체를 위한 '하느님 백성의 집'이자 '하느님의 집'이라는 상징성을 갖는다고 할 수 있다. 그런 의미에서 그리스도교인들에게 있어서 교회건축은 예나 지금이나 중요성을 지닌다. 그러나 그리스도교인이 아니라 할지라도 우리가 알게 모르게 사실상 어느 정도 그리스도교 문화권에서 살고 있다는 것을 고려할 때 그리스도교와 교회건축에 대한 이해는 상식이자 교양이라고 할 수 있다. 이 책은 유럽의 교회건축을 통해 이러한 상식과 교양에 접근하는 유익한 지름길을 제공한다.

일반적으로 유럽의 교회건축은 서양 건축사의 한 부분으로 다루어지고 있다. 그러나 따지고 보면 19세기까지만 해도 서양 건축사는 많은 부분이 교회건축사라 해도 무방할 정도로 교회건축이 절대적 위치를 차지하고 있다. 이는 로마제국에서 그리스도교가 공인된 이후 교회건축이 그 시대의 세계관을 표현하는 가장 강력한 수단이자 그 시대의 모든 사회적, 기술적 역량이 집약된 최고의 문화적 산물이었기 때문이다. 따라서 교회건축만을 따로 떼어서 살펴보는 것은 오히려 일관성과 통일성이라는 측면에서 나름대로 타당성을 갖는다고 할 수 있다.

이 책은 약 4세기에서 20세기에 이르기까지 각 시대를 대표하는 교회건축을 중심으로 유럽 교회건축의 발전과정을 다룬다. 초기 그리스도교에서부터 시작된 '바실리카식'과 '중앙집중식'이라는 두 유형의 교회건축이 중세를 거치는 동안 서유럽과 동유럽에서 어떻게 발전하고 변화해왔는지를 다루고, 종교개혁 이후 가톨릭교회와 개신교가 추구하는 교회건축의 변화와 차이를 다룬다. 나아가 20세기 교회일치운동의 영향으로 나타난 새로운 교회건축에 대해서도 살펴본다. 교회건축은 일반 건축과 달리 전례를 위한 특수 공간이라는 점에서 건축의 구조적 이해뿐만 아니라 그러한 건축을 구성하는 여러 요소들에 대한 인문학적 이해도 병행되어야 한다. 따라서 이 책은 기존 건축사와는 달리 교회건축의 시대적 배경과 양식적 특징, 전례 공간의 변화, 각 건축 요소의 상징성, 장식의 의미 등도 함께 살펴보게 될 것이다.

이 책은 유럽의 교회건축에 관심 있는 분, 교회건축을 통해 유럽문화의 진수에 접근하고자 하는 분들에게 좋은 길잡이가 될 수 있을 것이다. 나아가 이 책은 유럽의 교회건축을 통해 우리나라 교회건축을 이해하고자 하는 분들이나 오늘날 교회건축의 방향을 고민하는 분들에게도 일정 정도 참고 자료가 될 수 있기를 기대해 본다.

김홍섭

# 차 례

# 1 초기 그리스도교 교회건축

프리실라 카타콤, 3세기경, 이탈리아 로마

## (1) 초기 그리스도교의 교회건축에 대한 인식

영어로 교회를 뜻하는 church(고대 영어 cirice)나 독일어로 교회를 뜻하는 Kirche(키르헤)는 고대 게르만어 kirka(키르카)에서 온 말이다. 이 말은 그리스어 kyriakon(키리아콘, 신에게 속한다는 뜻)에서 유래한 것으로, 교회가 '신의 집'이라는 의미를 갖는다. 따라서 교회는 지상에 위치한 신의 집을 상징한다고 할 수 있다. 나아가 교회는 천상의 예루살렘을 지상에 구현해 놓은 것으로 천상의 왕국을 상징하는 공간으로 이해되기도 한다. 물론 종교개혁 이후 그 의미가 많이 달라지긴 했지만 그리스도교에 있어서 교회건축은 그리스도교 정신의 확고한 한 부분으로 자리잡고 있다.

그러나 그리스도교에서 교회건축이 처음부터 중요하게 생각된 것은 아니었다. 특히 초기 그리스도교인들에게 있어서 교회건축은 별다른 의미가 없었다. 유대교나 타종교들이 성전 건축에 심혈을 기울인 것과 달리 초기 그리스도교는 성전 건축에 신경을 쓰지 않았을 뿐 아니라 오히려 부정적이었다. 이에 대한 근거는 사도 바오로(바울)의 편지였다. 바오로는 고린토인들에게 보낸 첫째 편지에서 "여러분은 자신이 하느님의 성전이며 하느님의 성령께서 자기 안에 살아 계시다는 것을 모르십니까?"(고린토 3,16)라고 함으로써 교회에 대한 분명한 지침을 제시했다. 이후 이 구절은 오랫동안 그리스도교인들에게는 왜 성전이 필요 없는지를 설명하는 근거가 되었다. 3세기 중반 세간에서 반듯한 성전 하나 없는 그리스도교 같은 종교는 진정한 종교가 아니라는 비판이 제기되었을 때, 당시 그리스도교 신학의 최고봉이라 불리는 알렉산드리아의 오리게네스(Origenes, 185?-253?)는 "인간의 육신만이 하느님의 성전이고, 지어진 신전들은 생명이 없다. 이런 신전을 숭배하는 사람은 돌을 숭배라는 사람이다."라고 함으로써 성전의 종교적 필요성에 강력히 반대하였다.

성 아나니아스 경당, 6세기 이전, 시리아 다마스쿠스

이와 같이 건축물로서의 교회는 그리스도교 공동체를 보호하고 공동체의 성장을 돕는 '그릇'에 불과하다고 생각했기 때문에 그다지 중요하게 생각하지 않은 반면, 그리스도교 공동체로서의 교회를 뜻하는 에클레시아(ecclesia)는 매우 중요시되었다. 에클레시아는 라틴어에서 가져온 말로 '민회, 집회, 모임' 등을 뜻하는 고대 그리스어 ekklesia에서 비롯된 것이다. 그러나 '부름 받은 공동체'를 의미하는 에클레시아라는 말은 3세기를 거치면서 점차 교회 건물을 가리키는 말로 변질되어 갔고, 중세 이후 중의적 의미로 사용되었다. 그리고 종교개혁 시기인 16세기에 마르틴 루터(Martin Luther)가 에클레시아를 kyrike(키리케. 나중에 Kirche가 됨)로 번역하면서 이것이 게르만어권(영어권 포함)에서 교회 건물을 의미하는 말로 보편화되었다. 그러나 공동체로서의 교회와 건축물로서의 교회는 구분되어야 한다는 점에서 용어 정리가 필요하다는 의견도 제기되고 있다.

### (2) 주택교회와 카타콤

초기 그리스도교에서 예배는 주택교회(house-church)와 카타콤(catacomb)을 중심으로 이루어졌다. 주택교회는 집회 기능을 담당했고, 지하 공동묘지인 카타콤은 주로 매장 기능을 담당했다. 200년경 그리스도교는 성직자와 평신도를 구분하고 미사로 대표되는 예배의식도 자리를 잡는 등 기본 골격을 갖추게 된다. 따라서 이에 따른 공간이 필요하게 되자 신도들의 주택을 예배 장소로 사용하기 시작했는데, 이것을 주택교회(가정교회라고도 한다)라고 부른다. 주택교회는 신도들의 주택 중 비교적 규모가 큰 집의 식당이나 다락방 같은 곳에서 정기적으로 의식이 치러졌다는 점에서 교회의 한 유형이라고 할 수 있지만 어디까지나 임시적 성격을 가지고 있었다.

그러다 시간이 흐르면서 주택교회는 기능적 필요에 따라 개조되어 집회실과 세례실, 교육실 등을 갖춘 전용 교회로 발전하게 되는데, 이를 주택교회와 구분해 '도무스 에클레시아(domus ecclesiae)'라 부르기도 한다. 현재 남아있는 도무스 에클레시아의 예는 당시 로마군 주둔지 중 하나였던 시리아의 〈두라-에우로포스의 주택교회〉(245년경)에서 찾

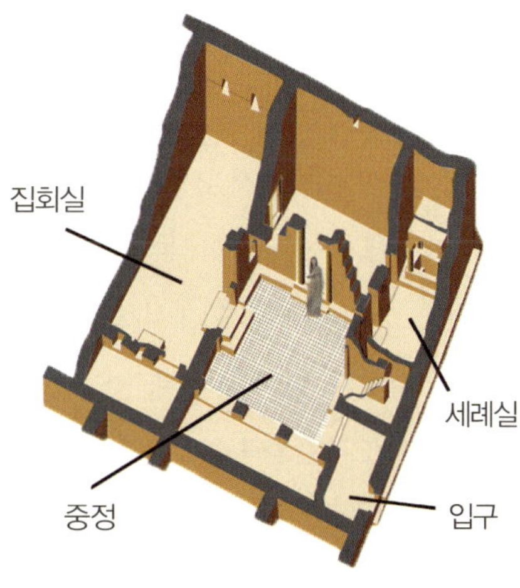


두라-에우로포스의 주택교회 구조

두라-에우로포스의 주택교회 세례실

아볼 수 있다. 이 건물은 가운데 중정을 갖는 전형적인 로마 주택의 구성을 하고 있다. 중정을 중심으로 왼쪽에 집회실이 있는데, 크기는 5×13m로 약 50-60명을 수용했을 것으로 추정된다. 오른쪽에는 세례실이 있었는데, 이곳은 성경의 내용과 예수의 행적이 그려진 벽감과 벽화 등으로 장식되었다. 화려한 세례실의 모습은 초기 그리스도교에서 세례 의식을 매우 중요하게 생각했음을 보여준다. 집회실과 세례실 사이의 방은 교리를 가르치는 교육실이었을 것으로 추측된다. 이러한 도무스 에클레시아는 초기 그리스도교의 제의적 공간의식을 반영한 것이었다. 도무스 에클레시아는 무엇보다 신도들이 모이는 집회공간과 그리스도교 전례에서 가장 중요한 행사인 세례를 위한 세례당이 접목된 형태였다. 이러한 형식은 이후에 교회가 복잡한 구성으로 발전하는 중에도 반드시 지켜야 할 원칙이 되었다. 도무스 에클레시아는 4세기 콘스탄티누스 황제 때 바실리카식 교회가 등장할 때까지 교회건축을 주도하였다.

초기 그리스도교에서 예배집회 문제와 함께 가장 중요한 사항이 신도나 순교자들의 매장 문제였다. 그리스도교가 초기에 사람들로부터 주목을 받았던 이유 중 하나가 가난한 사람들의 장례를 잘 치러줬다는 것이다. 그리스도교 확장 초기인 2-3세기에 그리스도교의 지하무덤을 대표하는 카타콤이 활발하게 만들어진 것도 그런 이유였다. 카타콤은 원래 이탈리아 남부나 북부 아프리카 또는 소아시아 지역에서 유행했던 매장방식이었다. 원래 로마의 전통적인 장례는 화장이 주를 이루었지만, 2세기 이후 소아시아나 아프리카 사람들이 몰려들면서 로마에서도 매장문화가 성행하게 되었다. 그러나 이내 묘지 부족과 환경 문제 등으로 인해 도시 내에 매장하는 것이 법으로 금지되기까지 하였다. 이에 대한 대안으로 지하 동굴을 파 묘를 만드는 카타콤이 등장하게 된다. 처음에는 그리스도교인들과 이교도들이 서로 섞여 매장되었으나 점차 그리스도교인들의 인구가 증가하면서 그들만을 위한 지하무덤이 형성되었다.

200년경에 이르러 그리스도교 내에서 어느정도 체제가 갖춰지게 되면서 순교를 신성시하고 순교자들에 대한 종교적 상징화 작업이 진행되었다. 이 과정에서 순교자를 위한 기념 시설이 본격적

프리실라 카타콤

으로 만들어졌는데, 이 작업은 크게 두 방향으로 진행되었다. 한 방향은 카타콤 내의 순교자 묘실을 보강하는 것이었다. 우선 무덤 내부에 포도나무나 물고기 등 종교적 상징물을 그려 장식하였고, 3세기경에는 〈프리실라 카타콤〉의 경우처럼 구약 성서의 내용을 그린 서사적인 그림도 등장하게 된다. 그리고 이런 지하묘지들이 단순한 매장기능을 넘어 기념 교회로서의 종교적 기능도 갖게 되면서 내부 벽감 등을 고전 건축의 모티브로 장식하는 경우도 생겨났다. 로마에 있는 성 세바스티안 카타콤 내 '성 세바스티안 무덤'(약 300년경)이 그 한 예이다. 이 무덤은 세 개의 묘실이 중앙 광장을 중심으로 방사형으로 구성되었는데, 묘실 입구는 고대 신전의 파사드 모습으로 장식되었다. 이런 건축적 장식들은 로마 무덤에서 자주 사용되던 것인데, 카타콤에 사용된 이러한 처리 방식은 그리스도교 건축이 상징화되어 가는 과정에서 중요한 역할을 하게 된다.

성 세바스티안 무덤

순교자를 위한 기념 시설의 다른 한 방향은 옥외에 무덤을 만드는 것이었다. 그리스도교 내에 정치적으로나 경제적으로 여유가 생기면서 순교자의 무덤이 옥외시설로 축조되기 시작했고, 3세기 중반에는 무덤교회(mausoleum church)로서의 체계를 갖추게 된다. 우선 무덤 위에 성찬용 탁자가 놓이며 옥외 묘실이 생겨났고, 옥외 무덤에 순교라는 종교적 상징성이 더해지면서 순교자 기념교회가 형성되기 시작했다. 무덤교회는 로마 시대의 영묘인 '헤로움(heroum)'을 모델로 차용하였다. 헤로움은 신전과 달리 영웅이나 황제 등에게 봉헌된 것으로 무덤을 겸하고 있었는데, 그 대표적인 예가 로마의 〈고르디아누스 황실 영묘〉(300년경)이다. 이 건물은 로마의 〈판테온〉처럼 원형의 무덤을 묘실로 갖고 그 앞에 신전 파사드가 더해진 방식으로 구성되었다. 순교자 무덤은 이러한 헤로움을 기본 형태로 삼아 간단한 형태의 중앙집중식 공간으로 구성되었고, 여기에 벽화나 고전 건축의 어휘가 장식으로 더해졌다. 3세기까지의 순교자 무덤은 아직 의미있는 건물 유형으로 발전하지는 못했지만, 고전 건축의 어휘를 이용한 중앙집중형 구성은 이후 세례당과 중앙집중형 교회로 발전하는 중요한 출발점이 되었다.

고르디아누스 황실 영묘 / 평면도

## (3) 초기 교회건축의 두 형식

교회건축은 4세기에 이르러 새로운 전기를 맞는다. 311년 그동안 박해해오던 그리스도교를 인정하는 관용령이 발표되고, 313년 밀라노 칙령으로 그리스도교가 공인된다. 밀라노 칙령은 그리스도교의 모든 종교행위를 허용했을 뿐 아니라 그동안 제약을 받고 있던 그리스도교인의 재산권을 인정함으로써 그리스도교의 독립적 건축을 가능하게 하였다. 더욱이 콘스탄티누스 황제가 그리스도교의 도움을 받아 권력투쟁에 승리하고, 그의 어머니 헬레나의 신심 덕분에 그리스도교가 황실의 종교가 됨으로써 상류 지배계층의 그리스도교 합류가 이어졌다. 이후 그리스도교와 국가권력이 새로운 관계를 맺음으로써 그리스도교는 국가권력에 어울리는 교회건축이 필요하게 되었다. 아울러 종교의식이 체계화되고 성직 계급이 분화되면서 새로운 그리스도교 건축에 대한 요구도 강해졌고 건축의 의미도 체계화되었다.

그리스도교 교회건축은 그리스도교가 공인된 후 본격적으로 형성되기 시작해 서로마가 멸망한 476년경까지 기본 골격을 갖추게 되었다. 이 기간 동안 바실리카식 선형 교회와 무덤교회식 중앙집중형 교회라는 교회건축의 두 가지 유형이 성립된다. 일반적으로 이 두 유형을 '바실리카식 교회(basilica plan church)'와 '중앙집중식 교회(central plan church)'라고 구분해 부르고 있다. 바실리카식 교회는 로마의 공회당인 바실리카(basilica)를 기본 모델로 삼아 평면이 직사각형이고 경사진 긴 지붕을 가지고 있다. 바실리카식 교회에서는 제단을 향한 '거룩한 길(via sacra)'이 강조되기 때문에 전체적으로 길쭉한 선형이다. 중앙집중식 교회는 둥그런 원형의 순교자 무덤을 기본 모델로 삼아 평면이 원형이거나 정사각형이고, 둥그런 돔(dome) 지붕을 가지고 있다. 중앙집중식 교회에서는 하늘을 상징하는 돔이 강조되기 때문에 전체적으로 돔 중심의 중앙집중형이다. 두 유형 모두 초기에는 본당 건물 앞에 중정(아트리움 atrium)이 있었고, 이 중정을 통해 본당으로 들어가도록 되어 있었다. 중세에 들어오면 중정이 없어지고, 길에서 곧바로 본당으로 들어가도록 바뀌게 된다. 바실리카식 교회는 서유럽 교회건축의 표준이 되었고, 중앙집중식 교회는 동유럽 교회건축의 표준이 되었다. 그러나 서유럽의 경우 중세 이후 표준형인 바실리카식 교회와 더불어 중앙집중식 교회가 도입되면서 종교적으로나 정치적으로 긴장 관계를 형성하기도 하였다.

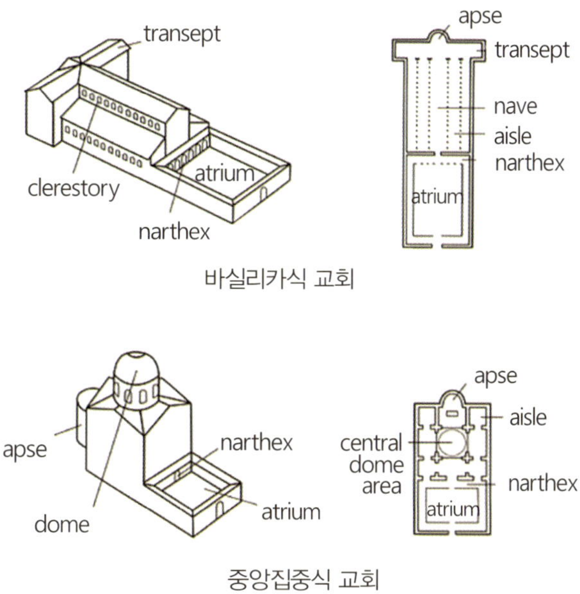


초기 교회건축의 두 형식

# 2 바실리카식 교회 : 서유럽 교회건축의 표준

성 사비나 성당, 430년경, 이탈리아 로마

## (1) 바실리카식 교회의 기원

313년 로마에서 그리스도교가 공인된 후 교회 입장에서 가장 시급한 문제는 공공의 예배장소를 마련하는 일이었다. 이 문제를 해결하기 위해 초기 교회는 바실리카를 빌리거나 이를 개조해 성당으로 사용하였다. 바실리카는 '대형 공회당'이라는 의미로 법정이나 시장 등으로 사용되던 다목적 집회시설로, 2세기에 이르러서는 미트라교나 유대교 등 로마 국교를 제외한 여러 종교들의 집회 장소로 사용되기도 하였다. 고대 로마의 중심지였던 포로 로마노(Foro Romano. 고대명 '포룸 로마나 Forum Romana', 포룸은 도시광장이라는 뜻)에 위치한 〈콘스탄티누스 바실리카〉(308-312)는 당시 바실리카의 전형을 잘 보여준다.

이 바실리카는 콘스탄티누스의 정적이었던 막센티우스가 건축을 시작했으나 312년 콘스탄티누스가 완공해 '막센티우스 바실리카' 또는 '콘스탄티누스 바실리카'라고 불린다. 구조는 전체적으로 평면이 직사각형(100x65m)이고, 입구 반대편에 후진(앱스 apse)이라 불리는 반원형 공간이 돌출되어 있다. 평면도를 보면 입구와 후진이 두 곳에 있는데, 그중 직사각형 평면의 장축(동서) 방향에 있는 것이 원래의 것이고, 단축(남북) 방향에 있는 것은 콘스탄티누스 황제 때 새로 만든 것이다. 서쪽에 있는 원래의 후진에는 황제상이 놓였다. 동쪽 입구로 들어가면 내부 공간이 기둥들로 인해 세 개로 나뉘어 있는데, 가운데 중간 부분이 중랑(네이브 nave)이고, 양옆이 측랑(아일 aisle)이다. 이 바실리카는 중랑 하나와 두 개의 측랑을 가지고 있어 '3랑식 바실리카'라고 부른다. 이보다 규모가 큰 바실리카의 경우 측랑이 두 겹인데, 이럴 경우 중랑을 포함해 종방향의 베이(bay) 수가 다섯 개라는 점에서 '5랑식 바실리카'라고 부른다. 바실리카의 지붕은 경사지붕이고, 그 구조는 목조 트러

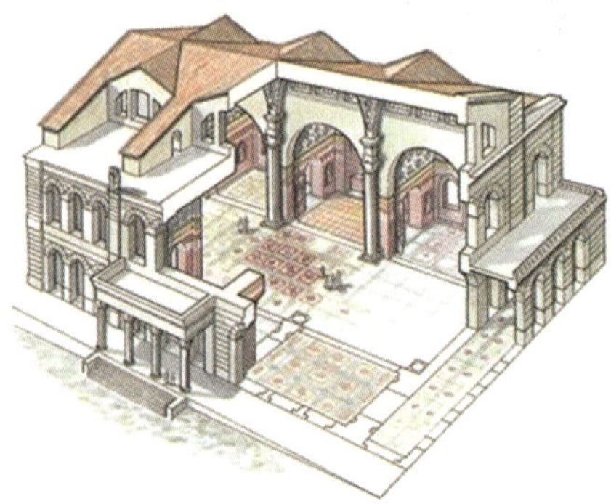

콘스탄티누스 바실리카 유적 / 구조

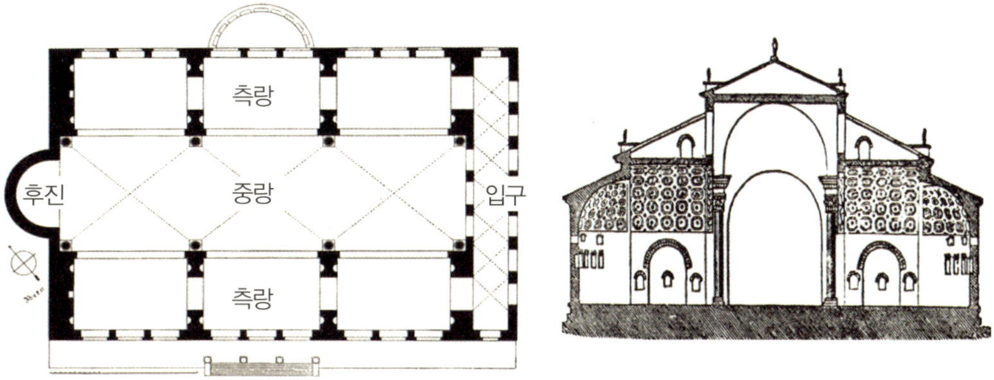


콘스탄티누스 바실리카 평면도 / 입면도

스(truss)로 짜였다. 천장은 트러스를 막지 않고 드러나 보이게 놔두거나 목조 평천장으로 처리하였다. 중랑의 천장은 높고 양옆 측랑의 천장은 낮게 설계되었는데, 〈콘스탄티누스 바실리카〉의 경우 중랑의 높이는 35m, 측랑의 높이는 24.5m로 그 높이차를 이용해 중랑벽에 창을 내 채광이 이루어지도록 하였다. 이 창이 난 부분을 고측창(클리어스토리 clerestory)이라 부른다.

콘스탄티누스 바실리카 내부(상상도)

바실리카는 고대 신전과 달리 종교적 측면에서 로마 문명의 정신적 상징성으로부터 자유로웠기 때문에 그리스도교 입장에서 거부감이 적었다. 또한 그리스도교가 실내에서 행해지는 집회와 의식을 중시한다는 점에서 많은 신도들을 수용하기에도 충분했다. 이 때문에 처음에는 이런 바실리카를 빌려 교회로 사용했고, 경제적 여유가 생기면서 3세기에는 전용 바실리카를 짓기 시작했다. 그러다 바실리카가 그리스도교 정신에도 부합하고 그리스도교에서 새롭게 요구되기 시작한 기능들을 수용하기에 적합한 공간구조를 가지고 있다는 점에서 바실리카를 모방해 그리스도교의 특성에 더 적합한 새로운 교회를 건축하게 된다. 이렇게 해서 생겨난 것이 '바실리카식 교회'이다.

## (2) 바실리카식 교회의 발전

최초의 바실리카식 교회는 콘스탄티누스 황제가 로마에 건립한 〈라테라노의 성 요한 대성당〉(313-324)이다. 성당 이름에 '라테라노'가 붙은 이유는 성당 자리가 원래 로마의 행정관을 역임한 라티라니 가문의 궁전이 있던 곳이기 때문이었다. 오늘날 〈라테라노의 성 요한 대성당〉은 로마의 일곱 개 순례성당 중 하나이자 네 개의 '대 바실리카(Basilica maior)' 중 하나로 특별히 '대성전(Archibasilica)'이라 불린다. 로마에 건설된 세 개의 주요 '콘스탄티누스 교회' 중 〈성 베드로 대성당〉과 〈성 바오로 대성당〉은 성 밖에 있는 사도들의 무덤 위에 지어진 반면, 〈라테라노의 성 요한 대성당〉은 성벽 안에 있었기 때문에 로마의 주교좌 성당으로 사용되었다. 이로 인해 이 성당은 교황의 감독 교회이며 '로마와 세계의 모든 교회의 어머니이자 머리(Omnium urbis et orbis ecclesiarum mater et caput)'라는 명예를 얻을 수 있었다. 4세기에 지어진 최초의 성당은 9세기 말 지진으로 파괴되었고, 현재 모습의 성당은 17세기에 네 번째 재건된 것으로 초기 성당과는 다른 모습을 하고 있다.

라테라노의 성 요한 대성당

4세기에 지어진 〈라테라노의 성 요한 대성당〉은 그리스도교가 황제와 제국의 종교가 되었음을 과시하는 최초의 공식적인 교회건축이었다. 콘스탄티누스 황제가 로마 근교 밀비우스 다리 전투에서 정적인 막센티우스에게 승리한 것을 기념해 당시 교황(로마 주교)인 밀티아데스에게 선사한 것이다. 이 성당은 바티칸이 조성되기 이전에 교황의 본당이었고, 성당에 추가된 궁전은 교황의 거처로 사용되었다.

이 성당은 초기 그리스도교의 전통에 따라 동서축으로 지어져 제단을 해가 뜨는 동쪽에 두었고, 정문은 서쪽을 향하게 하였다. 제단 뒤에는 주교좌가 놓인 후진이 있었다. 전체적으로 직사각형 평면을 가진 5랑식 바실리카로서 중랑과 안쪽 측랑은 콜로네이드(colonnade)로 분리되었고, 바깥쪽 측랑은 아케이드(arcade)로 처리되었다. 콜로네이드가 오더(order, 원주 양식)를 이용한 열주들의 가구식 구조인 반면 아케이드는 아치를 이용한 벽체 구조로서 열주에 의해 지탱되는 아치군과 그

것이 조성하는 개방된 통로 공간이라는 점에서 차이가 있다. 콜로네이드가 그리스적 원형성을 대표한다면 아케이드는 로마적 정체성을 대표한다고 할 수 있다. 초기 바실리카식 교회에서는 기본적으로 콜로네이드를 선호했는데, 이는 로마적 색채가 적은 축조방식이었기 때문이었다. 그러나 4세기 초반에는 5랑식의 바실리카에서 바깥쪽 측랑의 벽체를 아케이드로 처리하는 경우가 등장했는데, 〈라테라노의 성 요한 대성당〉도 그런 예 중의 하나이다. 성당의 바깥쪽 측랑 끝에는 사각형의 부속실이 부가되었는데, 이것은 익랑(트랜셉트 transept)의 원시적인 형태로 간주된다. 초기 바실리카식 교회는 천장도 로마 문명의 색채를 줄이기 위해 로마 건축의 주요 특징 중 하나인 궁륭(vault, 둥그런 형태의 석조 천장)을 사용하는 대신 트러스를 막지 않고 그대로 드러내거나 장식이 없는 판자를 사용한 목조 평천장이 채택되었다. 단순한 목조 평천장은 시간이 지남에 따라 장식이 더해져 우물천장으로 처리되었다. 〈라테라노의 성 요한 대성당〉은 트러스가 그대로 돌출되었을 것으로 추정된다. 이 성당은 바실리카식 선형 교회의 전형적인 구성을 보여준다는 점에서 초기 바실리카식 교회가 자리 잡는 데에 중요한 역할을 했을 것으로 여겨진다.

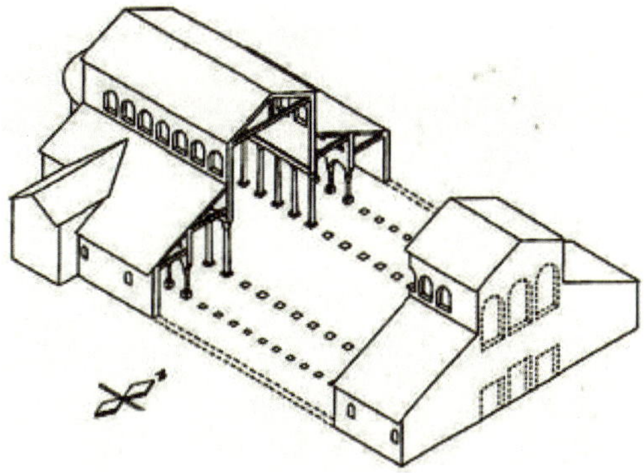

라테라노의 성 요한 대성당(4세기)

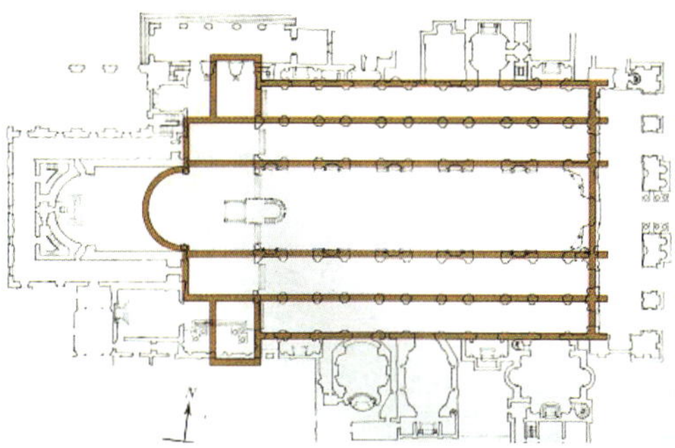

라테라노의 성 요한 대성당 평면도

## 구 성 베드로 대성당

로마의 〈구 성 베드로 대성당〉은 성 베드로의 무덤 위에 지어진 성당이다. 콘스탄티누스 황제의 지시에 따라 330년경에 건립하기 시작해 완공하기까지 약 40년이 걸렸다. 오랜 전승에 따르면 예수의 수제자 베드로는 로마에서 선교를 하다 머리를 아래로 두고 십자가에 거꾸로 못 박혀 순교했다

구 베드로 대성당(상상도)

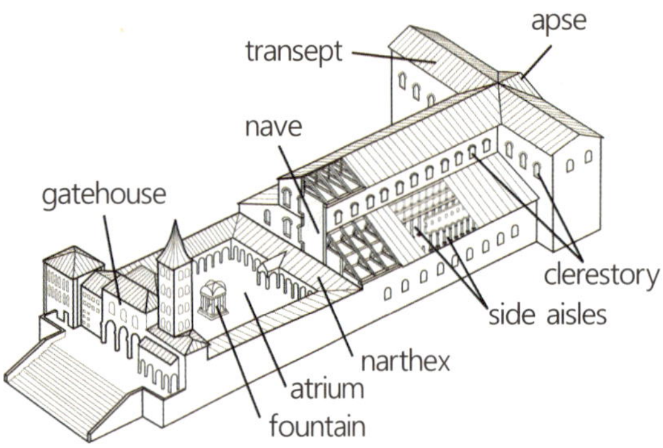


구 성 베드로 대성당

고 한다. 베드로의 시신은 인근 언덕의 공동묘지에 묻혔는데, 바로 그 자리에 대성당이 들어선 것이다. 따라서 〈구 성 베드로 대성당〉은 최초의 성묘 교회, 즉 성인의 묘지 위에 그를 기념하기 위해 세운 교회가 되었다. 1950년 12월에는 대성당 지하실 아래 공간에서 베드로의 무덤이 발굴되기도 하였다. 또한 〈구 성 베드로 대성당〉은 성서에 나온 약속을 실현한다는 의미를 지닌 성당이다. 마태오(마태)복음 16장에서 예수가 어부 시몬을 제자로 삼은 후 이름을 '베드로(반석이라는 의미)'라 개칭하고, 그 위에 교회를 지으리라 약속하였다. 〈구 성베드로 대성당〉의 건립은 이러한 약속을 실현한 것이라 할 수 있다.

현재 모습의 〈성 베드로 대성당〉은 1506년 교황 율리우스 2세에 의해 시작되어 17세기에 완성된 것이다. 옛 대성당은 새로 지은 대성당과 구분하기 위해 성당 이름 앞쪽에 '옛 구(舊)'자를 붙여 표기한다. 〈성 베드로 대성당〉은 베드로의 무덤 위에 지어졌고, 베드로가 최초의 교황으로 여겨진다는 점에서 가톨릭교회의 가장 중요한 성당이자 최고의 성당으로 간주되고 있다.

## 구 성 베드로 대성당 구조와 구성

〈구 성 베드로 대성당〉은 라틴십자 형태로 지어진 최초의 바실리카식 교회이다. 초기 바실리카식 교회는 평면이 직사각형이었으나 얼마 안 가 곧 십자 형태로 바뀌게 된다. 이유는 두 가지였다.

하나는 순교자의 무덤이나 기념 시설 등을 성당 안에 두기 위한 실용성 때문이었고, 다른 하나는 교회 건물에 십자가의 의미를 부여하기 위한 상징성 때문이었다. 순교자의 무덤이나 기념 시설 등을 성당 안으로 들여오기 위해 본 건물에 덧붙여 별도의 공간을 만들었는데, 이 공간을 '익랑'이라 불렀다. 익랑은 바실리카식 교회의 직사각형 윤곽에 횡방향으로 교차하는 또 하나의 직사각형 공간으로 '횡랑'이라고도 부른다. 바실리카식 교회는 익랑이 추가되면서 십자가 모양의 윤곽이 만들어지는데, 이때 십자가는 한쪽이 긴 라틴십자가 형태이다. 십자가에는 여러 종류가 있는데, 그중 가장 기본적인 것이 라틴십자가와 그리스십자가이다. 라틴십자가는 우리가 교회 십자가에서 흔히 보는 상하로 긴 십자 형태이다. 그리스십자가는 병원 마크에서 흔히 보는 상하좌우 길이가 같은 십자 형태이다. 바실리카식 교회의 평면은 라틴십자 형태를 취하고 있다.

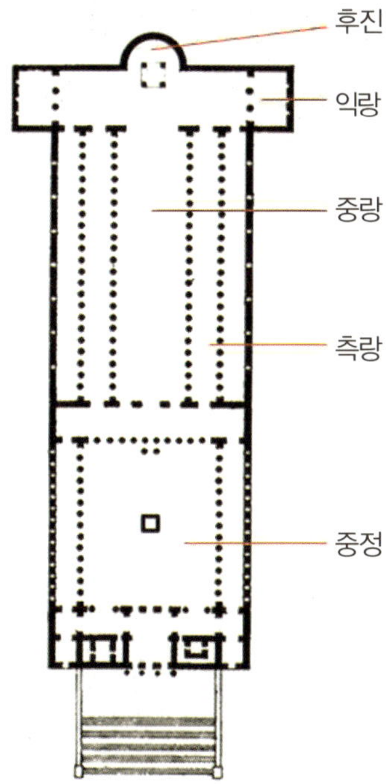

구 성 베드로 대성당 평면도

〈구 성 베드로 대성당〉에서는 익랑이 바실리카식 교회의 제단 쪽 끝단에 덧붙여지는 형태로 구성되었다. 그러나 이후 다른 성당에서는 직사각형 길이의 2/3 정도 되는 지점에서 교차하는 것이 일반화되었다. 직사각형과 직사각형의 교차로 인해 생긴 중첩 부분을 '교차부(크로싱 crossing)'라고 부른다. 교차부는 교회의 핵심 공간으로서 나중에는 별도의 공간으로 발전하게 되는데, 그러면서 교차부를 제외한 양옆으로 돌출된 부분만을 익랑이라 부르기도 한다. 〈구 성 베드로 대성당〉의 폭은 약 64m이고, 익랑의 길이는 86m로 성당 양옆으로 약 11m씩 돌출되어 있다. 익랑은 평상시에는 일반 신도들에게 개방되었지만, 종교의식이 행해지는 동안에는 일반 신도들과 분리되어 성직자들의 공간으로 사

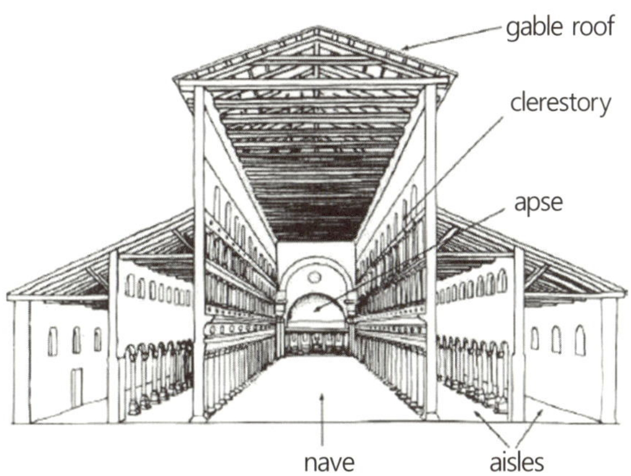

구 성 베드로 대성당 구조

용되었다.

〈구 성 베드로 대성당〉은 〈라테라노의 성 요한 대성당〉과 같이 바실리카식이지만 규모가 훨씬 큰 편이다. 성당 앞에는 '천국의 정원'으로 알려진 중정이 있었는데, 이곳은 비신도들을 위한 공간이었다. 중정 가운데에는 분수가 있었는데, 이는 신도들이 본당 안으로 들어가기 전 손과 얼굴을 씻는 곳이었다. 중정을 거쳐 본당으로 들어가는데, 본당의 길이는 112m, 높이 30m에 이르렀다. 전실(나르텍스 narthex)을 지나 안으로 들어가면 일반 신도들의 공간인 회중석이 나오는데, 회중석은 가운데에 크고 높은 중랑이 있고, 그 양쪽에 두 개의 측랑이 있었다. 5랑식 바실리카라는 것을 알 수 있다. 중랑과 측랑을 나누는 열주는 21개의 원주가 콜로네이드로 구성되었다. 이 원주들은 대부분 다른 신전 건물 등에서 가져와 재활용한 것이었다. 교차부 지점에는 개선문 형태의 '승리의 아치'를 세웠는데, 제대는 주로 이 아치 근처에 놓였을 것으로 추측된다. 서유럽에서는 라틴십자 형태의 바실리카식 교회가 교회건축의 구조적 기반이 되었는데, 〈구 성 베드로 대성당〉은 이후 서유럽 교회건축의 기본 모델이 되었다.

구 성 베드로 대성당 내부(상상도)

〈구 성 베드로 대성당〉은 4세기 건립 이후 1150년의 긴 역사 동안 여러 차례 보수되었다. 특히 14세기, 교황청이 프랑스 아비뇽으로 이전했던 이른바 '아비뇽 유수(1309-77년. 이 시기에 교황들은 프랑스 왕의 영향 하에 교황권이 크게 약화되었다. 이후에는 40년동안 로마와 아비뇽에 각각 교황이 즉위해 서로 대립하면서 '교회의 대분열'이 이어졌다.)' 시기에 옛 대성당에 대한 관리가 소홀하여 노후화가 극심해졌고, 그 후 여러 차례 보수 작업이 뒤따르긴 했으나 원래의 모습을 많이 잃어버리게 되었다. 16세기 초 마침내 새로운 성당 공사가 시작되어 오늘날의 〈성 베드로 대성당〉이 탄생하게 되었다.

## 성 사비나 성당

성 사비나 성당

로마 아벤티노 억덕에 위치한 〈성 사비나 성당〉(430년경)은 로마에서 가장 잘 보존된 초기 그리스도교 건축물이다. 이 때문에 초기 바실리카식 교회의 생생한 예를 직접 볼 수 있다는 점에서 중요한 의미를 지닌 성당이다. 326년 콘스탄티누스 황제가 로마를 떠나 콘스탄티노플로 천도하고, 402년 서로마가 라벤나로 천도한 후에도 로마는 그리스도교의 중심지로 남아 독자적인 문화를 이끌었다. 로마에서 정치 권력이 떠난 뒤에 그리스도교를 간섭할 정치세력이 사라진데다, 445년에는 발렌티니아누스 황제가 서방의 모든 주교는 로마교황의 지휘 감독을 받아야 한다는 칙령을 발표함으로써 로마는 명실상부한 서방 세계의 중심지가 되었다. 이후 동방에서는 신정일치 하에 황제가 종교를 지배하면서 그리스도교가 정치에 귀속된 반면, 서방에서는

성 사비나 성당과 수도원 / 측면 현관

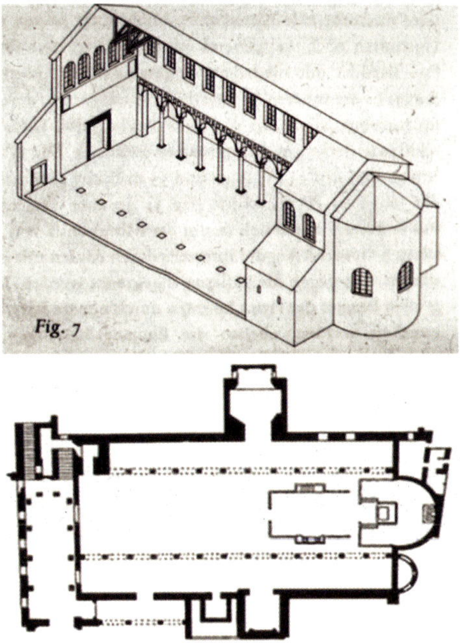

성 사비나 성당 구조

그리스도교가 정치를 압도하면서 문명을 이끌었다. 로마는 더욱 활기를 찾았고 이에 따라 그리스도교 건축이 활발하게 진행되었다.

5세기 로마의 그리스도교 건축은 4세기 초반에 형성되었던 '콘스탄티누스 교회'의 표준형을 직접적으로 차용하였다. 바실리카식 선형 교회의 표준 구성을 그대로 따르는 이른바 '고전 리바이벌'이 이루어진 것이다. 그 중 〈성 사비나 성당〉은 길이 56m, 폭 25m, 높이 20m의 규모로서 중랑과 측랑, 후진 등 최소한의 기본 요소만으로 구성된 바실리카의 원형을 따르고 있다. 중정이나 익랑 등이 모두 사라지고 3랑식 바실리카만으로 구성된 이 성당은 일종의 원리주의에 해당하는 극단적 보수주의를 지향했다고 할 수 있다. 그 덕분에 초기 바실카식 교회의 원형을 잘 간직하고 있다.

〈성 사비나 성당〉은 5세기 초에 일리리아(발칸반도의 옛 왕국)의 사제 베드로가 세운 것으로 전해지고 있다. 로마 교회의 경우 이례적으로 성당에는 기념비적인 외관이나 승리를 상징하는 입구가 없는 경우가 많은데, 〈성 사비나 성당〉도 그러하다. 이는 현재 남북으로 두 개의 회랑을 가진 수도원이 성당 정면에 바로 세워져 광장 쪽을 따라 거리로 이어지기 때문이었다. 광장을 향한 수도원의 정면에는 열주로 이루어진 아케이드 형태의 열린 로지아(loggia, 한쪽 면 이상이 개방된 아케이드가 있는 지붕 덮인 공간)가 있으며 이것은 성당 전면을 따라 큰 아치형 통로 또는 전실로 이어진다.

## 성 사비나 성당 구조와 구성

〈성 사비나 성당〉은 외부에서 보더라도 바실라카식 교회라는 사실을 금방 알 수 있다. 중랑에 해당하는 성당의 가운데 부분은 높고, 양쪽 측랑에 해당하는 부분은 낮은 경사 지붕으로 되어 있

성 사비나 성당 내부

다. 중랑벽 외부에 보이는 둥근 아치형의 커다란 창들은 고측창이다. 뒤쪽에 자리한 후진의 외부는 본당 지붕 선만큼 높이 솟아 있고 자체 경사 지붕을 가지고 있으며, 아래쪽에 커다란 창이 나 있다. 〈성 사비나 성당〉은 로마 교회건축의 정점으로 간주되는 5세기의 새로운 표준의 바실리카식 교회의 평면과 비율을 대표한다. 이 성당은 초기 바실리카식 교회의 생생한 예로서 당시 다른 성당들의 본질적인 특징을 이해하는 데 도움이 된다.

이 성당은 바실리카식 교회 특유의 닫힌 구조로 되어 있다. 바실리카식 교회는 그리스 신전과 달리 외부와는 단절된 또 하나의 세상을 구현한다. 성당의 외부는 아무런 장식도 없이 벽돌로 둘러싸인 수수한 모습인데, 이는 성당 안에 들어가 마주하게 될 새로운 세상에 대한 기대를 증폭시킨다. 성당의 내부는 번잡한 세상과는 전혀 다른 차분하고 신비로운 분위기를 보여준다. 성당의 평면은 전체적으로 로마의 바실리카처럼 직사각형을 유지하고 있고, 성당 입구에서 제단과 후진으로 이어지는 중심축이 형성된다. 가운데 중랑의 폭은 좁고 긴 반면, 천장은 높게 처리되어 엄숙한 분위기를 자아낸다. 이 성당은 목조 트러스 지붕으로 비교적 단순하고, 천장은 목조로 된 평천장이다. 평평한 나무 천장은 금박으로 별을 장식한 단순한 형태로서 1938년에 만들어졌다.

〈성 사비나 성당〉은 3랑식 바실리카로 중랑과 측랑은 각각 12개의 열주를 통해 구획되었다. 12는 예수의 열두 제자를 나타낸다. 아케이드를 받치고 있는 코린트식 기둥들은 근처에 있던 고대 신전에서 가져온 것인데, 서로 비슷한 것들을 모아 촘촘하게 배열했기 때문에 엄격함과 통일성이 느껴진다. 이러한 엄격함과 통일성은 선형성을 강조하기 위한 것으로, 제단을 향한 종교적 집중성을 높이는 효과를 발휘한다. 중랑벽은 기둥과 엔태블러처로 연결된 전통적인 고전적 질서를 따르고 있지 않다. 일반적으로 고전 건물의 벽은 수평적인 엔태블러처에 의해 위아래 층으로 나뉜다. 기둥은 건물의 무게를 시각화해 보여줌으로써 건물이 견고해 보이는 효과를 준다. 반면 〈성 사비나 성당〉의 중랑벽은 무게감이 거의 느껴지지 않는다. 지금은 평범해 보이지만 중랑벽은 원래 모자이크로 장식되어 있었던 것으로 보인다. 중랑벽 위쪽에는 둥근 아치형의 커다란 창이 아래쪽 아케이드와 열을 맞춰 나 있다. 창은 유리가 아닌 수정과 비슷한 셀레나이트로 만들어졌다. 큰 창 때문에 많은 양의 밝은 빛이 중랑 안으로 들어와 어두운 측랑과 극적인 대비를 이룬다. 창을 통해 들어온 빛은 중랑벽의 모자이크를 통해 반짝이면서 신비로운 분위기를 만들어냈을 것이다. 빛은 신성의 상징으로 그리스도 자체를 상징하기도 한다. 성당 안의 차분하고 신비로운 분위기는 이 성당이 물리적 효과보다는 영적 효과를 추구했다는 사실을 말해준다.

입구 맞은편 벽에는 후진이 자리했는데 후진 천장의 높이가 중랑의 천장보다 낮기 때문에 벽 위쪽이 개선문 형태처럼 만들어지는데 이를 '승리의 아치'라고 부른다. 초기 교회에서는 외관의 수수함과 달리 중랑벽, 바닥, 후진 등을 모자이크로 장식하는 경우가 많았다. 가장 심혈을 기울인 곳이 후진의 반구형 천장인데, 이곳에는 그리스도와 사도들의 모습이 묘사되었다. 〈성 사비나 성당〉의 후진 역시 모자이크로 장식되었으나 훼손되었다. 현재의 그림은 1560년에 타데오 추카리(Taddeo Zuccari, 1529-66)의 프레스코화로 대체된 것이다. 매너리즘 양식의 이 그림에서는 그리스도를 중심으로 좌우에 사도와 성인들이 도열해 있고, 그 앞에는 어린양들이 개울에서 물을 마시는 모습이 묘사되어 있다. 5세기에 제작된 원래 모자이크화의 구성을 따랐을 것으로 추정된다.

성 사비나 성당 후진

## (3) 바실리카식 교회의 특징

바실리카식 교회는 단지 신성한 장소로서의 사원이 아니라 전례와 관련한 그리스도교적 믿음을 공간적으로 표현한 것이었다. 초기 그리스도교는 교회를 무엇보다 '배'라고 인식했다. 이는 노아의 방주에서 유래된 개념이라 볼 수 있는데, 교회가 구원을 위한 공간이라는 의미이다. 2세기의 중요한 교부 히폴리투스(Hippolytus, 170년대-235)는 "바다는 세상이다. 교회는 배와 같고 물결에 흔들리고 있다. 그러나 가라앉지 않는다. 그 배에는 뛰어난 선장 그리스도가 계신다."라고 함으로써 교회를 격랑을 헤쳐가는 작은 배에 비유하였다. 교회 내부의 중랑을 영어로 네이브(nave, 배를 뜻하는 라틴어 nāvis에서 유래)라 부르고, 독일어로는 미텔쉽(Mittelschiff, 배의 가운데 공간이라는 뜻)이라고 부르는 것도 이러한 생각을 반영한 것이다. 또한 교회를 인간(그리스도)의 몸으로 보기도 하였다. 요한복음 2장에 보면 예수가 예루살렘에 올라와 성전 뜰의 장사치들을 내쫓으며 "이 성전을 허물어라. 내가 사흘 안에 다시 세우겠다."라고 했는데, "예수께서 성전이라 하신 것은 당신의 몸을 두고 하신 말씀이었다."(요한 2, 19-21)라는 대목이 나온다. 이에 근거해 교회를 그리스도의 몸으로 보고 제단이 있는 곳은 머리로, 중랑은 몸통으로, 좌우 익랑은 팔과 손으로 표현하게 되었다. 몸통에 해당하는 중랑을 '신랑'이라고 부르고, 팔에 해당하는 익랑을 '수랑'이라고 부르는 것도 이런 연유이다. 신랑의 '신(身)'은 사람의 몸을 나타내고, 수랑의 '수(袖)'는 윗옷 양쪽의 소매를 나타낸다.

교회는 크게 두 부분으로 나뉘어 두 공간의 위계적 질서에 따라 구성되었다. 십자가의 맨 위에는 후진이 자리했고, 그 앞의 내진(제단소 chancel)에는 제단이 놓였고 제단 앞에 성가대가 자리하였다. 이 때문에 내진을 '성가대석(choir)'이라 부르기도 한다. 제단은 처음에 내진 안쪽에 놓였으나 나중에 교차부 쪽으로 내려와 신도들과 좀 더 가깝게 위치하게 된다. 후진과 내진 부분은 성소이자 성직자들의 공간이고, 교차부 아래의 회중석(중랑과 측랑을 포함하는 공간으로 '본진'이라고도 한다)이

웨스트민스터 사원 '루드 스크린'

라 부르는 곳이 일반 신도들의 공간이었다. 중세 후기에는 성소와 회중석을 구분하기 위해 성소 앞에 난간이나 스크린(십자가 위의 그리스도상과 연결시켜 '루드 스크린 rood screen'이라고도 한다)이 설치되기도 하였다.

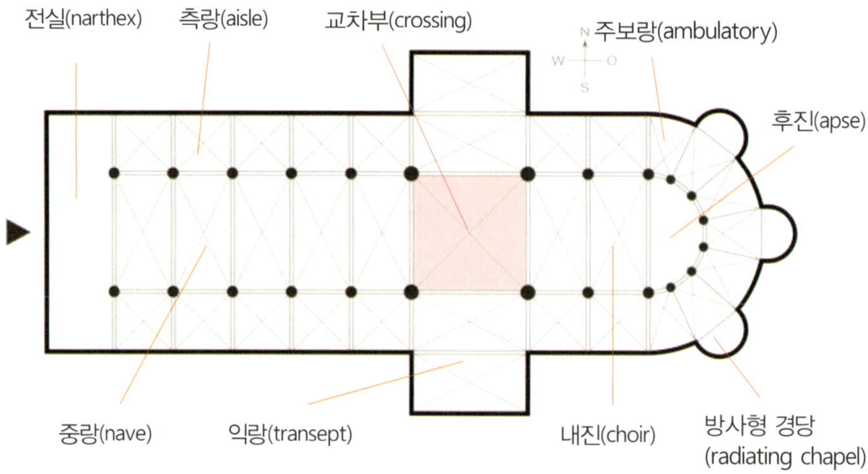


바실리카식 교회 평면도

바실리카식 교회의 첫 번째 특징은 반구형의 후진이 해가 뜨는 동쪽에 위치한다는 것이다. 4세기경에 이르러 교회건축에 대한 의미가 체계화되기 시작하면서 교회의 위치와 방위 설정이 중요한 상징성을 갖게 되었다. 교회는 동서축으로 길게 구성되어 서쪽에 입구가 있고, 후진이 위치한 동쪽에 성소가 자리하게 된다. 성소를 동쪽에 둔 이유는 우선 동쪽이 해가 뜨는 곳이기 때문이었다. 이는 고대 종교나 당시 유행하던 타 종교(미트라교 등)의 태양숭배 사상이 반영된 것이지만, 떠오르는 태양은 그리스도의 부활을 상징한다는 점에서도 중요한 의미를 지닌다. 유럽에서 봤을 때 예루살렘이 동쪽에 있기 때문이기도 하다. 또한 마태오복음에서 예수가 제자들에게 "동쪽에서 번개가 치면 서쪽까지 번쩍이듯이 사람의 아들도 그렇게 나타날 것이다."(마태오 34,27)라고 한 말씀에 근거해 구원은 동쪽으로부터 온다는 생각이 자리 잡았고, 성소와 제단을 동쪽에 두는 것이 교리상 합당하다고 보았다.

바실리카식 교회가 길쭉한 선형인 것도 분명한 이유가 있다. 첫째, 서방교회에서는 성직자들의 공간과 일반 평신도들의 공간을 동서로 엄격히 구분하였다. 성소가 있는 동쪽이 성직자들의 공간이고, 서쪽은 일반 신도들의 공간이었다. 둘째, 서방교회에서 교회는 신이 머무는 집이기도 하지만, 신에게 이르는 길, 신에게로 나아가는 길을 상징하기도 하였다. 특히 입구에서 안쪽 성소까지 나아가는 긴 통로는 곧 신에게로 나아가는 '거룩한 길'을 상징한다. 입구 쪽은 세속의 세계, 제단 쪽은 성스러운 세계라는 점에서 세속의 세계에서 성스러운 세계로 나아가는 상징성을 갖는다. 이 때문에 가톨릭교회에서는 전례 안에 여러 형태의 행렬이 포함될 정도로 행렬의식이 중요한데, 이 행렬의식을 위해서는 교회 건물을 긴 선형으로 만들 필요가 있었다.

가톨릭교회의 행렬의식

또 나중에는 제단이 교차부 쪽으로 당겨지고 교차부 천장에 돔을 올렸는데, 이것은 바실리카식에 중앙집중식을 결합한 것이다. 이렇게 되면 제단을 향한 수평적 진행이 제단에 이르러 돔(하늘을 상징)을 향해 수직 방향으로 바뀌며 하늘을 향하게 된다. 돔에서는 풍부한 빛이 들어오도록 하였는데, 입구는 어두운 반면 돔 아래쪽은 밝기 때문에 전체적으로 보면 행렬이 어둠의 세계에서 빛의 세계로, 죽음에서 부활과 영원한 생명으로 나아가는 상징성을 갖게 되었다.

바실리카식 교회 구조

바실리카식 교회의 두 번째 특징은 회중석이 있는 서쪽 공간을 중랑과 측랑으로 구분해, 중랑의 높이를 양옆의 측랑보다 높게 만든다는 것이다. 목적은 크게 두 가지였다. 첫째, 채광을 위한 것이었다. 중랑은 높고 측랑은 낮기 때문에 중랑벽 위쪽에 창(고측창)을 낼 수 있게 된다. 이 창으로 빛이 들어오도록 함으로써 교회 안을 밝게 만들 수 있다. 성당 안에 빛이 잘 들어오도록 한 것은 그리스도교에서 빛이 갖는 상징성과도 연관된다. 둘째, 중랑과 측랑의 위계를 주기 위한 것이었다. 건축에서도 크기나 높이에 따라 위계가 달라진다. 따라서 크고 높은 중랑은 작고 낮은 측랑에 비해 위계가 높다고 할 수 있다. 바실리카식 교회는 이러한 건축의 위계를 이용해 중랑에는 고참 신도들이 자리했고, 측랑에는 신참 신도들이 자리하도록 하였다. 초기 교회에서는 비신도의 본당 출입이 금지되었다.

중세 이후 교회가 점차 세속화되면서 단순한 형태의 바실리카식 교회도 여러 형태로 변형되었다. 17세기 바로크 이후에는 도시 내에서 부지 선정이 어려워지자 동서축도 사라진다. 그러나 입구 반대편에 후진을 두고, 중랑이 측랑보다 높게 설계하는 형식은 그대로 유지되었다. 이 때문에 이 두 가지가 오늘날 어떤 교회 건물이 바실리카식인지 여부를 구분하는 기준이 되고 있다.

# 3 중앙집중식 교회 : 동유럽 교회건축의 표준

성 소피아 대성당, 532-537년, 터키 이스탄불

### (1) 중앙집중식 교회의 기원

바실리카식 선형 교회와 대비되는 중앙집중식 교회는 원형의 '무덤교회'에서 비롯되었다. 순교자의 무덤은 두 방향으로 발전하였다. 무덤을 바실리카식 교회 내부로 들여오거나, 단독으로 무덤을 만드는 것이었다. 단독으로 만들어진 순교자의 무덤은 나중에 예배의 기능이 추가되면서 별도의 교회로 발전했는데, 이것이 무덤교회이다. 바실리카식 교회는 예배공간이 중심시설이고, 무덤은 부속시설이었기에 예배의 편의상 직사각형 평면의 선형 공간으로 지어졌다. 입구 쪽에서 성소로 나아가는 행렬의식이 중요했고, 많은 수의 신도들을 받아들이기에 편리했기 때문이다. 반면 무덤교회는 무덤이 중심시설이고, 예배 장소는 부속시설이었기에 무덤이 중심이 되는 중앙집중식의 원형 공간으로 지어졌다.

헬레나 영묘

순교자의 무덤이 교회로 발전한 데에는 로마의 '헤로움'의 영향이 컸다. 헤로움은 황제나 영웅들의 영묘로, 무덤과 신전의 두 가지 기능을 하고 있었기 때문에 그리스도교의 무덤교회와 유사한 점이 많았다. 헤로움은 원래 사각형과 원형 두 가지가 있었으나 시간이 지남에 따라 원형이 선호되면서 헤로움과 원형 무덤이 동일시되었다. 원형의 헤로움은 높은 기

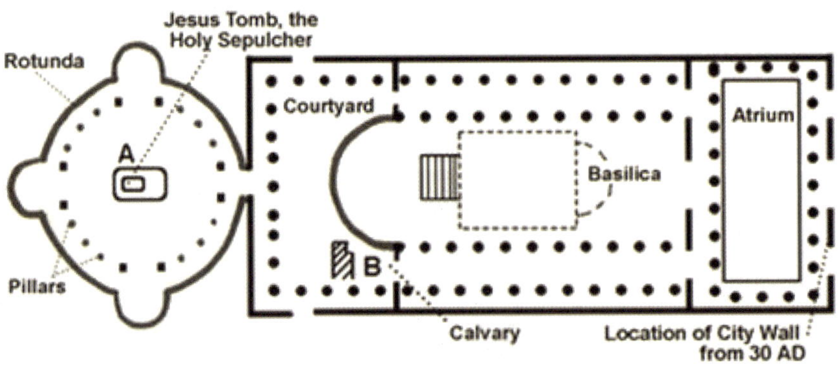


예수 성묘 교회 평면도

단 위에 원통 형태로 지어졌고, 천장은 돔으로 축조되었다. 329년 콘스탄티누스 황제는 사신을 위해 지은 헤로움 형태의 무덤을 329년 어머니 헬레나의 영묘로 전용한 후 〈성 마르켈리누스와 베드로 성당〉에 부속시켰다. 또한 333년경 예루살렘의 〈예수 성묘 교회〉를 건설할 때 예수의 무덤을 헤로움 형태의 중앙집중형으로 지어 부속시켰다. 이런 시설들은 부속건물로 지어졌지만, 본당 건물과는 별개로 독립적인 중앙집중형 건물로서 무덤교회의 중요한 선례가 되었다. 이렇게 볼 때 콘스탄티누스 황제는 바실리카식 교회와 달리 무덤교회를 교회 유형으로 정착시키지는 못했지만, 중앙집중형 무덤교회의 기본개념을 제시하는 데 크게 기여했다고 할 수 있다.

성 코스탄차 성당

4세기에 이르러 많은 원형 무덤들이 무덤교회로 전용되었다. 특별한 건축적 추가 없이 무덤이 무덤교회로 전용된 것이다. 그 대표적인 예 중의 하나가 〈성 코스탄차 성당〉(350)이다. 이 성당은 애초에 원형 무덤으로 지어져 〈성 아그네스 성당〉에 부속된 건물이었다. 그러다 〈성 아그네스 성당〉은 사라지고 원형의 무덤만 단독건물로 남아 무덤교회로 바뀐 것이다. 이 성당은 오랫동안 콘스탄티누스 황제의 맏딸 콘스탄티나(이탈리아식으로 코스탄차)의 무덤교회로 알려졌었다. 그러나 1992년 발굴 조사에서 이 건물이 콘스탄티누스 황제가 사망한 후인 360년에 그

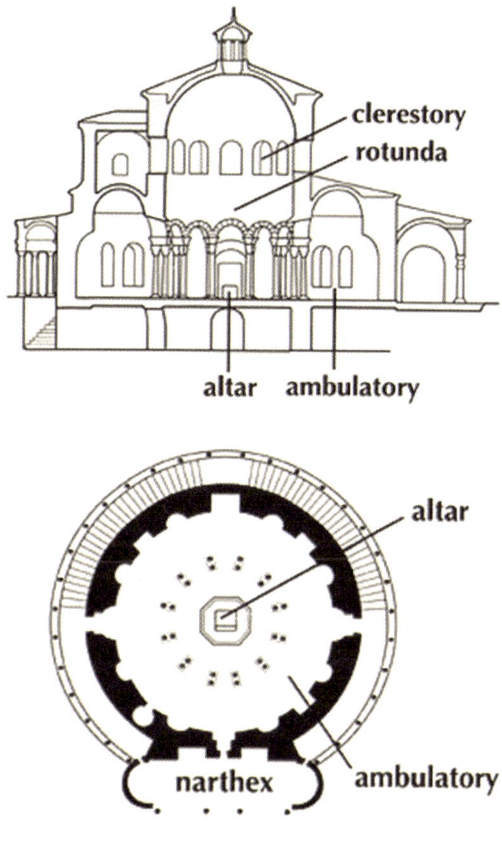


성 코스탄차 성당 구조

성 코스탄차 성당 내부

의 둘째 딸이자 율리아누스 황제의 아내 헬레나를 위해 지은 무덤이었다는 사실이 밝혀졌다. 아마도 중세 때 콘스탄티나가 성인으로 추대되고 추종자가 늘어나면서 무덤의 주인도 뒤바뀐 채 알려졌던 것으로 보인다. 덕분에 평범한 원형 무덤은 무덤교회로 승격되었다. 주인이 바뀐 걸 알지만 성당 이름은 여전히 '성 코스탄차'이다.

〈성 코스탄차 성당〉은 원형 회랑을 갖는 반지 모양의 겹공간으로 구성되었다. 겹공간의 전체 지름은 22.5m이다. 타원형의 전실을 지나 안으로 들어가면 가운데 묘실 중앙에 유해와 제단이 있고, 밖으로 회랑이 둘러싸고 있다. 원형의 묘실은 12쌍의 원형 기둥에 의해 회랑과 분리되었다. 원형 기둥은 짧은 형태의 엔태블러처를 가졌고 이것이 아치를 받치고 있다. 아치는 원형 아케이드를 형성하고 있고, 아치 위에 드럼(drum)을 쌓은 후 그 위에 돔을 올리고 있다. 돔 아래 드럼부에는 12개의 창을 내 아래쪽 12쌍의 기둥과 대응시켰는데, 12는 예수의 열두 제자를 상징한다. 회랑의 천장은 원통형 궁륭으로 축조되었는데, 높이는 돔 높이의 1/2에 해당한다. 회랑의 외벽 안쪽에는 16개의 벽감이 설치되었다. 천장에는 에로스와 바쿠스 무리, 그리고 새들과 식물들이 새겨진 모자이크로 장식되었는데, 그 형상들이 기존 고대 종교와 관련된다는 점에서 여전히 고대 종교의 영향이 미치고 있었음을 알 수 있다.

원형의 무덤교회는 선형의 바실리카식 교회와 달리 중앙의 제단을 중심으로 모든 것이 집중되어 있어 중앙에 대한 집중성이 높아진다. 중앙의 제단을 중심으로 그 주위에 집회공간이 만들어지기 때문에 많은 인원이 들어갈 수는 없지만, 성인 무덤에 대한 친밀감과 종교적 감동을 강화시키는 장점이 있다. 또한 선형의 바실리카식 교회가 여러 단계로 계층화되어 있는 반면, 원형의 무덤교회는 공간 자체가 평등성을 대변한다. 교회에서 중시하는 행렬의식도 일직선이 아니라 회랑을 따라 이루어지기 때문에 이 과정에서 사제단이 모든 신도들 사이를 지나가게 되어 모두가 차별 없이 서로 간의 유대감도 강화된다.

〈성 코스탄차 성당〉의 중앙집중식 공간 구성은 세례당 건축의 표준 구성을 갖추는 데에 영향을 미쳤다. 4세기에 이르러 주교의 주도하에 정기적으로 세례가 행해지고, 세례를 받는 인원수도 많아지면서 세례를 위한 별도의 공간이 필요하게 되었다. 그리스도교에서 세례가 갖는 종교적 의미에 상응하는 격식과 형식이 요구되면서 이에 가장 유용하다고 생각되는 중앙집중형 공간으로 세례당이 조성되었다. 세례당은 교회 근처에 별도의 독립시설로 지어졌는데, 무덤교회보다 규모는 작지만 무덤교회와 동일한 중앙집중형으로 구성되었다. 세례당은 무덤교회처럼 원형으로 지어지기보다 중앙집중식 중에서도 특히 팔각형 공간에 돔을 얹는 형태가 일반적이었다. 세례라는 의식은 그리스도교인으로서 새로운 삶을 시작한다는 의미를 갖는데, 팔각형이 이러한 의미에 적합하다고 보았기 때문이다. 그리스도교에서 8은 중요한 상징성을 갖는다. 예수가 안식일 다음의 주간 첫날인 8일째에 부활했다는 점에서 8은 무엇보다 부활을 상징한다. 또한 구약에 의하면 7일간의 천지창조가 끝나고 8일째 되는 날부터 이 세상이 시작되었다는 점에서 8은 새로운 시작을 상징한다. 넓게 보면 부활이 곧 새로운 삶의 시작이라는 점에서 상통한다고 할 수 있다. 팔각형 공간의 중심에는 세례반이 놓여 건물의 중심을 형성했다. 세례반 역시 완전함을 상징하는 원형이나 새로운 시작을 상징하는 팔각형으로 만드는 것이 일반적이었다. 세례당의 명칭은 세례자 요한의 이름을 따 '성 요한 세례당'이라고 붙이는 경우가 많았다.

라테라노의 성 요한 세례당

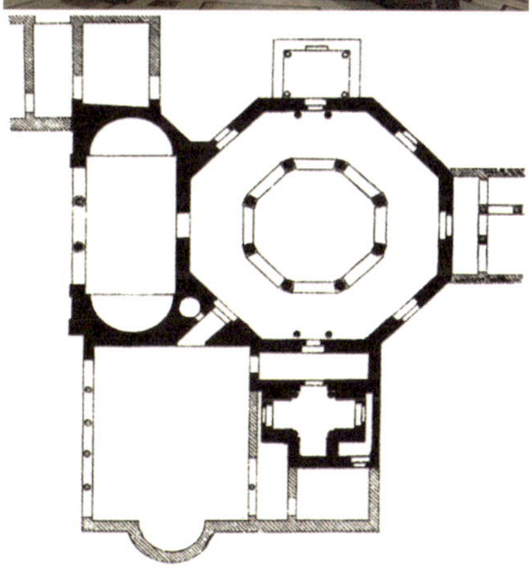

라테라노의 성 요한 세례당 내부 / 평면도

처음에 세례당은 단일 윤곽이었으나 4세기 말에 이르면 〈성 코스탄차 성당〉처럼 겹 공간이 세례당의 대표 구성방식으로 정착하게 되었다. 그 대표적인 예가 로마에서 가장 오래된 세례당 중 하나인 〈라테라노의 성 요한 세례당〉(440)이다. 〈라테라노의 성 요한 대성당〉에 부속된 이 세례당은 콘스탄티누스 황제 때인 320년에서 330년 사이에 처음 지어졌으나 440년 교황 식스투스 3세 때 재건되었고, 17세기에는 바로크식으로 복원되었다. 이 세례당은 중앙의 세례반을 중심으로 여덟 개의 보라색 반암 기둥에 의해 팔각형 공간이 형성되고, 밖으로 팔각형의 외벽을 가진 두 겹 공간 구성을 하고 있다.

## (2) 중앙집중식 교회의 발전

330년 콘스탄티누스 황제가 로마제국의 수도를 콘스탄티노플로 천도한 후 본격적인 동방정책이 실시되었다. 콘스탄티누스 황제는 고대 그리스의 식민도시였던 비잔티움으로 천도하면서 도시 이름을 자신의 이름을 따 '콘스탄티노폴리스(콘스탄티누스의 도시라는 의미이다)'로 바꿨다. 서양사는 이 시기부터 '비잔틴 제국'이라 부르고 있는데, 로마 역사에서 비잔틴은 한 번도 제국의 정식 명칭이 아니었다. 당시 사람들은 자신들의 제국을 '새로운 로마' 또는 '동로마 제국'이라고 불렀다. 흔히 비잔틴 제국은 476년 서로마의 멸망과 함께 시작되었다고 하지만, 문명의 독립성 측면에서 보면 비잔틴 제국의 시작은 6세기 유스티니아누스 황제 때부터라고 할 수 있다. 비잔틴 건축 역시 이 시기부터 시작되었다고 보는 것이 일반적이다. 비잔틴적인 건축적 특징들이 유스티니아누스 황제 때부터 나타났기 때문이다. 서로마 멸망 후 서방에서는 정치적 혼란이 지속되면서 근 250년 동안 건축이 침체기에 빠진 반면, 비잔틴에서는 로마 건축과 그리스도교 건축을 유지하고 발전시켜 나갔다. 여기에 동방의 지역 전통이 더해지면서 다양하고 풍부한 건축 구성이 이루어졌고 마침내 로마 건축과는 다른 독자성을 추구하게 되었다.

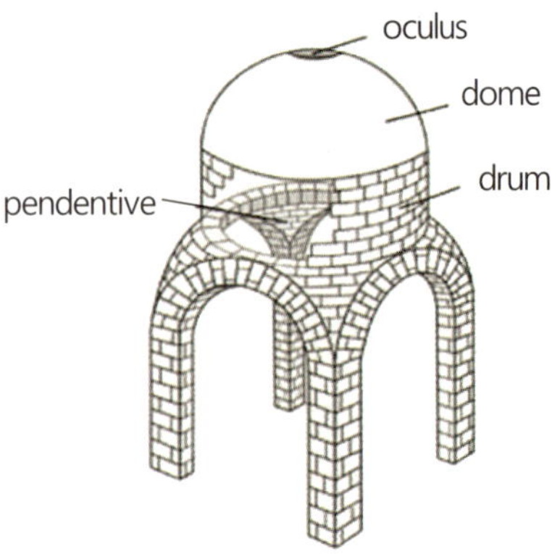


비잔틴 건축 구조

비잔틴 교회건축의 특징 중 하나는 중앙집중식 교회의 발전이었다. 평면 구성에서 서방 교회건축이 라틴십자형이라면 비잔틴 교회건축에서는 그리스십자형 등 다양한 유형이 만들어졌다. 구조기술에서는 팬던티브 돔(pendentive dome) 등의 새로운 공법이 등장했다. 그리스십자형 평면 교차부의 네 방향에 각각 아치를 세우고 그 위에 돔을 얹을 때 아치와 돔 사이의 공간은 가벼운 돌로 메꾸게 되는데, 이 부분을 '팬던티브'라고 하고, 이런 공법을 팬던티브 공법이라고 한다. 서방의 교회건축과 구분되는 비잔틴 교회건축의 다른 특징 중 하나는 아치식 구조를 선호했다는 것이다. 서방에서는 가구식 구조가 정통 가톨릭교회를 상징한 반면, 아치식 구조는 이교적인 것으로 간주되는 경우가 많았다. 그러나 비잔틴에서는 가구식 구조와 아치식 구조의 상징성이 역전되어 개방적인 아치식 구조가 선호되었다. 비잔틴 건축의 또 다른 특징 중 하나는 신비로운 분위기의 창출이었다. 동방교회는 본질적으로 논리적 설명보다 믿음을 중시하지만 그래도 눈에 보이는 무언가가 필요했고, 그것이 건축적 신비주의로 나타났다. 눈에 보이지 않은 신의 존재를 증명해 보이기 위해서는 그리스도교의 실체를 확인시켜줄 가시적 결과물이 필요했기 때문에 교회건축을 통해 초월적 공간을 창출하고자 하였다.

## 성 소피아 대성당

튀르키예(터키)의 이스탄불(당시의 콘스탄티노플)에 소재한 〈성 소피아 대성당〉(532-537)은 비잔틴 건축의 정수이자 현존하는 최고의 건축물 중 하나로 평가된다. 이 성당은 '하기아 소피아(Hagia Sophia)', 그리스어로 '아야 소피아'라고 하는데, '성스러운 지혜'라는 뜻으로 '지혜'는 그리스도를 의미하기도 한다. 현재의 성당은 그 자리에 지어진 세 번째 성당이다. 첫 번째 성당은 콘스탄티누스 황제 때부터 건립되기 시작해 그의 아들 콘스탄티누스 2세 때인 360년에 완공되었다. 이 첫 번째 성당은 기본적으로 직사각형 형태의 바실리카식 교회로 목조 지붕이었다. 이 성당이 404년 대지진으로 극히 일부만 남고 거의 파괴되자 10여 년에 걸친 재건과 보수 끝에 415년 두 번째 성당이 완공되었다. 두 번째 성당이 532년의 폭동 때 완전히 불에 타 버리자 유스티니아누스 황제는 약 5년에 걸쳐 기존 건물과 전

성 소피아 대성당

혀 다른 새로운 형태의 성당을 건설하게 된다. 유스티니아누스 황제에게 있어 콘스탄티누스 황제는 모범적 선례이자 경쟁자였다. 그는 정치적으로나 종교적으로 콘스탄티누스의 선례를 따르는 한편 그를 능가하고자 하였다. 콘스탄티누스 황제가 세웠던 성당 자리에 근 네 배나 더 큰 지금의 성당을 건설한 것도 그 때문이었다. 유스티니아누스 황제는 기하학의 대가로 알려진 트랄레스의 안테미우스(Anthemius)와 밀레투스의 이시도루스(Isidorus)와 함께 자신이 직접 성당 건축을 지휘하였다. 성당 봉헌식에 참석한 황제가 장대한 외관에 감격한 나머지 "오! 솔로몬이여! 나, 그대에게 이겼노라!"라고 부르짖었다는 일화가 전해지는 것으로 보아 이 성당에 대한 황제의 자부심이 어떠했을지 짐작이 간다.

성 소피아 대성당 후진과 미흐랍

〈성 소피아 대성당〉은 사제 80명, 부제 150명 등 600여 명이 종사하면서 종교적 권위와 힘을 자랑했지만, 13세기 초 제4차 십자군들에 의해 약탈당하면서 크게 훼손되었고, 십자군이 콘스탄티노플을 점령한 기간(1204-61) 동안에는 정교회가 아닌 가톨릭교회 대성당이 되었다. 그리고 1453년 콘스탄티노플이 오스만 투르크에 의해 함락된 후에는 이슬람 사원인 모스크로 바뀌어 후진 쪽에 '미흐랍(mihrab)'이 설치되었다. 미흐랍은 이슬람교도들이 기도를 할 때 메카의 카바 방향을 나타내는 벽을 말한다. 또한 성당 외부의 '미나렛(minaret)'이라 불리는 첨탑과 부속물 역시 이슬람 사원으로 사용되던 15세기에 부가된 것이다. 모스크로 바뀐 〈성 소피아 대성당〉은 후대의 오스만 제국 건축가들이 고유의 모스크 건축을 발전시키는데 이상적인 모델이 되었다. 이스탄불 역사지구에 자리한 일명 '블루모스크'라 불리는 〈술탄 아흐메트 모스크〉(1601-16) 등 많은 모스크가 이 성당을 모델로 건립되었다.

## 성 소피아 대성당 구조와 구성

원형의 무덤교회는 5세기에 이르러 다양한 중앙집중식 공간으로 변형되면서 정사각형이나 정

팔각형 등의 평면 위에 돔을 얹는 중앙집중식 구조로 발전하였다. 〈성 소피아 대성당〉은 중앙의 정사각형 평면 위에 돔을 얹는 중앙집중식 구조이다. 그러나 평면도를 자세히 보면, 정사각형을 이루는 중앙 회당의 중심부에 커다란 돔이 있고, 그 양쪽에 반원형의 돔이 첨가됨으로써 중앙 회당의 전체적인 평면은 길이 70m 정도 되는 길쭉한 타원형이 형성된다. 전체적으로 3랑식 바실리카처럼 보인다. 이 때문에 '돔 바실리카'라고 불리는데, 이러한 선형 구조는 중앙집중형을 바탕으로 하되, 행렬의식의 중요성을 반영해 동서로 긴 통로를 확보한 것이라 할 수 있다. 가운데 중랑 폭은 31m, 측랑 폭은 15m이다.

〈성 소피아 대성당〉은 중앙의 정사각형 평면 모서리에 네 개의 기둥을 세워 원형아치를 세우고, 그 위에 지름 32m, 높이 55m의 거대한 돔을 얹었다. 둥그런 돔은 하늘을 상징하고, 사각형은 지상의 온전함을 상징한다. 사각형 위에 사방으로 아치를 세우고 돔을 떠받치도록 한 것은 교회가 우주의 상징임을 나타낸다. 아치와 돔 사이의 공간인 팬던티브에는 치천사 '세라핌(seraphim, 최고의 천사로 날개가 세 쌍이다)'이 그려졌다. 또한 중앙 돔을 중심으로 동서 양쪽에 반구형의 돔을 만들어 중앙 돔을 지지하도록 하였다. 즉 중앙 돔의 무게를 동서 양쪽의 반구형 돔을 통해 분산시켜 아치 기둥에 가해지는 하중을 줄인 것이다. 남북 양쪽에는 중랑벽이 높기 때문에 바깥쪽으로 각각 두 개의 견고한 부벽(buttress)을 설치해 벽을 지지하는 한편 돔 무게도 분산되도록 하였다.

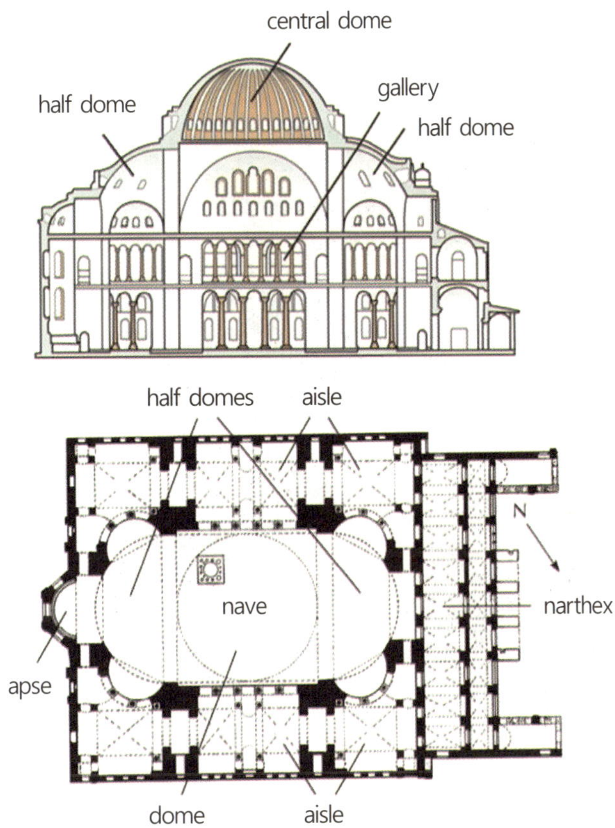


성 소피아 대성당 구조

성 소피아 대성당 돔(외부 / 내부)

성 소피아 대성당 내부

〈성 소피아 대성당〉은 외부보다는 내부 상식에 치중하였다. 외부는 회를 바른 벽돌만 사용해 수수해 보인 반면(애초에는 얇은 대리석 판으로 마감했을 것으로 추측된다), 내부는 색색의 모자이크로 장식해 지극히 화려해 보인다. 이는 내적 성찰을 강조하는 동방 정교회의 특성을 반영한 것이었다. 성당의 내부에 들어서면 빛의 효과에 의해 압도된다. 중앙의 거대한 돔은 40개의 창에서 들어오는 빛에 의해 마치 하늘에 떠 있는 듯한 환상을 갖게 한다. 지름 32m의 거대한 돔 아래에 40개의 창을 낸다는 것은 당시까지는 생각할 수 없었던 획기적인 일이었다. 돔 아래의 창과 성당 벽의 수많은 창을 통해 들어오는 빛은 화려한 모자이크 장식에 반사되어 신비로운 분위기를 자아낸다.

〈성 소피아 대성당〉의 건축에 있어 가장 중요한 것은 무엇보다 신의 권능을 보여주는 것이었다. 사람들이 성당 안에 발을 들여놓는 순간 이 건물이 인간의 능력으로 지어진 것이 아니라 신적인 '지혜(소피아)'가 건축적 형식으로 구현되었다는 것을 깨닫게 되고 자신도 모르게 신을 찬미하도록 해야 했다. 그 결과 입이 벌어질 정도로 웅장하고 화려한 내부는 신적인 힘이 발현되는 생생한 공간이 되었다. 성당 건축에서 중요한 또 한 가지는 유스티니아누스 황제의 정치적 의도를 반영하는 것이었다. 황제의 목표는 로마제국을 다시 통일하는 것이었고 그 중심에 그리스도교가 있었다. '하나의 제국, 하나의 교회, 하나의 황제'라는 신정일치적 사고는 무엇보다 중앙집중성을 강조하는 돔을 도입함으로써 구현되었다. 이 성당에서 거대한 돔은 하늘을 상징하고, 돔 아래의 공간은 천상의 세계를 구현하고 있다. 따라서 성당 안에 들어서는 순간 사람들은 천상의 백성이 된다. 성당 안에서 황제는 최고 사제로서 부제들과 함께 긴 행렬의 의식을 진행하는데, 그 순간 신적인 권력과 세상의 권력이 오버랩된다. 이로써 거대한 돔으로 이루어진 웅장한 성당은 종교적 정치적 세레모니를 통한 제국의 존속을 확고히 하고 세상의 권력을 정당화하는 공적인 장소가 될 수 있었다.

〈성 소피아 대성당〉의 내부는 색유리나 색 대리석, 금박 등 다양한 재료와 색깔로 장식되었다. 모자이크는 재료의 특성상 화려한 빛을 발산함으로써 장엄하고 경이로운 효과를 내기 때문에 비잔틴 성당의 내부 장식을 위해 즐겨 사용되던 소재였다. 유스티니아누스 황제가 〈성 소피아 대성당〉의 건축을 마무리할 때에는 내부의 장식들이 황금빛 모자이크로 화려하긴 했지만 비교적 간단한 도안들로 이루어져 있었다. 당시의 모자이크는 8세기 성상파괴운동을 거치면서 많이 훼손되어 일부만 남아 있다. 9세기 이후 성상이 다시 허용되면서 이후 수백 년 동안 성당의 내부는 다채로운 마감재를 사용해 예수와 성모 마리아, 성인들, 황제와 황후 등 각종 도안으로 구성된 모자이크로 화려하게 장식되었다. 그러나 1453년 동로마가 멸망한 후 이슬람 사원인 모스크로 바뀌면서 모자이크를 비롯한 그리스도교적 장식이 대부분 제거되었다. 구체적인 형상의 묘사를 금하는 이슬람 교리에 따라 모자이크 장식을 벗겨내거나 그 위에 회를 바르는 식으로 훼손되었다. 1935년 이후 이 성당이 박물관으로 전용되면서 원래의 모자이크가 일부 복원되었지만 이슬람의 반발로 더 이상의 복원은 이루어지지 않았다.

〈성 소피아 대성당〉 서남쪽 입구에 있는 모자이크화 '두 황제가 있는 성 모자상'은 9세기 말에서 10세기 초에 제작된 것으로, 가운데 성

두 황제가 있는 성 모자상

모자상을 중심으로 두 황제가 성당과 성채를 들고 서 있는 모습이다. 옥좌에 앉은 성모는 무릎에 앉힌 아기 예수를 감싸고 있는데, 아기 예수는 왼손에 성서 두루마리를 들고 있다. 성모자의 좌우에 있는 MP와 ΘY는 Μήτηρ(어머니)와 Θεού(하느님의)의 모노그램으로 '하느님의 어머니', 곧 성모 마리아를 의미한다. 성모 마리아는 콘스탄티노플의 수호성인이기도 했다. 625년 페르시아와 아바르족이 이 도시를 침공해 성벽이 무너지려는 순간 성모가 발현해 콘스탄티노플을 구했다는 전승이 내려오고 있다. 성 모자상 좌우에 두 황제가 서 있는데, 오른쪽은 콘스탄티누스 황제가 콘스탄티노플을 봉헌하는 모습이고, 왼쪽에는 유스티니아누스 황제가 〈성 소피아 대성당〉을 봉헌하는 모습이다.

성 비탈레 성당

〈성 소피아 대성당〉은 1935년 이래 박물관으로 사용되어 오다 2020년 튀르키예 정부의 결정에 따라 다시 이슬람 사원인 모스크가 되었다. 튀르키예 정부는 성당 내 모자이크를 훼손하지 않겠다고 약속했지만, 튀르키예 내 이슬람주의가 강화되면서 그나마 남아있는 모자이크 등이 제대로 보존될 수 있을지에 대한 우려가 제기되었다.

성 비탈레 성당

## 성 비탈레 성당

비잔틴 교회건축을 대표하는 또 다른 예는 라벤나의 〈성 비탈레 성당〉(527-548)이다. 이탈리아 북동부에 위치한 라벤나는 현재와는 달리 당시에는 중요한 항구도시로서 동서 유럽 간 무역의 중심지였다. 라벤나는 서로마의 마지막 수도이자, 동로마의 유스티니아누스 황제가 로마제국을 다시 회복하기 위해 서로마를 공략할 때 거점으로 삼았던 도시로서 동로마의 콘스탄티노플에 대응하는 서로마의 대표성을 가지고 있었다. 이런 라벤나에 건립된 〈성 비탈레 성당〉은 황제의 제국통일운동을 상징하는 중요한 건물이었다. 이 성당은 라벤나가 동고트 왕국의 지배 아래 있던 527년에 공사가 시작되어 유스티니아누스 황제 때인 548년에 완공되었다. 애초에 유스티니아누스 황제는 제국의 통일을 기념하기 위해 라벤나에 〈성 소피아 대성당〉에 버금가는 대형 성당을 지어 자신의 업적을 과시하고자 하였다. 그러나 성당 공사가 이미 어느 정도 진행된 후였기 때문에 이것을 헐고 대규모로 다시 짓는다는 것은 여러모로 무리였다. 유스티니아누스 황제는 성당을 새로 짓는 대신 규모는 작지만 내실을 다지기로 하고, 모자이크를 이용해 내부를 화려하게 장식하였다.

## 성 비탈레 성당 구조와 구성

성 비탈레 성당 내부

〈성 비탈레 성당〉은 초기 중앙집중식 교회의 좋은 예이자 동방 정교회 성당의 원형이 된 중요한 건축물이다. 이 성당의 평면은 팔각형이다. 원형의 무덤교회는 5세기를 거치는 동안 다양한 중앙집중식 공간으로 변형되면서 정사각형, 정팔각형 등 정각형의 집중식 평면 위에 돔을 얹는 중앙집중식 교회로 발전한다. 6세기에 건립된 〈성 비탈레 성당〉은 팔각형이 두 번 겹쳐진 구조이다. 팔각형의 중심 공간을 더 큰 팔각형이 밖에서 둘러싸고 있다. 안쪽 팔각형의 지름은 16.6m, 바깥쪽 팔각형의 지름은 35m인데, 두 팔각형의 모서리 방향과 각도가 서로 일치하도록 해 정형성과 통일성을 부여하였다. 그중 안쪽 팔각형의 기초에 여덟 개의 각기둥을 세워 아치를 만들고, 그 위에 원형의 돔을 축조하였다. 중앙집중식 평면 위에 돔을 얹는 동로마(비잔틴) 교회 양식의 특징을 잘 보여주는 것이다. 그러나 회랑(측랑)과 갤러리의 천장에 석조 궁륭이 사용되지 않아 돔의 하중을 외벽으로 분산시키지 못하고 모든 하중을 각

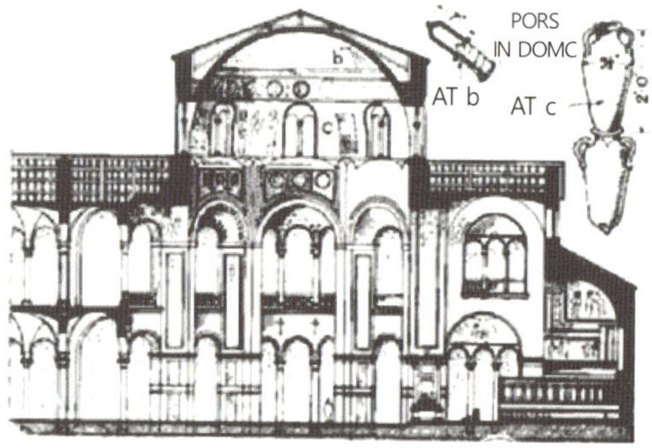

성 비탈레 성당 구조

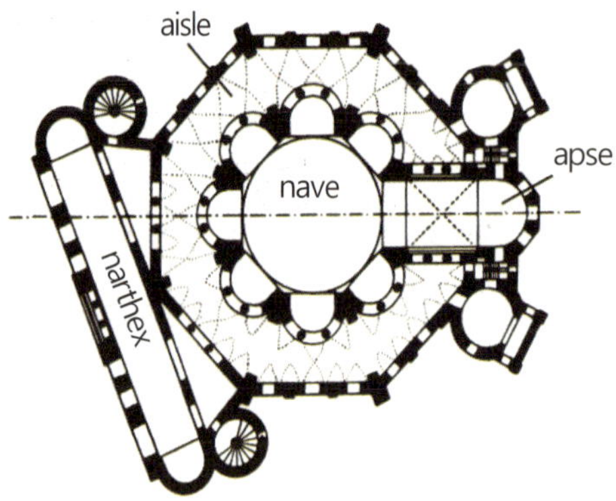

성 비탈레 성당 평면도

기둥이 받아내야 했다. 이 때문에 돔의 하중을 줄이기 위해 경량화 공법이 사용되었다. 대표적인 것이 돔의 드럼부와 꼭대기 부분에 속이 빈 항아리를 넣어 무게를 줄인 것인데, 항아리의 취약성을 보완하기 위해 돔 지붕 바깥쪽은 목조 지붕으로 감싸 보호하였다. 현재의 석조 궁륭은 중세 시대에 개조된 것이다.

그리고 여덟 개의 각기둥과 그 사이의 둥근 기둥은 서로 엇갈리게 배치해 반구형의 완충형 공간이 만들어졌다. 이 공간은 마치 여덟 개의 꽃잎을 가진 꽃처럼 회랑 쪽으로 둥글게 나와 있기 때문에 가운데 공간은 평면이 팔각형인 동시에 팔엽형이 되었다. 후진 앞에는 내진을 두었는데, 교차형 궁륭의 천장 공간 때문에 중랑을 감싸고 있는 원형 측랑이 이곳에서 끊어진다. 후진 양쪽에는 원형의 경당이 부가되었다. 중앙의 돔은 높이가 28.7m이고, 내진은 높이가 17.7m, 후진은 약간 더 낮은 11.7m이다. 특히 내진은 팔각형의 폭에 비해서 높이가 높은 편이다.

또한 전실은 후진과 동일 축을 이루는 것이 일반적인데, 이 성당에서는 전실을 엇갈리게 배치해 균형감을 잃은 것처럼 보인다. 이는 전실을 후진과 동일 축으로 할 경우 돔을 받치는 각기둥으로 인해 출입이 방해를 받기 때문에 전실을 약간 옆으로 배치함으로써 더 넓은 출입구를 확보하기 위한 것이라 할 수 있다. 성소를 위한 방향성보다 중심을 향한 집중성을 더 중요하게 생각했다고 볼 수 있다. 전실 옆에는 두 개의 계단탑이 세워졌는데, 그중 하나는 중세 시대에 종탑으로 개조되었으나 17세기에 무너져 다시 재건되었다.

〈성 비탈레 성당〉은 팔각형 평면 위에 여덟 개의 기둥을 세우는 등 8이라는 숫자가 반복되는데, 8은 새로운 시작, 부활과 재생을 상징한다. 또 바깥쪽 팔각형의 각 벽마다 세 개의 창문을 냈고 후진에도 세 개의 창문을 냈으며 1층과 2층의 아케이드도 세 개의 아치로 구성되었는데, 여기서 3은 성부-성자-성령이 셋이면서 하나라는 삼위일체를 상징한다. 이 성당에서 삼위일체를 강조한 것은 라벤나가 삼위일체를 부정한 아리우스파를 따르던 동고트족의 수도였기 때문이었다.

〈성 비탈레 성당〉은 비잔틴 예술의 정수를 보여주는 화려한 모자이크 장식으로 유명하다. 내진 앞의 거대한 개선문처럼 생긴 '승리의 아치'는 15개의 모자이크 초상으로 장식되었는데, 예수 그리스도와 12사도, 성 비탈레의 아들인 성 게르바시우스와 성 프로타시우스 등이 묘사되어 있다. 후진의 반구형 천장에는 예수 그리스도가 황제의 복장인 보라색 옷을 입고 천사들의 보좌를 받으며 푸른 지구 위에 앉아있다. 예수는 오른손으로 성 비탈레에게 순교자의 면류관을 하사하고, 성 비탈레의 반대편에는 에클레시우스 주교가 교회를 바치고 있다.

성 비탈레 성당 내진

이 성당의 모자이크화 중 가장 눈에 띄는 것은 유스티니아누스 황제 부부상이다. 후진 측면 벽에 유스티니아누스 황제 부부상이 모자이크로 장식되어 있는데, 비잔틴 황실의 권위와 궁정 생활의 일단을 품위 있게 재현하고 있다. 황금빛 배경에 둘러싸인 화려한 인물상들은 운동감이나 표정이 없이 엄숙하게 정면을 보도록 배치되는 등 매우 정형화된 모습이다. 서 있는 위치나 복장, 아랫사람을 밟고 있는 발의 자세 등을 통해 신분과 지위 등의 개인적 차이가 분명히 드러나고 있다. 황제는 12사도를 암시하는 12명의 신하를 대동하고 미사에 쓸 성체를 담은 성반을 들고 입장하고 있다. 황제는 비잔틴 최고의 사제로서 마치 그리스도처럼 묘사됨으로써 세속적인 권위와 종교적인 권위를 함께 지닌 황제의 신성한 왕권을 부각시키고 있

성 비탈레 성당 후진

다. 그의 머리를 둘러싼 후광은 종교적 권위를 상징하고, 어깨의 견장은 세속적 권위를 나타낸다. 황제가 대동하고 있는 군인(군대), 신하(행정), 성직자(교회)는 비잔틴 제국을 이끄는 세 부류의 세력을 나타낸다. 황제가 그들을 대동하고 있다는 것은 황제가 종교적, 행정적, 군사적 권위를 모두 가진 절대적 존재임을 나타낸다. 황제가 신하의 발을 밟고 있는 것은 권력을 암시한다. 군인들이 들고 있는 방패에는 키로(XP) 십자가가 새겨져 있는데, 이는 황제가 그리스도의 가호를 받고 있으며, 그의 군대는 그리스도의 군대임을 나타낸다. 이 모자이크화는 제국과 황제의 위용을 선전하는 수단이라고 할 수 있다. 한편 황제 오른편에서 십자가를 들고 있는 사람은 막시미니아누스 주교로 황제보다 약간 앞쪽에 묘사되었는데, 이는 황제의 권위와 교회 사이의 긴장을 나타내는 것으로 해석되기도 한다. 황제상 맞은 편에는 테오도라 황후가 시종들을 거느리고 미사에 쓸 포도주가 든 성작을 들고 입장하는 모습이 묘사되어 있다. 황제상이 배경을 황금빛으로만 처리한 반면, 황후상에는 다양한 배경이 등장하는데, 황후 뒤쪽으로 돔 천장이 보이고 오른쪽에는 화려한 휘장도 보인다. 맨 왼쪽의 시종은 막 커튼을 걷고 입장하는 것처럼 묘사되었다.

유스티니아누스 황제상

테오도라 황후상

## (3) 비잔틴 양식의 특징

비잔틴 건축은 유스티니아누스 황제 때 시작되어 이 시기에 이미 그 틀이 완성되었다고 할 수

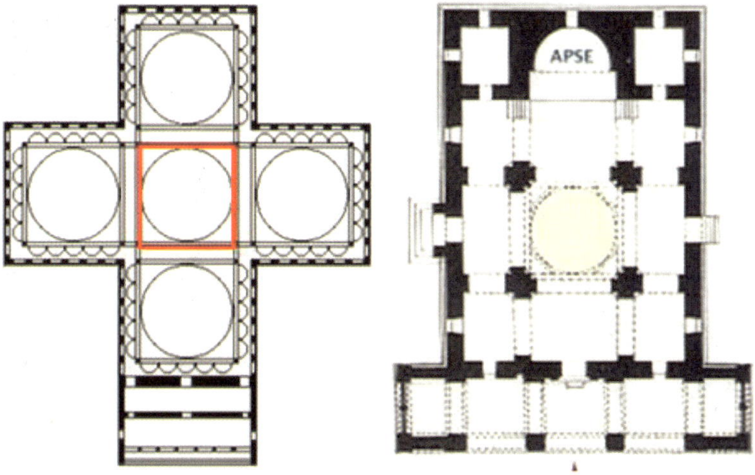


그리스십자형 평면

있다. 비잔틴 양식의 주요 특징은 그리스십자형 평면 구성과 팬던티브 돔 구조로 요약될 수 있다.

첫째, 그리스십자형 평면 구성이다. 원래는 정사각형 위에 돔을 얹는 집중식 구조인데, 여기에 십자가가 갖는 상징성이 더해지면서 정사각형의 네 방향으로 팔을 달아내 그리스십자형 평면이 만들어졌다. 결과적으로 그리스십자형 교차부에 돔을 얹는 구조가 된 것이다. 그리스십자형 평면 구성에는 두 가지 유형이 있는데, 그리스십자형 자체 그대로를 이용하는 '외접형'과 정사각형을 9등분해서 그리스십자형 공간을 만드는 '내접형'으로 나눌 수 있다. 공간의 효율성 때문에 정사각형을 9등분해 아홉 개의 공간을 만드는 내접형이 널리 사용되었는데, 중앙의 교차부 공간을 크게 만들었기 때문에 강한 집중성이 형성된다. 둘째, 팬던티브 돔 구조이다. 아치 위에 돔을 올릴 때 아치와 돔 사이의 공간은 가벼운 돌로 메꾸는데, 이 부분을 '팬던티브'라고 한다. 비잔틴 건축에서는 돔을 올릴 때 팬던티브 공법을 사용해 돔과 아치를 부드럽게 연결하였다. 라틴십자형이 행렬 등 제식에 맞는 선형 공간이라면, 그리스십자형은 교차부에 초점을 맞춘 중앙집중형 공간이다. 라틴십자형이 서방 가톨릭교회를 대표한다면, 그리스십자형은 동방 정교회를 대표한다.

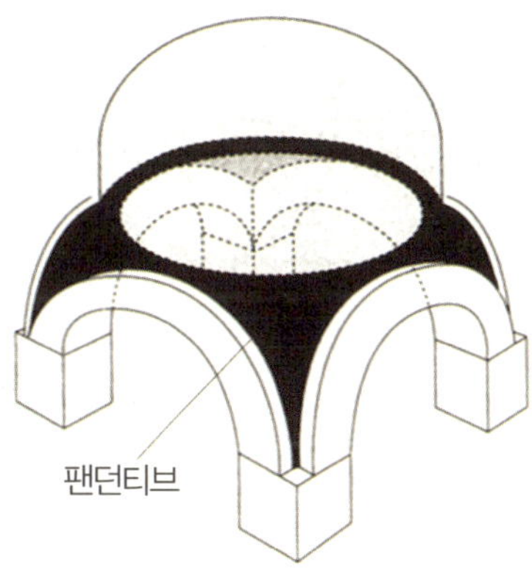


팬던티브 돔

 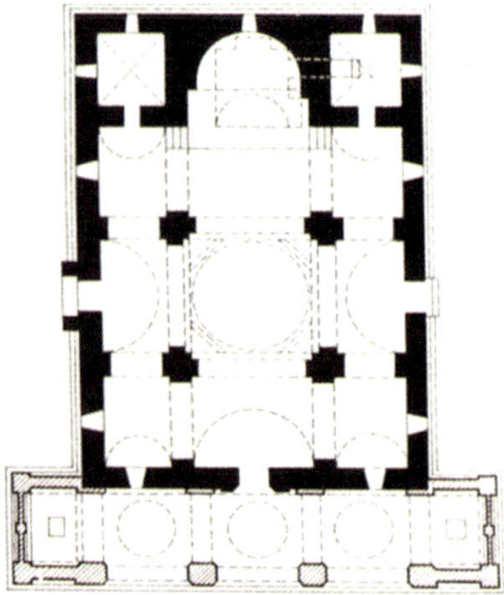

성 가야나 성당 / 평면도

성 가야나 성당 내부

7세기 아르메니아의 바그하르샤프트에 지어진 〈성 가야나 성당〉(630년경)은 17세기에 부분적으로 개조되었지만, 대체로 7세기의 원형을 보존하고 있다. 이 성당은 301년 아르메니아가 그리스도교로 개종하는 과정에서 성 가야나가 순교한 자리에 세워졌다. 세 개의 아치로 이루어진 성당의 정면 파사드는 17세기에 추가된 것이다. 이 성당은 정사각형 평면을 9등분하는 내접형 구조를 잘 보여준다. 교차부를 형성하는 네 개의 기둥 위에 팔각형의 드럼을 올리고 그 위에 돔을 올렸다. 입구 반대편 동쪽에는 반원형 후진을 배치하고 후진 양옆에는 제의실 등으로 쓰이는 사각형의 방을 두고 있다. 성당의 내부에는 장식을 거의 하지 않았다.

이탈리아 베네치아의 〈성 마르코 대성당〉(1063-85)은 서유럽 지역에 지어진 비잔틴 양식의 성당으로 6세기 유스티니아누스의 표준형으로 지어진 콘스탄티노플의 〈성 사도 성당〉(532-550)을 모델로 830년에 처음 지어진 후 11세기에 증축되었다. 이 성당은 여러 세기에 걸친 비잔틴 양식은 물론 11세기 증축 당시 서유럽에서 유행하던 로마네스크 양식, 이슬람 양식 등 여러 양식이 섞여 있고, 13세기에는 고딕 양식도 추가되었지만, 기본적인 골격은 그리스십자형 평면의 중앙집중식이다. 이 성당은 외접형 중에서도 '오엽배열형'이라고 하는데, 이는 그리스십자형 평면 중심부와 네 팔 부분에 돔을 얹어 마치 다섯 장의 꽃잎 같다고 해서 붙여진 이름이다.

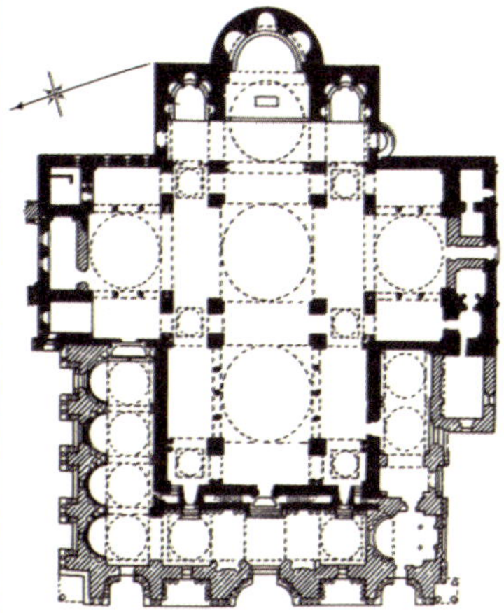

성 마르코 대성당 / 평면도

이 성당은 화려한 모자이크 장식으로도 유명하다. 843년 콘스탄티노플 공의회에서 성상숭배 금지가 완전히 해제된 후 동방 정교회는 황제의 지배를 벗어나 종교적 독립을 획득하게 된다. 이러한 상황은 그동안 억눌렸던 그리스도교 미술의 부흥과 교회건축의 활성화로 이어졌다. 그러나 교회건축은 새로운 변화를 추구하기보다 기존의 표준유형을 반복하는 데 그쳤다. 다만 건축적 지루함을 극복하기 위해 화려한 성화 등으로 장식에 치중하는 경향을 보였다. 성당 내부는 다양한 성화를 통해 그리스도교적 상징성을 표현하였다. 〈성 마르코 대성당〉 또한 콘스탄티노플의 모자이크 전문가를 고용해 내부를 온통 황금색 바탕으로 처리하고 다양한 종류의 대리석으로 된 모자이크로 장식하였다. 이를 통해 천국의 모

성 마르코 대성당 내부

습을 가시적으로 보여줌으로써 신의 존재를 증명하고자 하였다.

이 성당은 '산 마르코 바실리카(Basilica di San Marco)'라고 불리는데, 이때 '바실리카'는 이 성당의 건축 구조가 바실리카식이라는 것이 아니라 교황으로부터 특별한 지위를 부여받은 성당이라는 의미이다. 로마에 있는 네 개의 '대 바실리카(Basilica maior)' 외에도 전 세계에는 1800개가 넘는 '소 바실리카(Basilica minor)'가 있는데, 그중 2/3가 유럽에 있다. 〈산 마르코 대성당〉 역시 '소 바실리카'이다. 우리나라에는 전남 목포의 〈산정동 순교자 기념성당〉이 2021년 '소 바실리카'로 지정되었다.

### (4) 비잔틴 성당의 도상

동방 정교회는 그리스도교의 신비주의적 속성에 따라 신의 존재를 증명하는 초월적 공간을 창출하고자 하였다. 유스티니아누스 황제 때는 거대한 교회건축을 통해 신의 존재를 증명하고자 한 반면, 725년 레오 3세 황제가 성상 금지령을 내리면서 교회건축도 함께 위축되었다. 787년 성상 금지령이 풀렸지만, 815년에 다시 제2차 성상 금지령이 내려져 843년까지 지속되었다. 843년 콘스탄티노플 공의회에서 성상숭배 금지가 완전히 해제되었는데, 이후 정교회의 교회건축에 대한 인식이 달라졌다. 이제 거대한 교회건축을 통해 신의 존재를 증명하기보다는 교회 내부를 가득 채운 성화를 통해 신의 존재를 보여주고자 하는 방식으로 바뀐 것이다. 따라서 성당의 규모는 작아진 반면 내부는 더욱 화려해졌다.

코라 성당

#### 코라성당

튀르키예 이스탄불의 에디르네카피 지역에 위치한 〈코라 성당〉은 코라 수도원의 부속 성당이었다. 이 성당은 4세기 콘스탄티누스 황제 때 처음 건립된 후 지진으로 파괴되어 여러 번 재건축되었고, 16세기 오스만 제국 때에는 모스크로 개조되었다. 1945년 이후 세속화해 박물관으로 사용되다가 2020년 다시 모스크로 바뀌었다. 성당의 내부는 마치 성화로 가득 찬 캔버스처럼 보인다. 서방교회에서는 성당의 주요 부분을 성화로 장식하는 반면, 동방교회에서는 성당 내부 전 공간을 성화로 장식하는 것이 특징이다. 〈코라 성당〉의 성화는 성당이 모스크로 바뀌면서 훼손되었다가 1945년 박물관으로 전용되면서 복원된 것들이다. 이 성당은 이스탄불에 남아있는 다른 비잔틴 성당들에 비해 크지는 않지만 거의 완전하게 현존하는 내부 장식으로 인해 주목받고 있다. 성당은 전실과 본당, 측면 경당 등 세 주요 영역으로 구성되었다. 총 6개의 돔을 가지고 있는데, 전실에 2개, 본당에 3개, 측면 경당에 1개가 있다. 본당 중심에 있는 가장 큰 돔은 지름이 7.7m이다.

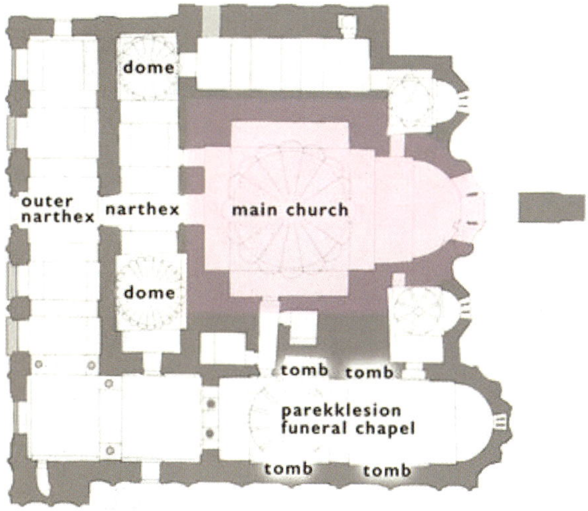

코라 성당 평면도

## 코라 성당의 도상

비잔틴 성당에서는 성당 내부에 성화를 그리는 데 있어서 공간에 따른 위계법칙이 적용되었다. 첫째가 가장 중요한 돔이다. 돔은 하늘을 상징하기 때문에 보통 예수 그리스도와 천사들이 주인공으로 등장한다. 돔의 중심에는 전능하신 하느님으로서의 예수 그리스도가 하늘에서 지상을 굽어보고 있고, 그 주위를 천사들이 호위하고 있는 모습이 일반적이다. 〈코라 성당〉의 경우 중앙 돔의 모자이크는 훼손되었지만, 예수 그리스도가 그려졌을 것으로 추정된다. 측면 경당의 돔 중심에는 성 모자가 그려졌고, 그 주위를 천사들이 호위하고 있는데, 이를 통해 성모를 중시하는 정교회의 전통을 엿볼 수 있다. 정교회 신학에서 성모는 "신화가 된 최초의 인간 동정녀"로 공경을 받는다. 그러나 전실 남쪽 돔에는 천상에서 아래를 내려다보는 전형적인 예수 그

코라 성당 내부(본당 / 측면 경당)

리스도상이 그려져 있다. 둘째는 돔 아래 천장과 벽체이다. 이곳은 지상을 상징하기 때문에 사도들과 성인들이 주인공으로 등장한다. 그들이 천상과 지상을 연결시켜주는 중재자라고 생각하기 때문이다. 이곳에는 주로 예수의 기적, 성인이나 예언자들의 이야기가 그려진다. 셋째는 출

코라 성당 내부(측면 경당 돔 / 전실 남쪽 돔)

입구 내벽과 후진 천장이다. 이곳은 성스러운 공간의 시작과 끝을 상징한다. 성스러운 공간으로 들어가는 출입구에는 준엄한 심판자로서의 예수 그리스도와 함께 최후의 심판 장면이 그려지고, 종착점인 후진에는 자비로운 모습의 예수 그리스도나 성 모자가 그려진다. 〈코라 성당〉의 측면 경당 후진의 둥근 천장에는 흰색 옷을 입고 빛나는 전신 후광에 둘러싸인 그리스도가 아담과 이브의 손목을 잡고 양쪽의 무덤에서 끌어올리는 모습이 그려져 있다. 이는 그리스도가 십자가에서 죽은 후 부활하기 전 아담과 이브를 지옥에서 구출했다고 주장하는 그리스도교의 전통을 따른 것이다. 그 아래쪽 벽체에는 성인들이 그려져 있다.

이와 같이 비잔틴 성당은 성당 내부의 성화를 통해 신의 존재를 보여주고자 하는 목적에서 공간에 따른 일정한 위계법칙을 적용하고 있다. 이러한 법칙은 반드시 지켜야 하는 것은 아니었지만, 중기 비잔틴 성당은 대부분 이 법칙을 크게 벗어나지 않았다.

코라 성당 측면 경당 후진

# 4 중세 초기 : 8-9세기 교회건축

아헨 궁정 경당, 790-805년, 독일 아헨

## (1) 중세 초기 건축

동방 정교회가 주를 이룬 동유럽에서는 그리스십자 형태의 평면 교차부에 돔을 얹는 중앙집중식 교회가 교회건축의 표준이 되었다. 반면 가톨릭교회에 기초한 서유럽에서는 라틴십자 형태의 바실리카식 교회가 교회건축의 표준으로 자리 잡았다. 서유럽에서는 11세기에 로마네스크 양식이 등장하기 전까지 특별한 양식을 창출하지는 못했다. 이 때문에 중세 초기를 '암흑시대'라 부르기도 한다. 그러다 카롤링 왕조(751-843) 시기에 이르러 교회건축에 있어서 의미 있는 변화가 나타났는데, 그중에서도 건축사적으로 중요한 시기는 카알(샤를마뉴) 대제가 통치했던 768-814년이다. 카알 대제는 아헨의 궁정 경당이 지어진 790년경을 기점으로 본격적인 건축활동을 전개하였다. 이 시기에는 중앙집중식 교회와 바실리카식 교회 모두에서 중요한 발전이 있었다.

### 아헨 궁정 경당

카알 대제가 독일 중서부 아헨에 세운 〈아헨 궁정 경당〉(790-805년)은 새로운 유럽의 탄생을 알리는 상징적 건물이었다. 이 경당은 '팔츠 경당'이라고도 하는데, 여기서 '팔츠(Pfalz)'는 요새화된 궁으로 황제가 제국을 순회하는 동안 임시관저로 사용되던 성을 말한다. 아헨 역시 하나의 팔츠로서 제국의 수도 역할을 했지만, 이 도시는 로마제국의 수도와는 달랐다. 중세의 황제들은 특정한 도시에 머무르지 않고 제국을 순회하며 통치했다. 카알 대제 역시 끊임없는 전쟁으로 제국을 누비고 다녔지만, 아헨은 제국이 동쪽으로 확장하는 데 있어 중요한 전략적 기지였고, 전쟁이 없는 겨울철에 온천을 하기 좋은 곳이었기 때문에 카알 대제는 이곳을 제국의 중심이자 '새로운 로마'로 삼고

아헨 대성당(가운데 돔 건물이 궁정 경당이다)

자 하였다.

카알 대제는 아헨에 새로운 로마의 상징으로 궁정 경당을 건립하였다. 이 경당은 라벤나의 〈성 비탈레 성당〉을 모델로 한 것이었다. 라벤나는 서로마의 마지막 수도였고, 6세기 유스티니아누스 황제 때에는 동로마의 서부 수도로서 이 시기에 건립된 〈성 비탈레 성당〉은 로마 황제의 위상을 보여주는 중요한 성당이었다. 카알 대제는 로마에서 황제로 대관된 뒤 라벤나를 방문하였는데, 당시까지만 해도 동로마(비잔틴)가 로마제국의 계승자로 간주되고 있었고 라벤나에는 동로마의 영향력이 남아있었기 때문에 새로운 황제의 라벤나 방문은 특별한 의미를 갖는 것이었다. 이후 그는 〈성 비탈레 성당〉을 모델로 궁정 경당을 건립함으로써 서로마 제국을 계승하는 새로운 제국의 위엄을 과시하고, 동시에 유스티니아누스 황제가 다스렸던 이탈리아 영토의 상속자라는 것을 분명히 하였다. 이로써 〈아헨 궁정 경당〉은 로마를 계승하는 서유럽의 새로운 정신을 표현하는 건축이 되었다.

아헨 궁정 경당 내부

## 아헨 궁정 경당 구조와 구성

〈아헨 궁정 경당〉은 〈성 비탈레 성당〉의 모범에 따라 팔각형 평면을 지닌 중앙집중식으로 건립되었다. 그리스도교가 공인된 이래 서방 교회의 표준형으로 자리잡아 온 바실리카식이 아닌 동

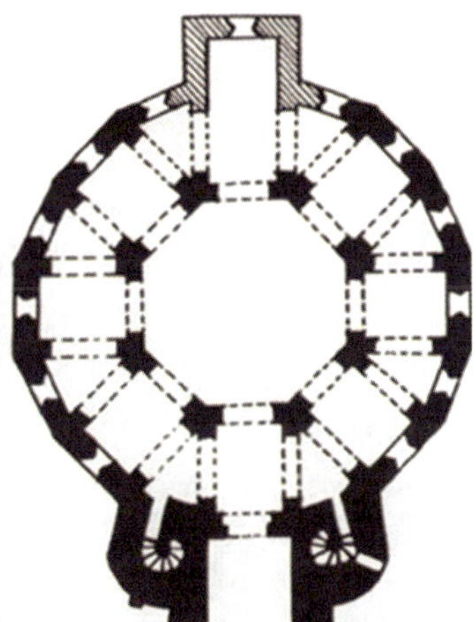

아헨 궁정 경당 / 평면도

방교회의 기본 형식이라 할 수 있는 중앙집중식을 채택한 것이다. 이를 통해 카알 대제는 로마 황제를 계승하고, 로마의 '황제교황주의(황제가 속권과 교권을 모두 가지는 신정일치주의)'의 전통을 계승한다는 상징적 의미를 선포하였다. 이런 상징성 때문에 931년 오토 1세의 대관식 이후 1531년까지 이 경당은 중세 독일 왕들의 대관식 장소가 되었다. 이곳은 독일 왕들에게 왕으로서의 권위를 부여하는 합법적인 장소가 되었고, 여기서 독일 왕으로 대관된 뒤에야 황제가 될 수 있었다.

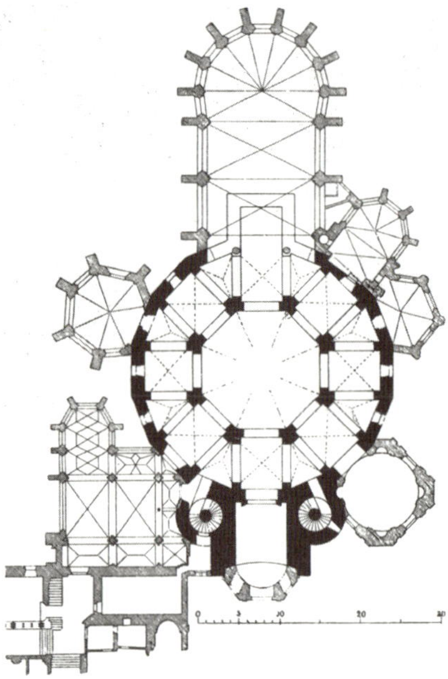

아헨 대성당 평면도

〈아헨 궁정 경당〉은 14세기에 고딕 양식의 내진이 추가되었고, 이후 첨탑이 건설되는 등 여러 번 개축되었다. 이로써 본래의 모습을 많이 잃었지만 핵심 공간은 온전한 상태로 남아 오늘날 〈아헨 대성당〉의 중심부를 이루고 있다. 이 경당은 전체 지름과 높이가 약 31.5m로 동일하다. 건물의 기하학적 비율을 동일하게 맞춘 것은 천상의 예루살렘이 완벽한 조화를 이루고 있다는 요한묵시록 21장 16절을 따른 것이다. 경당의 바깥쪽 공간은 십육각형으로, 안쪽 공간은 팔각형으로 구성되었다. 그리고 안쪽 팔각형 모서리에 2층으로 아치를 쌓고 그 위에 돔을 올렸다. 〈성 비탈레 성당〉에서는 갤러리가 단층인데 비해 여기서는 갤러리가 2층과 3층 사이의 중간 단계로 수직 확장되었다. 그리고 2층 갤러리가 높아지면서 두 개 층으로 구획되었기 때문에 내부에서 보면 전체가 3층 구조처럼 보인다. 천장 처리에서도 중요한 발전이 있었다. 〈산 비탈레 성당〉이 원통형 궁륭으로만 처리된 반면, 여기

아헨 궁정 경당 구조

서는 1층 측랑의 천장은 원통형과 교차형 궁륭의 중간 단계로, 2층 측랑의 천장은 원통형 궁륭으로 처리되었는데, 공간이 높아졌기 때문에 상층부에 창을 낼 수 있게 되었다. 이로써 가운데 중랑 공간이 〈성 비탈레 성당〉에 비해 훨씬 높아졌고, 천장 자체도 높아져 수직성이 강화되었다. 돔은 석조 궁륭으로 처리되었다. 〈성 비탈레 성당〉이 속이 빈 항아리를 사용해 돔의 무게를 줄인 반면, 여기서는 전통 로마식 석조 궁륭으로 처리되었기 때문에 돔의 하중을 버티기 위해 기둥과 벽이 두텁고 둔탁해졌다.

〈아헨 궁정 경당〉은 '경당(Chapel, 독일어로 Kapelle)'이지만 사실상 '성당'의 역할을 한 것으로 보인다. 가톨릭교회에서 성당과 경당은 엄격히 구분된다. 성당은 '성체 안에 현존하시는 하느님의 거처'로서 성체를 모시는 반면, 경당은 '어떠한 공동체나 집단의 편익을 위하여 지정된 하느님 경배의 장소'로 성체를 모시지 않는다는 점에서 차이가 있다. 〈아헨 궁정 경당〉의 경우 겨울철에 황제가 아헨에 머물 때에는 성당의 역할을 했던 것으로 보인다. 따라서 건물의 구조 또한 예배 의식에 맞게 구성되었다. 이 경당은 중앙집중식 구조에 동서 방향의 축 구성을 더하는 방식을 취하고 있다. 동방교회와 달리 서방교회에서는 의식에서 행렬을 중요시했기 때문에 서쪽 입구에서 동쪽의 제단으로 나아가는 통로를 교회의 중심으로 확보할 필요가 있었다. 이를 위해 중앙집중식 평면 위에 직선 축을 중첩시킴으로써 입구에 해당하는 서쪽 정면부와 동쪽 제단에 이르는 주축선이 형성되었다. 이러한 축 구성에서 축의 한쪽은 성소이고, 다른 한쪽은 황제의 공간이었다. 동쪽의 성소는 후진과 내진으로 구성되었고, 서쪽 정면부는 1층이 출입구를 겸한 전실로 처리되었으며, 2층은 황제를 위한 공간으로서 황제의 옥좌가 놓였다. 현재의 옥좌는 936년 오토 1세의 대관식을 위해 만든 것이다.

황제의 옥좌

세상의 지배자이자 교회의 보호자로서의 황제의 위상은 공간 구성에서도 분명히 드러난다. 경당은 내부에서 보면 세 개 층으로 구성되었는데, 1층은 성직자와 일반인들이 예배를 드리는 장소였고, 맨 위 돔과 맞닿은 3층은 하늘을 상징했다. 이 둘 사이의 2층에 황제의 옥좌가 놓인 것

아헨 궁정 경당 서쪽 입구

은 1층의 예배자들로 하여금 옥좌에 앉아있는 황제를 올려다보면서 인간과 신의 중개자요 교회의 보호자로서의 황제의 의미를 상기하도록 한 것이었다. 또한 교권을 상징하는 동쪽 공간은 비교적 작고 평면상으로도 간단한 사각형인 반면, 속권을 상징하는 서쪽 공간은 위층에 있는데다 상부의 회랑에까지 침투되어 120m나 되는 긴 회랑을 통해 궁정과 연결되었다. 외부는 한층 더 높은 아치를 통해 특별히 강조됨으로써 기념비적인 '웨스트워크(westwork)', 독일어로 '베스트베르크(Westwerk)'가 성립되었다. 교회의 서쪽 정면부에 해당하는 이 웨스트워크는 당시 정치적으로나 종교적으로 절대적 지위에 있던 황제의 위상을 상징하는 곳이었다. 이후 로마네스크 시대에는 웨스트워크를 갖춘 성당이 많이 등장하였다.

### (2) 바실리카식 교회의 분화

중세 서유럽 교회건축을 이끈 대표 유형은 선형의 바실리카식이었다. 서방교회가 바실리카식 선형 교회를 선호한 것은 이 시기에 확립된 가톨릭교회의 행렬의식과 밀접한 관계를 갖고 있지만, 한편으로는 성가의 도입과도 관련되었다. 성가는 종교적 효과를 위해서는 잔향 시간이 길어야 했기 때문에 느리고 긴 단음으로 이루어졌다. 성당 안 내진에 성가대석을 두었는데, 이곳에서 부르는 성가가 풍부한 화음효과를 내기 위해서는 무엇보다 공간이 길어야 했다. 이러한 성가의 잔향 효과는 성당의 선형성과 수직성을 강화하도록 고무하였다. 중세 서유럽이 바실리카식을 교회건축의 표준형으로 적극 받아들인 것은 종교적 배경뿐만 아니라 로마를 따르고자 하는 열망도 함께 작용하였다. 바실리카식 교회는 중세 그리스도교의 종교적 기능과 상징성 측면에서도 잘 맞았지만 로마 방식을 따른다는 의미도 강했다.

바실리카식 교회는 중세 초 이래 여러 단계의 분화 과정을 거치면서 발전하였다. 분화는 여러 방향에서 나타났는데, 가장 먼저 나타난 현상은 바실리카의 서쪽 부분의 규모가 커졌다는 것이다. 이렇게 커진 서쪽 부분을 '웨스트워크(베스트베르크)'라고 부른다. 다음으로 나타난 현상은 규모가 커진 웨스트워크와 균형을 맞추고, 교회 본연의 기능을 강화하기 위해 동쪽 성소도 함께 커진 것이다. 이렇게 해서 커진 동쪽 부분을 '이스트 엔드(east end)'라고 부른다. 초기 그리스도교에서 성소는 후진과 제단 정도가 기본 구성요소였으나 여기에 내진(성가대석)이 추가되면서 이스트 엔드 형식을 갖게 되었다.

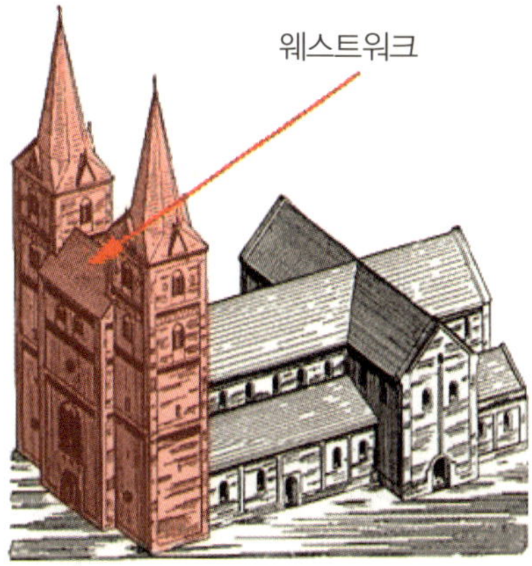

웨스트워크

바실리카식 교회의 분화는 후진에서도 나타났다. 후진의 분화 중 가장 흔한 구성이 후진을 셋으로 늘리는 방식이었다. 그중 가운데 후진은 중랑에 대응해 설치되었지만 나머지 두 후진은 여러 방식으로 처리되었다. 세 후진은 나중에 삼위일체의 의미가 부여되었다. 그리고 웨스트워크와 이스트 엔드가 서로 긴장과 균형을 유지하며 발전하는 과정에 나중에는 동서 양쪽을 강조하는 '더블 엔더(double-ender)', 즉 동서 양쪽에 내진을 두는 '이중 내진식'이 등장하기도 하였다. 이중 내진식은 바실리카 평면 양쪽 끝단에 각각 반원형의 후진을 두는 형식인데, 동쪽 후진 뿐만 아니라 서쪽 후진에도 제단이 설치되면서 성소로 발전하게 된다. 따라서 서쪽에 있던 출입구는 측면으로 옮겨진다. 이중 내진식은 주로 독일에서 발전하였다.

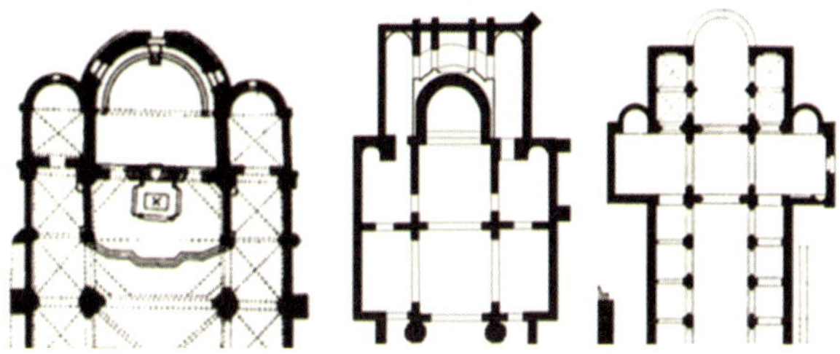
후진의 분화

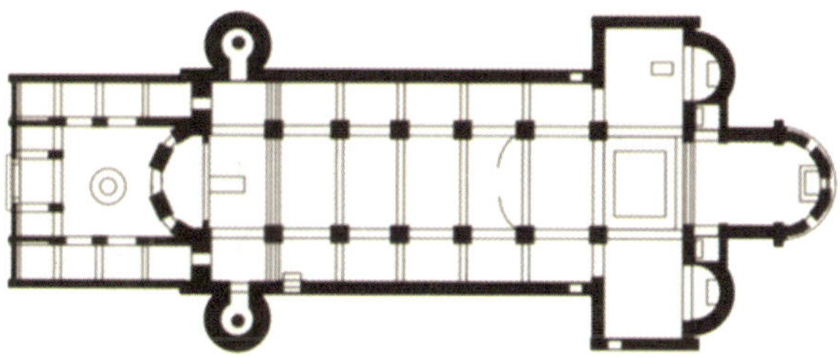
이중 내진식

## 성 리퀴에 수도원 성당

오늘날의 프랑스 북동부에 위치한 센툴라의 〈성 리퀴에 수도원 성당〉(790년경)은 바실리카식 교회의 표준 구성을 보여주는 곳이자, 처음으로 웨스트워크를 갖춘 바실리카식 교회로 기록되고 있다. 카알 대제의 사위로 고전학자였던 안길베르트(Angilbert, 742- ? )가 세운 이 성당은 현존하지는 않지만, 익랑을 거느린 동쪽 이스트 엔드 부분과 분명하게 구분되는 웨스트워크가 특징적이었다. 중세에 들어와 바실리카식 교회의 본당 입구였던 전실 부분이 확대되어 통로와 부속실, 경당 등이 있는 복합 공간으로 바뀌고, 외부에는 탑과 종루 등을 세워 기념비적 성격이 강화되면서 웨스트워크가 등장한다. 〈성 리퀴에 수도원 성당〉의 웨스트워크 역시 아래쪽에는 낮은 궁륭을 가진 전실이 있었고, 그 위에는 2층으로 된 갤러리와 황제실이 있었으며, 위층과 아래층은 원형 계단실을 통해 이어졌다. 이렇게 구성된 웨스트워크의 중심에는 첨탑을 쌓아 동쪽 교차부의 첨탑과 짝을 이루도록 하였다. 이로써 웨스트워크는 성당의 동쪽 이스트 엔드와 맞대응하는 독립공간으로서의 위상을 갖게 되었다. 이후 많은 성당들은 이 수도원 성당을 모범으로 삼아 한쪽에 제단을 설치한 성소를 두고, 다른 한쪽에 육중한 웨스트워크를 두는 양극적 구성을 발전시켰다.

성 리퀴에 수도원 성당(복원도)

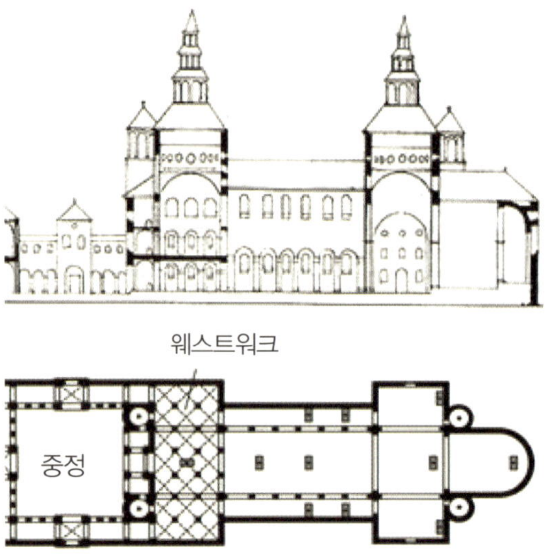


성 리퀴에 수도원 성당 구조

웨스트워크가 발전하게 된 데에는 몇 가지 요인을 들 수 있다. 우선 교회 규모가 커지면서 성당을 확장하기 위한 기능적 측면이나, 출입구 위에 첨탑을 세우기 위한 구조적 목적을 들 수 있다. 그러나 무엇보다도 황제 등 세속권력자를 위한 공간을 마련하는 것 또한 웨스트워크가 발전한 주요 요인이었다. 원래 웨스트워크는 악의 세력에 대한 상징적 보루로서, 지상의 수호천사 미하엘에게 봉헌되었던 곳이었다. 대천사 미하엘은 세상의 악이 교회 안으로 들어오는 것을 막아준다고 여겼기 때문에 입구 홀 위에 경당을 만들어 그를 숭배했다. 그리고 이곳에 황제의 옥좌가 놓이게 되었는데, 이는 세속의 권력자가 지상에서 대천사 미하엘을 돕는 조력자로 간주되었기 때문이다. 이렇게 해서 웨스트워크는 교회의 보호자인 황제의 공간이 되었고, 황제를 위한 개인 경당의 역할을 수행하게 되었다.

당시에는 황제가 성당을 방문했을 때 입구 위쪽에 황제가 앉는 자리를 별도로 마련하는 것이 전통이었다. 이것은 〈아헨 궁정 경당〉에서 카알 대제가 세운 전통이었고, 멀리는 로마 그리스도교 시대의 황제들로부터 내려온 전통이기도 했다. 그리고 평상시에는 황제의 대리인이자 세속통치자이기도 한 주교나 수도원장이 귀족들과 함께 예배를 드리기도 하였다. 이런 공간이 그 규모가 커짐에 따라 일반 회중석과 구분되는 별도의 강력한 독립 공간으로 발전하게 된다. 이로써 종교적 공간인 동쪽의 성소와 대비되는 서쪽의 세속적 공간인 웨스트워크가 성립하게 된 것이다.

## 성 비투스 수도원 성당

독일 서부 도시 획스터 근처에 있는 코르바이의 〈성 비투스 수도원 성당〉(873-885)은 중세 초기 성당의 웨스트워크를 온전하게 보전하고 있다. 성 비투스 수도원은 822년 카알 대제의 아들 경건왕 루드비히가 설립한 곳으로, 이후 수 세기 동안 황제권을 지지했던 중요한 수도원 중 하나였다. 신성로마제국 시대에는 6개 자치 대수도원 중 하나로 19세기 초까지도 광대한 영지를 소유하고 있었다. 이 수도원 부속 성당의 웨스트워크는 대표적인 황제 건축 양식으로, 성채를 연상시키는 육중한 모습에다 양쪽에 탑을 세워 기념비적 특성을 강조하고 있다. 이 웨스트워크는 세 개의 층을 가진 정사각형 평면의 단일 육면체 매스로 구성되었는데, 1층은 출입구를 겸한 연주 홀이나 부속실 등으로 쓰였고, 2층은 카알 대제에게 봉헌된 경당으로 황제를 위한 공간이었다. 이런 구성은 아헨의 궁정 경당에서 사용된 방식과 매우 유사한 것으로, 웨스트워크가 발전하게 된 이유가 어

성 비투스 수도원 성당

디에 있는지를 잘 말해준다.

웨스트워크가 세속 권력자에게 봉헌된 별도의 공간이라는 사실은 지역적 편차에서도 확인된다. 중세 초기에 웨스트워크는 특히 독일 작센 지방에서 많이 세워졌는데, 이곳은 카알 대제가 정복사업을 하는 과정에서 가장 강력하게 저항했고 이후에도 여러 차례 반란을 일으키기도 한 지역이었다. 카알 대제는 이 지역을 복속시키면서 무력을 통해 작센인들을 그리스도교로 개종시켰고, 이곳에 새로운 교구를 세워 많은 수도원과 성당을 건립하였다. 이때 막 개종된 지역에 세워진 성당들은 교회의 보호자인 황제의 위엄을 과시하기 위해 육중한 웨스트워크를 갖추었는데, 이러한 웨스트워크로 인해

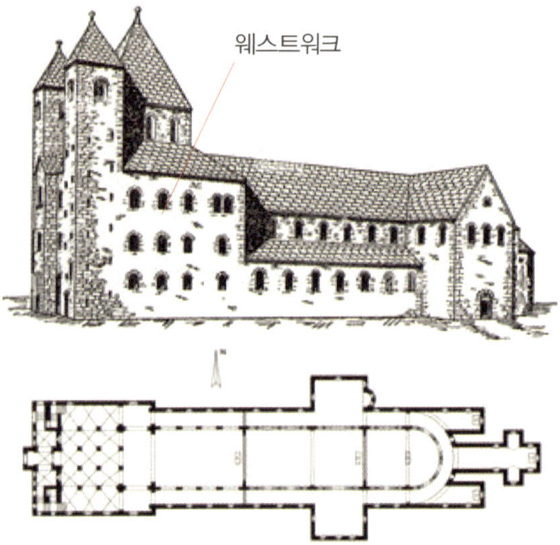

성 비투스 수도원 성당 구조 / 웨스트워크 내부

성당의 외관은 마치 적에 대항하기 위해 세운 견고한 성채를 연상시킨다. 이러한 사실은 웨스트워크가 그리스도교의 보호자로서의 황제 개념을 뒷받침하기 위해 형성된 건축 구성임을 말해주는 것이라 할 수 있다.

〈성 비투스 수도원 성당〉은 30년 전쟁(1618-48)을 거치며 폐허로 변해 웨스트워크만 남기고 철거되었다. 17세기 후반 기존의 웨스트워크 뒤쪽으로 본당 건물이 고딕 양식으로 재건되었고, 18세기에는 수도원과 함께 바로크 양식으로 재건되었다.

성 비투스 수도원 성당 / 내부

# 5 로마네스크 : 10-12세기 교회건축

슈파이어 대성당, 1024-1106년, 독일 슈파이어

## (1) 로마네스크 건축

로마네스크(Romanesque)는 대체로 10세기 후반에서 12세기에 걸쳐 유럽 전역에서 발달했던 미술 양식을 망한다. 서유럽은 10세기 후반에 이르러 대부분의 지역이 그리스도교로 개종되고 봉건제도가 확립되면서 처음으로 문화적 통일체로 완성된다. 교회는 봉건 귀족들과 손잡고 그들의 절대 권력을 옹호하는 한편 당시의 정신생활은 물론 모든 학문과 예술을 지배하는 또 하나의 지배계급을 형성한다. 교회는 수도회를 정비하고 새로운 양식의 수도원과 성당들을 건립하게 되는데, 이 과정에서 예배를 위한 기능과 그리스도교적 세계관을 표현하는 상징물로서의 새로운 건축을 창안하게 된다. 이 시기의 건축 양식을 19세기 미술사가들이 '로마네스크'라고 부르면서 일반화되었다. 로마네스크라는 명칭은 '로마와 같은'이라는 뜻으로, 11세기와 12세기 유럽의 전형적 건물들이 두꺼운 벽과 아치가 있는 고대 로마의 석조 건축과 닮았다는 의미에서 사용되기 시작하였다. 로마네스크 건축은 그 명칭에서 드러나듯 로마의 건축 양식을 이어받고 있고, 중세 전성기 양식인 고딕(Gothic)으로 넘어가는 과도기적 양식이라고도 할 수 있다. 그러나 무엇보다도 서유럽인들이 그리스도교적 세계관에 입각해 스스로 발전시킨 최초의 건축 양식이라는데 그 의의가 있다. 건축 양식에서 비롯된 로마네스크라는 양식 명칭은 다른 장르에서도 보편적으로 적용되고 있다.

## (2) 로마네스크 건축의 특징

로마에서 중세에 이르는 시기에는 천장을 어떻게 만드느냐에 따라 두 가지 건축 흐름이 존재했다. 로마와 비잔틴 건축에서는 석조 궁륭이 주를 이룬 반면, 초기 그리스도교와 서유럽 건축에서는 목조 평천장이 주를 이루고 있었다. 로마네스크 건축은 이 둘의 통합을 통해 이루어졌다. 로마 건축의 특징 중 하나가 '아치'를 건축에 본격 도입했다는 것이고, 이 아치를 이용해 궁륭과 돔 건축으로 발전시켰다는 것이다. '로마식'으로 지어진 로마네스크 건축 역시 둥근 아치와 아치를 이용한 궁륭을 사용한 것이 가장 큰 특징이다.

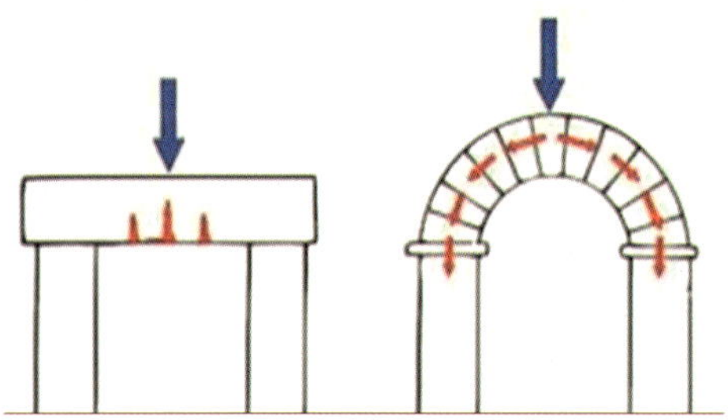

가구식 구조 / 아치식 구조

기존의 가구식 구조는 기둥 위에 올릴 크고 긴 석재가 필요하기 때문에 가공이나 운반이 쉽지 않은 반면, 아치식 구조는 작은 석재를 쌓아 만들기 때문에 가공이나 운반이 용이하고 구하기도 쉬웠다. 또한 가구식 구조는 하중이 수직으로 작용하기 때문에 무게를 버티려면 기둥 간격을 넓히는 데에 한계가 있고, 따라서 넓은 공간을 만들 수 없다. 반면 아치식 구조는 하중이 횡압력으로 작용해 압력이 양쪽으로 분산되기 때문에 가구식 구조에 비해 수직 하중이 줄어 기둥 간격을 더 넓힐 수 있고 더 넓은 공간을 만들 수 있는 장점이 있다. 따라서 가구식 구조의 평천장보다 아치식 구조의 궁륭이 선호되었다. 또한 건물의 내부는 가능한 한 크고 높아 보여야 했고, 불에 잘 견뎌야 했기 때문에 목조로 된 평평한 천장 대신 석조로 된 둥그런 궁륭이 대세로 자리 잡았다.

원통형 궁륭 / 교차궁륭

초기에는 터널식 '원통형 궁륭(barrel vault)'이 이용되었으나 두터운 벽체 때문에 엄청난 석재가 필요했고, 채광도 잘 안 되었기 때문에 곧이어 원통형 궁륭을 직각으로 교차시키는 '교차궁륭(cross vault, groin vault)'이 이용되었다. 교차궁륭은 천장의 무게를 기둥들로 분산시키기 때문에 육중한 기

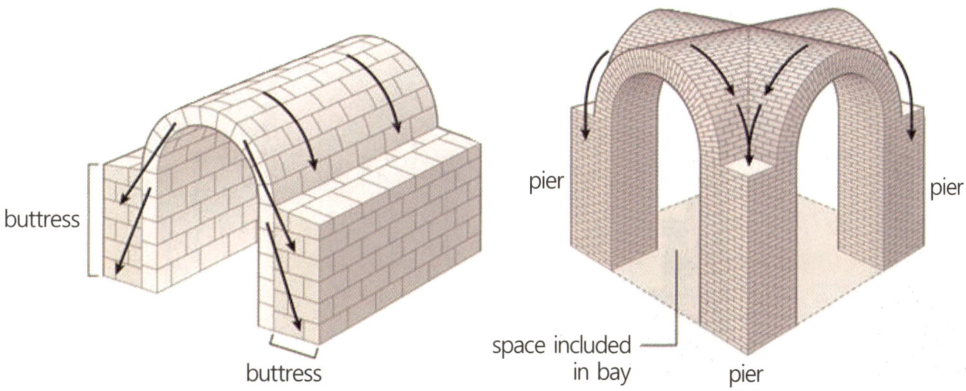


원통형 궁륭과 교차궁륭의 압력 작용 방향

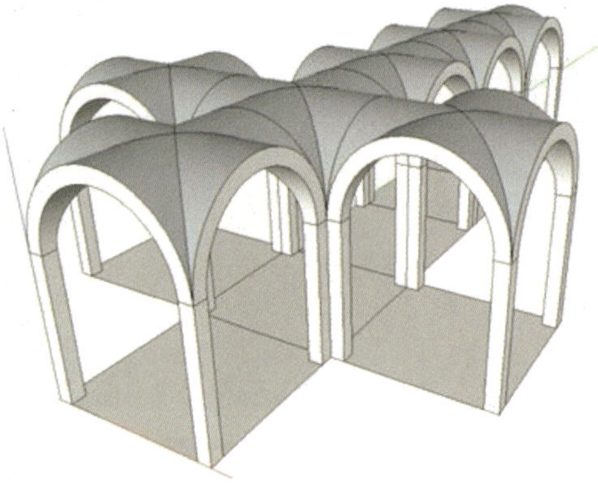

교차궁륭 공간

둥이 필요한 반면, 벽체는 힘을 거의 받지 않게 된다. 로마네스크 건축은 이러한 교차궁륭 공간을 이어붙이는 방식으로 전체 공간을 형성한다. 이 때문에 평면은 매우 규칙적이고 좌우 대칭적인 명확한 형태를 하고 있다.

로마네스크 건축은 육중한 석조 궁륭을 가지고 있다. 아치의 무게는 특히 횡압력으로 작용한다는 점에서 아치 구조물인 궁륭의 무게를 지탱하기 위해서는 무엇보다 벽이 튼튼해야 했다. 이 때문에 벽은 두터워야 했고, 둥근 아치를 이용한 창은 일정한 크기를 넘지 못했다. 측랑도 천장의 무게를 나눠 갖기 위해 비교적 낮고 좁게 설계되었다. 그것도 모자라 밖으로 '부벽(버팀벽 buttress)'을 덧대어 석조 벽이 무너지지 않도록 하였다. 가구식 구조는 하중이 수직으로 작용하는 반면 아치식 구조는 하중이 횡압력으로 작용한다. 이 때문에 횡압력을 받는 벽체가 밖으로 밀려나며 무너질 위험이 크기 때문에 벽체 바깥으로 두터운 부벽을 쌓아 이를 방지하고자 한 것이었다. 이로 인해 로마네스크 건축의 외벽은 둔탁한 벽면이 주를 이루어 삭막하게 보이는데, 이를 보완하기 위해 연속적이고 중첩적인 '블라인드 아치(blind-arch)'로 벽면을 장식하기도 하였다. 로마네스크 성당은 외관 자체가 두터운 벽과 탑으로 이루어져 성당이라기보다 견고한 성채를 연상시킨다. 이러한 이미지는 당시 성당이 이교도로부터, 세상의 악으로부터 그리스도교를 지키는 성채와도 같았다는 점에서 어느 정도 부합된다고 할 수 있다.

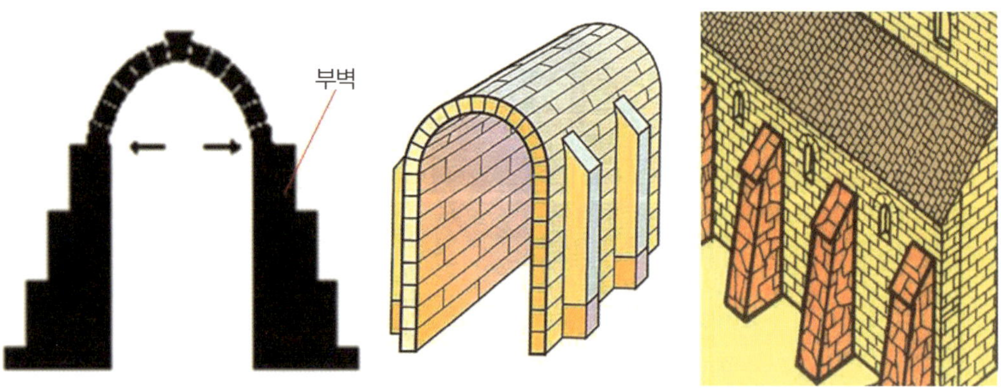


하중 압력의 방향과 부벽

로마네스크 성당 외관(부벽 / 블라인드 아치)

로마네스크 성당의 내부는 창이 작고 높직하게 나 있는데다 측랑으로부터 들어오는 빛도 적기 때문에 처음에 들어가면 좀 어두운 편이다. 내부 공간은 좁고 길며, 열주들이 뒤로 물러서듯 반복되고 있다. 중랑과 측랑을 나누는 기둥들은 원주가 아니라 사각기둥(피어 pier, 작은 돌이나 벽돌을 쌓아 만든 기둥)이다. 천장을 보면 횡단 아치를 통해 질서 정연하게 구획되어 있고, 그 아래 작은 창문을 통해 부드러운 빛줄기가 들어와 성당 안을 감싼다. 이 때문에 엄숙하고 신비로운 분위기가 느껴진다. 중랑벽은 프레스코화로 장식되었다. 화려하지 않고 간소하지만 중후하고 위엄이 느껴지는 외관처럼, 내부 또한 소박하면서도 숭고한 종교적 분위기가 느껴진다.

성 세르냉 대성당 내부

## (3) 독일의 로마네스크 건축

로마네스크 양식은 지역에 따라 다양하게 발전하였다. 독일 지역에서는 독일만의 지역주의 양식을 발전시켰다. 독일의 로마네스크 양식은 오토 왕조가 통치하던 936-1024년에 확립되었는데, 이 시기 건축은 독일에서 로마네스크 양식이 본격적으로 등장하기 전 오토 왕조에서 발달했다는 점에서 특별히 '오토 양식'이라 불리기도 한다. 오토 왕조의 신성로마제국은 로마 교황을 제치고 황제가 직접 지역 주교를 임명하고, 그들에게 해당 지역의 통치권을 위임하는 '제국교회체제'를 확립하였다. 이들 제국주교들이 수도원과 성당을 건립하면서 로마네스크 건축이 형성되었다. 그리고 1024년 오토 왕조가 막을 내리고 살리 왕조가 시작되면서 독일 로마네스크 건축은 큰 변화를 맞는데, 이때부터 본격적으로 석조 궁륭이 도입되는 등 전성기 로마네스크의 국제주의 양식으로 발전하게 된다.

### 성 미하엘 성당

독일 북부 힐데스하임에 위치한 〈성 미하엘 성당〉(1007-33)은 제국주교인 베른바르트(Bernward von Hildesheim, 996-1022)가 베네딕토 수도원에 건립한 수도원 성당이다. 베른바르트는 오토 3세에 의해 힐데스하임 주교로 임명된 후 뛰어난 예술적 재능을 발휘해 오토 왕조의 문화를 선도하였다. 〈성 미하엘 성당〉은 전기 로마네스크를 대표하는 건축으로 로마네스크 성당의 발전과정을 잘 보여준다는 점에서 중요한 의미를 갖는다. 오늘날 이 성당은 종교개혁 이후 독일에서 보편화 된 '공유 교회(Simultankirche)' 중 하나이다. 이 성당은 1542년

성 미하엘 성당

이래 루터파 교회에 속해 있지만, 베네딕토 수도회는 1803년까지 그대로 남아 서쪽 내진과 지하경당(crypt)을 계속 사용하였다. 오늘날에도 베른바르트 주교의 유해가 있는 지하경당은 가톨릭교회에 속해 있다. 지하경당 옆 제의실은 가톨릭교회와 개신교가 공동으로 사용한다.

성 미하엘 성당 지하경당

## (4) 성 미하엘 성당 구조와 구성

〈성 미하엘 성당〉은 얼핏 보아 바실리카식 교회처럼 보이지만, 동서 양쪽에 후진이 있고 남북으로 출입구가 있는 특이한 구조이다. 평면도를 보면 동서 양쪽에 내진이 있는 독일 특유의 '이중 내진식' 구조라는 것을 알 수 있다. 이중 내진식은 바실리카식 교회의 라틴십자 평면의 전통을 깨뜨린 것으로서 동쪽에 제단을 두는 바실리카식 교회의 강한 동쪽 지향성과는 달리 동서 양쪽을 지향하는 것이 특징이다.

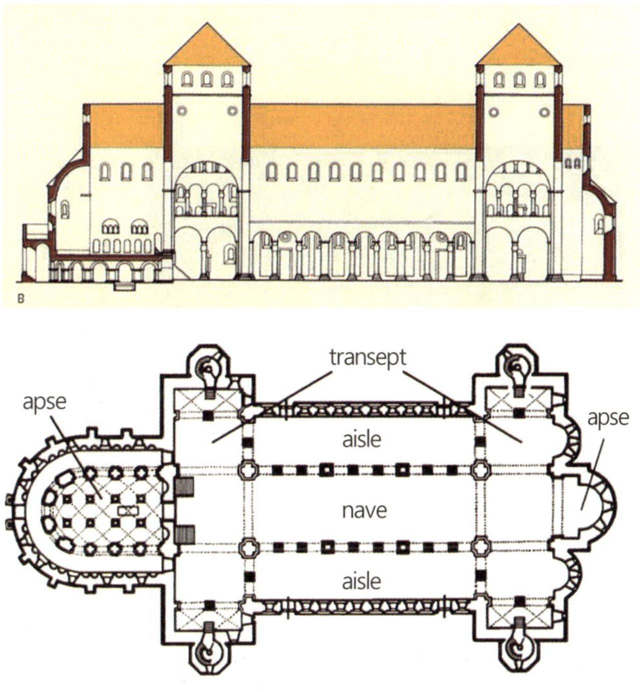


성 미하엘 성당 구조

이중 내진식은 원래 성당의 봉헌 대상인 성인이 두 명이어서 두 곳의 성소가 필요했기 때문에 생겨난 것이었다. 이중 내진식은 주로 독일에서 사용되었는데, 이는 신성로마제국의 제국교회체제와 밀접하게 연관된다. 황제로부터 권한을 위임받은 제국주교

성 미하엘 성당 내진(서쪽 / 동쪽)

는 사실상 제국관료로서 그 지역의 주교일 뿐만 아니라 세속 영주로서의 역할을 수행하게 된다. 〈성 미하엘 성당〉의 이중 내진식은 제국교회제제 하에서 교권과 속권을 모두 가진 제국주교의 이중적 지위를 건축적으로 구현한 것이었다. 이때 제단이 있는 동쪽은 원래의 성소로서 교권을 상징하고, 서쪽은 당시 권력 집단인 대성당 참사회의 회합장소이자 주교의 영묘가 자리한 곳으로서  속권을 상징했다. 서쪽 내진은 중랑 바닥보다 높게 만들어 그 아래에 지하경당

마인츠 대성당(1009-37) / 보름스 대성당(1110-81)

을 두었고, 여기에 베른바르트 주교의 석관이 안치되었다.

〈성 미하엘 성당〉은 동서 양쪽에 내진을 두고 양쪽 모두 좌우 날개에 해당하는 익랑을 두고 있다. 그리고 동서 교차부뿐만 아니라 익랑 끝 부분에 각각 탑을 세웠다. 이와 같이 이중 내진식 교회에서는 동서 양쪽에 후진과 탑을 세우고, 또 양단에 익랑이 있을 경우에는 거기에도 탑을 세우는 것이 일반적이다. 동서 양쪽에 똑같은 수의 탑을 세움으로써 균형을 유지하고, 동서로 대변되는 교권과 속권의 긴장 어린 균형 관계를 표현하고 있다.

이중 내진식은 이후에 나타나는 본격적인 독일 로마네스크 건축의 주요 특징 중 하나가 되었다. 독일 로마네스크를 대표하는 〈마인츠 대성당〉(1009-37)이나 〈보름스 대성당〉(1110-81) 역시 동서 양쪽에 내진을 둔 이중 내진식 성당이다. 또한 동서 양쪽에 각각 세 개씩 탑을 가진 다탑식이다.

〈성 미하엘 성당〉에서 또 한 가지 주목되는 점은 '정사각형 도식(Quadratischer Schematismus)'이라는 새로운 건축 개념을 도입했다는 것이다. 중랑과 익랑의 폭이 같기 때문에 평면도에서 보면 두 부분이 공유하는 교차부에 정사각형 공간이 생긴다. 이 성당에서는 특별히 교차부의 네 면에 붉은 대리석으로 장식된 아치를 세워 이 부분을 강조하고 있다. 교차부의 이 정사각형 공간이 성당 구조의 핵심 척도로 사용되는데, 이것을 '정사각형 도식'이라고 한다. 정사각형 도식은 우주가 완벽한 대칭적 조화를 이루고 있다는 고대의 관념을 건축에도 적용하고자 했던 로마의 건축가 비트루비우스(Vitruvius)의 비례체계를 응용한 것이다. 비트루비우스에 의하면 인간은 소우주로서 완벽한 대칭적 조화를 이루고 있는데, 이것이 건축에도 그대로 적용되어야 한다는 것이다. 또한 천상의 예루살렘이 정사각형의 완벽한 조

성 미하엘 성당 동쪽 교차부

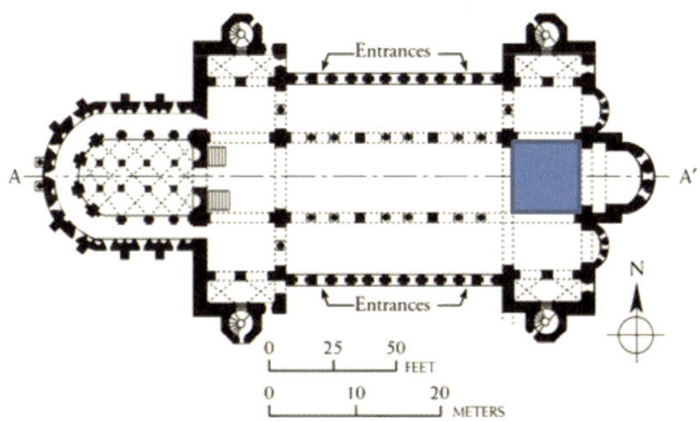


성 미하엘 성당 동쪽 교차부 평면(파란색)

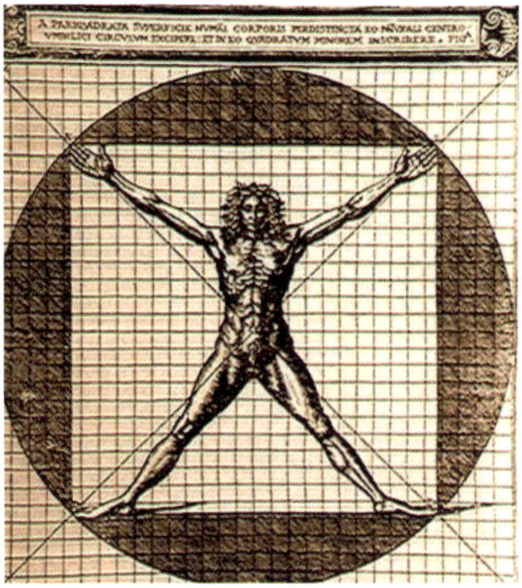

비트루비우스적 인간

화를 이루고 있다는 요한묵시록 21장 16절의 기록을 따른 것이라고도 할 수 있다. 천상에서의 완벽한 조화를 교회건축에서 구현하고자 했기 때문이다. 이러한 정사각형 도식에 따라 교차부의 정사각형 공간이 교회건축의 공간을 구획하는 핵심 척도, 기본 단위로 사용된다. 마치 블록을 붙여가듯이 정사각형 공간을 덧붙여 가는 식으로 공간을 확장해 간다. 〈성 미하엘 성당〉에서 중랑은 이러한 정사각형 공간 세 개가 덧붙여져 만들어진 것이다.

또한 이 성당은 중랑의 열주가 '사각기둥-원기둥-원기둥-사각기둥' 식으로 기둥들이 교대해서 반복되고 있다. 이와 같이 주 기둥과 부 기둥이 교대로 반복되는 기둥체계를 '교대식 지주체계'라고 하는데, 이 또한 정사각형 도식에 따라 자연스럽게 형성된 것이다. 천장과 지붕의 무게를 직접 받는 기둥은 육중한 사각형인 반면, 무게를 덜 받는 기둥은 가는 원기둥으로 처리함으로써 기둥 형태가 다르게 된 것이다. 이러한 교대식 지주체계 역시 로마네스크 성당에서 흔히 보는 특징 중 하나이다. 〈성 미하엘 성당〉은 정사각형 도식에서 비롯된 단순한 척도와 분명한 공간구획이라는 새로운 건축개념을 통해 이후 유럽 교회건축에 많은 영향을 미쳤다.

교대식 지주체계

〈성 미하엘 성당〉의 천장은 아직 로마네스크가 본격적으로 시작되기 전의 평천장을 유지하고 있다. 천장에 그려진 '이새의 나무'(1220년경)는 길이 27.6m 폭 8.7m의 크기로 13세기 고딕 시대에 1300개의 목판 위에 제작된 것이다. 맨 아래에 아담과 이브가 있고, 두 번째 칸에 누워있는 이새의 옆구리에서 나무둥치가 솟아나고 있다. 맨 위에는 성모 마리아를 거쳐 예수에 이른다. 예수의 가

성 미하엘 성당 내부 / 천장화

계도를 담고 있는 이 그림은 이새, 다윗, 솔로몬, 히즈키야, 요시아를 거쳐 예수에 이르는 계보를 표현함으로써 예수가 다윗의 자손이라는 것을 보여주고 있다. 예수의 가계는 마태오복음과 루가복음 등에 실려 있는데, 약간의 차이는 있지만 모두 예수의 역사성과 구약으로부터 이어지는 예수 탄생의 당위성을 설명하는 것이라 할 수 있다. 이 천장화는 제2차 세계대전 중인 1943년 해체되어 보관 중이었기 때문에 전화를 면할 수 있었다.

## 슈파이어 대성당

슈파이어 대성당

1024년 살리 왕조의 등장과 함께 독일 로마네스크는 새로운 변화를 맞는다. 독일 남서부 슈파이어에 위치한 〈슈파이어 대성당〉(1024-1106)은 살리 왕조를 연 콘라트 2세가 자신과 가문의 권위를 과시하기 위해 건립한 이른바 '황제 대성당(Kaiser-dom)'이다. 이 성당은 살리 왕조의 창립과 함께 콘라트 2세에 의해 시작되어 그의 손자인 하인리히 4세가 사망한 해에 완공되었다. 살리 왕조의 전성기에 건립된 이 성당은 살리 왕조의 정치적 에너지가 집약된 건축이자, 카알 대제로부터 시작된 제국교회 건축이 결실을 맺은 것이라 할 수 있다.

슈파이어 대성당 황제실

〈슈파이어 대성당〉은 두 번에 걸쳐 건축되었다. 콘라트 2세가 시작한 1차 건축은 하인리히 3세를 거쳐 하인리히 4세 때인 1061년에 마무리되었다. 1차 건축에서부터 성당의 거대한 규모와 서쪽의 육중한 웨스트워크는 다분히 로마의 〈구 성 베드로 대성당〉을 의식한 것이었다. 원래의 정면 파사드는 폭이 30m가 넘는 단일 블록이었으나, 17세기 프랑스 루이 14세와의 전쟁 때 파괴되어 1854년 현재의 모습으로 복원되었다. 웨스트워크는 그 규모도 클 뿐만 아니라 중앙에 거대한 팔각탑을 두어 내부를 밝게 하고, 그 양쪽에 사각기둥 모양의 계단탑을 둠으로써 황제의 성스러운 위엄을 드러내고 교회의 보호자로서의 황제의 상징적 의미를 형상화하였다(2층의 황제실은 현재 완전히 복원되지 않은 채 황제의 위상을 나타내는 여러 개의 걸개그림이 걸려있다). 중랑의 궁륭은 튼튼하면서도 위엄을 과시하기 위해 처음부터 석조 궁륭으로 계획되었으나 기술상의 문제로 일단 목조 천장으로 마무리되었다.

슈파이어 대성당

## 슈파이어 대성당 구조와 구성

〈슈파이어 대성당〉의 2차 건축은 1082년에 재개되었다. 2차 건축 공사는 기초를 최대 8m 깊이까지 강화하고 동쪽의 후진과 내진, 익랑 등을 새로 짓고, 중랑의 천장을 5m 높여 석조 궁륭으로 처리하였다. 이 과정에서 독일 로마네스크 건축의 대표적인 구성방식이 완성되었다. 〈슈파이어 대성당〉의 2차 건축에서 가장 중요시되었던 문제도 바로 천장을 석조 궁륭으로 올리는 것이었다. 천장을 석조 교차궁륭으로 올리기 위해 힐데스하임의 〈성 미하엘 성당〉에서 확립된 '정사각형 도식'을 토대로 중랑의 구획 두 개가 하나의 교차궁륭을 형성하게 하고 이 교차궁륭을 떠받치기 위해 주 기둥인 육중한 사각기둥을 더욱 보강하였다. 그리고 이 기둥에 튼튼한 횡단 아치를 연결해 궁륭의 틀을 잡는 한편 무게를 분산시켰다. 또한 중랑벽은 갤러리 없이 2단 구성으로 처리해 벽면을 많이 확보함으로써 궁륭의 무게를 지탱하도록 하였고, 주 기둥과 부 기둥이 만들어내는 벽면의 아치가 중랑 벽을 보강하도록 하였다. 이로 인해 기둥은 횡단아치와 연결된 주 기둥과 그 사이의 부 기둥이 교대하는 로마네스크 특유의 '교대식 지지체계'가 형성되었다. 이로써 높이 32m, 폭 14m의 궁륭을 가진 거대한 내부 공간이 완성되었다. 중랑의 빈 벽면은 프레스코화로 장식되었지만, 성당 내부는 단순하고 평면적인 분위기가 느껴진다. 1041년에 축성된 지하경당에는 콘라트 2세부터 합스부르크 왕가의 알브레히트에 이르기까지 여덟 명의 황제와 왕이 안치되었다.

슈파이어 대성당 내부

슈파이어 대성당 지하경당

〈슈파이어 대성당〉은 웨스트워크 뿐만 아니라 성당 설립 동기나 성당의 구조 자체가 그리스도교와 정치 권력이 하나로 합쳐진 중세 권력 모델의 전형적 유형을 보여준다. 하인리히 4세는 교황 그레고리우스 7세와 주교 서임권을 둘러싼 갈등에서 패배한 후 1077년 카노사에서 무릎을 꿇어야 했다. 이른바 '카노사의 굴욕'이라 불리는 이 사건 이후 황제는 대립교황을 세워 반격을 시도하는데, 〈슈파이어 대성당〉의 2차 건축 작업은 대립교황의 즉위와 황제 대관식 사이에 시작되었다. 황제는 교황으로부터 파문을 당한 상황에서 성당 건축을 통해 자신의 신심을 입증해야 했고, 황제권에 대한 요구를 강화하기 위해 건축을 통한 상징정책에 몰두하였다. 개축 작업의 중심은 성당의 동쪽 부분을 새로 건설하면서 중랑의 천장을 석재 궁륭으로 덮는 것이었다. 중랑의 궁륭은 1차 건축 때 이미 건설된 측랑의 공간 분할체계에 따라 규칙적으로 분할되었는데, 이 과정에서 중랑과 측랑 사이에 단계적 연결 관계가 형성되었다. 평면도를 보면 쉽게 알 수 있듯이, 중랑의 교차궁륭 구획 하나에 측랑의 교차궁륭 구획 두 개가 딸려 있는데, 이러한 건축의 단계적 연결 관계를 '종속 체계(Gebundenes System)'라고 부른다.

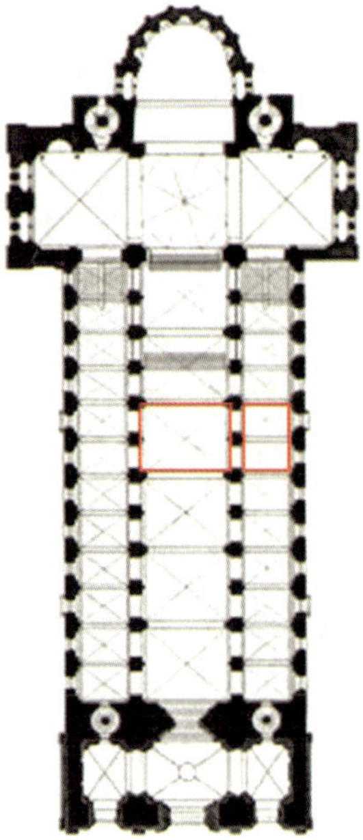

슈파이어 대성당 평면도

이러한 종속 체계는 중랑 벽면의 아치 구성에서도 나타난다. 고측창을 감싸고 있는 분리 아치 두 개가 모여 교차궁륭으로 이루어진 천장 구획 하나를 이루게 된다. 즉 큰 아치 하나에 작은 아치 두 개가 종속되어 있는 것이다. 하인리히 4세는 이러한 종속 체계를 통해 황제권에 대한 상징적 의미를 건축적으로 표현하고자 하였다. 하나의 중랑 구획 안에 두 개의 측랑 구획이 종속되어 있고, 하나의 큰 아치 안에 같은 크기의 작은 아치 두 개가 나란히 배치되어 조화를 이루고 있는 것처럼, 황제를 정점으로 한 제국교회체제는 교권과 속권이 조화를 이루는 가운데 상호보완적인 통일체를 형성해야 한다는 메시지를 표현하고 있는 것이다.

슈파이어 대성당 중랑벽

이러한 황제의 메시지는 중랑 벽면 구성에서도 나타난다. 2단으로 된 중랑 벽은 〈성 미하엘 성당〉에 비해 수직성이 훨씬 강화되었다. 곧게 뻗은 사각기둥에 원기둥을 덧대어 수직성을 강화했을 뿐만 아니라, 고측창의 폭을 아래쪽 아케이드와 동일하게 하고 수직적으로 한 몸이 되게 함으로써 수직성이 더욱 강조되었다. 프랑스 로마네스크 성당들이 기둥체계를 통해 그리스도교적 수직성(앙천성)을 표현하는 데 비해, 이 성당은 기둥체계를 통한 수직성뿐만 아니라 중랑의 벽을 통해서도 수직성을 표현하고 있는데, 이는 황제권 안에서 그리스도교적 의미를 정의하겠다는 황제의 의도를 나타낸 것이라 할 수 있다. 기둥의 도드라짐이 종교적인 것을 상징한다면, 중랑 벽면의 평평함은 세속적인 것을 상징한다고 할 수 있다. 또한 기둥과 벽면 모두에서 수직성을 표현하고 있는데, 이러한 구성은 기둥과 벽이 각각의 존재와 역할 등을 인정하고 동등한 관계로 병존하는 가운데 동일하게 하늘을 지향하고 있음을 보여주는 것이다. 이는 황제권 안에서 교권과 속권의 조화를 추구하는 제국교회체제의 이상을 표현하고자 하는 황제의 의중을 반영한 것이라 할 수 있다.

슈파이어 대성당 중랑 벽면 구조

이와 같이 〈슈파이어 대성당〉의 여러 건축 구조는 중세 지배체제를 상징적으로 표현함으로써 황제권 안에서 교권과 속권의 조화를 지향했던 하인리히 4세의 의지를 담고 있다. 이 점에서 〈슈파이어 대성당〉은 그리스도교와 정치 권력이 하나로 합쳐진 중세 권력 모델의 전형적인 유형을 보여준다고 할 수 있다. 〈슈파이어 대성당〉에서 확립된 분명한 척도와 비례체계, 질서정연한 공간 분할 체계는 이후 유럽 교회건축에 중요한 모델이 되었다. 이 성당은 현존하는 가장 큰 로마네스크 성당이자 '유럽 건축의 전환점'으로 간주된다.

### (4) 프랑스의 로마네스크 건축

로마 교황청은 신성로마제국 황제와의 갈등 속에서 황제권을 제어하기 위해 프랑스를 비롯한 유럽 전역에 수도원과 성당을 건립해 자신들의 영향력을 확대해 나갔다. 이때 동원된 집단이 이탈리아 북부 롬바르디아 지방의 순회 석공단이었다. 롬바르디아에는 로마제국이 멸망한 이후에도 비잔틴의 영향으로 석조 궁륭의 전통이 남아 있었는데, 롬바르디아 석공 장인들이 프랑스 교회건축에 참여하면서 프랑스에 석조 궁륭이 전파되었다. 이로써 프랑스의 로마네스크 건축이 본격화되었다. 원래 로마네스크라는 명칭에 담긴 '로마적'이라는 의미는 석재 궁륭의 전통이 잘 남아있는 롬바르디아의 7-9세기 건축을 두고 한 말이었다. 로마네스크를 이끈 것은 독일과 프랑스였지만, 프랑스가 석조 궁륭를 먼저 도입했다는 점에서 구조적 측면에서는 앞섰다고 할 수 있다.

프랑스의 초기 로마네스크를 이끈 것은 부르고뉴 지방과 노르망디 지방이었다. 이탈리아와 가까운 프랑스 남부 부르고뉴 지방에서는 석조 궁륭을 도입하는 등 여러 가지 건축적 실험이 이루어졌다. 이 과정에서 평면 구성은 바실리카식의 표준형을 기본으로 삼았고, 내진 아래 지하에는 성 유물을 위한 경당이 만들어졌다. 교차부에는 첨탑이 세워지기도 하였다. 프랑스 북서부 노르망디 지방에서도 건축적 실험이 활발하게 일어났다. 이 지역은 당시 정치적으로는 영국에 속해 있었지만, 건축적으로는 프랑스 로마네스크 건축에 속해 있었다. 이 지역에서는 석재 궁륭의 도입에 맞춰 우선 기둥 체계가 정리되었는데, 궁륭을 지탱할 육중한 사각기둥에 가느다란 대응기둥을 덧대어 수직성이 강화되었다. 중랑벽도 표준형인 3단 구성으로 정착되는 등 로마네스크 건축의 대대적인 발전이 이루어졌다.

프랑스의 로마네스크 성당은 대부분 '순례성당'으로 지어졌다. 10-12세기의 종교 활동에서는 성인들의 유해나 유물을 참배하기 위한 순례가 중요시되었다. 당시 가장 인기 있는 순례지는 로마, 예루살렘과 더불어 스페인의 산티아고였다. 산티아고는 스페인 북부도시로, 성 야고보의 무덤이 있는 산티아고 데 콤포스텔라를 말한다. 10세기 후반 이후 유럽 전역이 그리스도교화되면서 종교적 열정이 고조되고 성인들의 유물을 참배하기 위한 열기가 높아졌다. 종교적 열정은 성지순례를 대폭적으로 증가시켰는데, 특히 스페인의 산티아고는 12세기에 이르러 인기 순례지로 각광을 받았다.

산티아고 순례길

여기에는 그만한 이유가 있었다. 교회는 당시 이베리아 반도 남부를 지배하고 있던 이슬람 세력과의 전투에서 그리스도교 지역을 지키기 위한 목적으로 이 지역에 대한 유럽인들의 관심을 유도하기 위해 정치적으로 산티아고 순례를 강조하였다. 십자군원정을 통해 동방에 있던 사도들의 유해 일부가 로마 등 서유럽으로 옮겨졌지만, 당시에 유독 성 야고보의 무덤이 강조된 것은 그가 '땅 끝'까지 그리스도교를 전파했다는 점 외에도 당시 이베리아 반도에서 이슬람과의 전쟁이 한창일 때라 그리스도교의 인적 자원을 이곳에 집중시키려는 의도였다. 산티아고 순례의 목적지는 당연히 성 야고보의 무덤이 안치된 〈산티아고 대성당〉(1075-1122)이었다. 그러나 유럽 사람들이 스페인의 산티아고를 가기 위해서는 프랑스를 거쳐야 했기 때문에 산티아고로 가는 프랑스 순례루트 길목에 위치한 수도원들이 순례의 중심지가 되었다. 각 수도원들은 순례자들을 위한 시설을 갖추었는데, 그 중에서 가장 중요한 시설은 무엇보다도 성당이었다. 따라서 프랑스 로마네스크 성당들은 상당수가 순례를 위한 양식으로 지어진 것이 특징이다.

12세기 이베리아 반도

산티아고 대성당 / 내부

## 성 세르냉 대성당

프랑스 남서부에 위치한 툴루즈의 〈성 세르냉 대성당〉(1080-1120)은 대표적인 순례성당 중 하나로 툴루즈의 초대 주교인 성 세르냉(사투르니누스)을 기리기 위해 건축되었다. 성 세르냉은 3세기 초 그리스에서 태어나 교황 파비앙에 의해 갈리아 지역으로 파견되었다. 그는 툴루즈에서 이교도들에게 그리스도교를 전파하다 악마로 몰렸고, 황소의 발에 묶여 끌려다니다 순교했다고 전해진다. 그가 순교한 자리에 그의 이름을 따 4세기 말에 툴루즈의 주교인 성 실비우스에 의해 성당 건축이 시작되었고, 나중에 카알(샤를마뉴) 대제가 기증한 성 세르냉의 유골이 안치되었다. 그 후 수도원 공동체가 형성되었고, 10세기에 성인 숭배가 일반화되면서 서유럽에서 가장 중요한 순례지 중 하나가 되었다. 11세기에는 산티아고로 가는 순례자들이 증가하면서 이 성당은 이탈리아에서 시작해 프랑스 남부를 가로질러 산티아고에 이르는 순례루트에서 중요한 경유지 중 하나로 각광을 받았다. 순례자들이 늘어나자 이들을 수용할 수 있는 커다란 공간이 필요해지면서 현재 모습의 로마네스크 양식의 성당이 신축되었다. 성당 옆에 있던 수도원 건물은 프랑스 혁명 이후 파괴되어 현재는 흔적도 찾아볼 수 없다. 성당 주변에는 거대한 원형 광장이 들어서 있다.

성 세르냉 대성당

성 세르냉 대성당

## 성 세르냉 대성당 구조와 구성

〈성 세르냉 대성당〉은 길이 115m, 높이 64m, 폭 21m로 프랑스에서는 가장 큰 로마네스크 성당이다. 붉은 벽돌과 흰 석재로 지어진 이 성당의 전체적인 윤곽은 확실한 라틴십자 형태이다. 중랑과 익랑을 길게 설계했는데, 이는 되도록 많은 순례자들을 수용할 수 있도록 하기 위한 것이었다. 원래 서쪽 정면에는 탑이 있었지만 지금은 흔적만 남아 있다. 교차부의 65m 종탑은 다섯 개 층으로 되어 있는데, 11세기에 시작된 처음 세 개 층은 창문이 둥근 아치로 되어 있고, 나머지 층은 뾰족한 첨형 아치로 1270년경에 완성되었다. 꼭대기 첨탑은 그로부터 200년 후인 1470년경에 추가된 것이다. 성당 밖에는 성당 외부를 둘러볼 수 있도록 주위에 산책로를 내 순례자들을 배려하였다. 주거 환경이 열악했던 당시에는 거대한 성당 건물 자체가 하나의 구경거리이기도 했다.

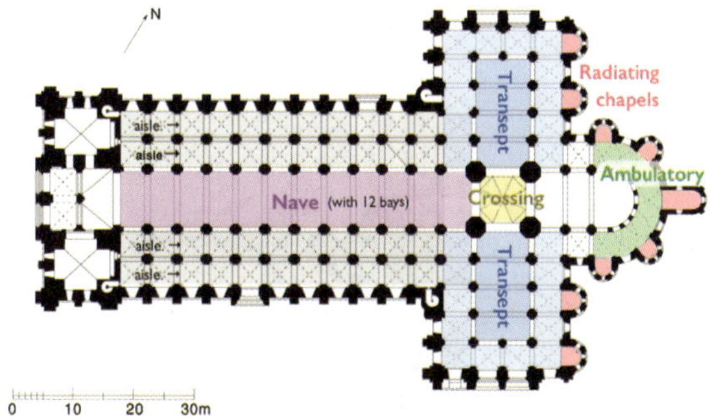


성 세르넹 대성당 평면도

성당의 내부는 로마네스크 양식치고는 폭이 매우 넓은 편이다. 중랑의 폭은 32m로 측랑 폭의 두 배이고, 중랑 한 베이의 폭은 길이의 두 배이다. 중랑과 측랑에서 보여주는 이러한 동일 비율의 구성은 내진에서도 유사하게 반복되는데, 이러한 구성은 전체적으로 건축적 조화와 통일성을 자아낸다. 12베이로 된 중랑은 길고 어둡다. 중랑벽은 2단으로 구성되어 있는데, 위쪽 창문이 있어야 할 자리는 안정상의 이유로 막혀있다. 원통형 궁륭의 하중 때문일 것으로 추측된다. 기둥은 원주가 아니라 사각기둥, 즉 피어이다. 사각기둥 위에는 대응기둥을 덧붙여 위쪽 횡단 아치와 연결시킴으로써 상승감을 배가시키고 있다. 교차부에는 1096년 교황 우르바노 2세가 기증한 제단이 놓여 있다.

성 세르냉 대성당 내부

성 세르냉 대성당 동쪽 외관

〈성 세르냉 대성당〉을 독일의 〈슈파이어 대성당〉과 비교해 보면 프랑스 성당과 독일 성당의 차이, 특히 프랑스 순례성당의 특징을 잘 이해할 수 있다. 우선 두 성당의 차이점은 〈슈파이어 대성당〉이 3랑식인 반면 〈성 세르냉 대성당〉은 5랑식이다. 한쪽은 탑이 많은 다탑식인 반면, 다른 한쪽은 교차부에만 탑(원래는 입구 양옆에도 탑이 있었다)이 보인다. 특히 동쪽 끝을 보면 한쪽은 후진으로 마감된 반면, 다른 한쪽은 후진 뒤로 주보랑(ambulatory, 보행용 회랑)이 나 있고 그 뒤로 작은 경당들이 돌출되어 있다.

〈성 세르냉 대성당〉은 〈슈파이어 대성당〉과 달리 동쪽의 내진 부분을 확장해 후진 뒤쪽으로 주보랑을 내고, 주보랑 바깥쪽으로는 여러 개의 작은 경당을 두고 있다. 이곳을 슈베(chevet, 프랑스어로 '베개'라는 뜻)라고도 부르는데, 이는 성당을 그리스도의 몸이라고 할 때 이 부분이 머리 위쪽에 해당한다는 데에서 유래한 명칭이다. 이곳은 이 성당 전체에서 가장 오래된 부분으로 아홉 개의 경당으로 구성되어 있다. 그중 다섯 개는 후진 쪽에, 네 개는 익랑 쪽에 배치되었다. 특히 후진 뒤

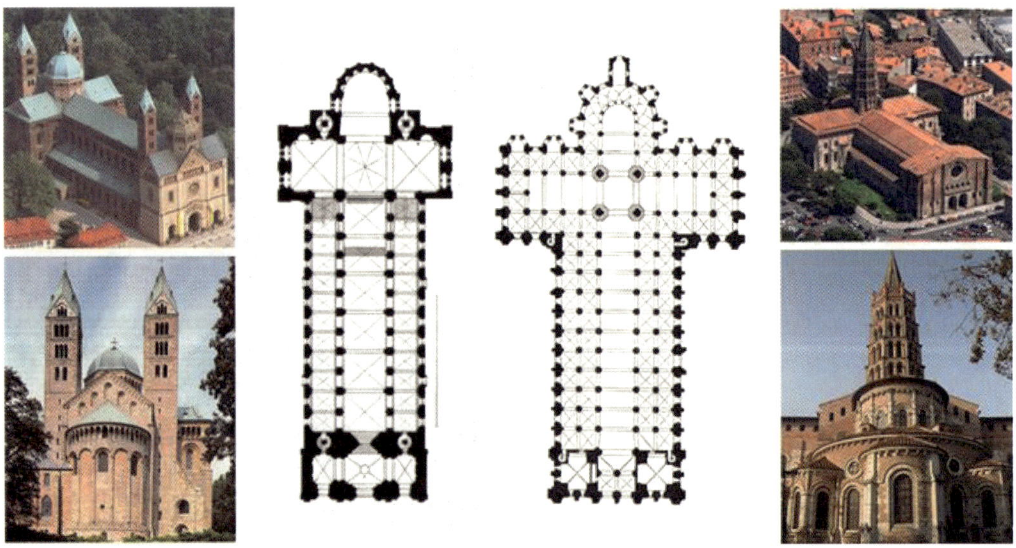

슈파이어 대성당(1024-1106) / 성 세르냉 대성당(1080-1120)

쪽의 경당은 후진을 중심으로 방사형으로 설치되어 '방사형 경당(radiating chapel)'이라 부른다. 경당에는 순례자들이 성당 안을 순회하면서 참배할 수 있도록 성인의 유물들을 안치해 놓았다. 이 성당은 로마의 〈성 베드로 대성당〉에 이어 가장 많은 성 유물을 보유한 것으로 알려져 있다. 순례자들은 진행되고 있는 미사를 방해하지 않고, 측랑을 따라 안으로 들어가 익랑을 거쳐 주보랑을 통해 경당을 둘러보며 예배를 드릴 수 있다. 예배를 마치면 반대편 측랑을 따라 성당 밖으로 나오게 된다. 이 성당은 이후 지어진 순례성당들의 모델이 되었다. 로마네스크는 물론 고딕시대에도 대부분의 프랑스 성당들은 후진 뒤쪽에 주보랑을 내고 경당을 두는 순례성당의 구조를 따르고 있는 것이 일반적인 특징이다.

성 세르냉 대성당 방사형 경당

## 성 푸아 수도원 성당

프랑스 남부의 시골 마을 콩크에 위치한 〈성 푸아 수도원 성당〉(11-12세기) 역시 산티아고 순례길에 위치한 순례성당이다. 원래 콩크의 수도원에는 별다른 성물이 없었으나 근처 아쟁에는 4세기에 12세로 순교한 성녀 푸아의 유해를 참배하는 순례객들이 몰려들고 있었다. 성녀가 맹인의 눈을

성 푸아 수도원 성당

뜨게 하고 포로를 풀려나게 하는 기적을 행하는 것으로 알려졌기 때문이었다. 이에 수도원은 성 푸아의 유해를 탈취하다시피 해서 수도원에 안치하였고, 11세기 후반에는 순례자들을 위해 기존 성당을 허물고 새로운 성당을 건축하였다. 그러나 성당 부지의 원래 지형이 좁은 계곡이었기 때문에 넓은 익랑(35m)에 비해 중랑(20.27m)을 짧게 만들 수밖에 없었고, 대신 건물을 높이 짓다 보니 프랑스의 다른 성당에 비해 독창적인 형태가 되었다. 높게 솟은 모습의 정면 파사드와 3층으로 올린 후진에서도 건물의 독창적인 구조를 엿볼 수 있다.

## 성 푸아 수도원 성당 구조와 구성

12세기에 완공된 〈성 푸아 수도원 성당〉은 비록 규모는 작지만 후진 뒤로 주보랑이 나 있고 그 뒤쪽으로 경당을 두는 등 순례성당의 모습을 갖추고 있다. 전체적으로 3랑식 바실리카 형태로 교차부에는 팔각형의 돔을 얹었다. 성당 안에 들어서면 좌우의 측랑이 순례자들을 후진 뒤쪽의 주보랑으로 유도한다. 반원형의 주보랑은 성 푸아의 좌상과 여러 성 유물이 안치된 내진을 둘러싸고 있다. 성당은 순례자들이 내진과 익랑은 물론 이곳 주보랑에서도 교차부의 제단에서 행해지는 미사를 모두 볼 수 있도록 설계되었다. 순례자들이 많을 경우 주보랑 뒤쪽의 작은 경당에 설치된 제단

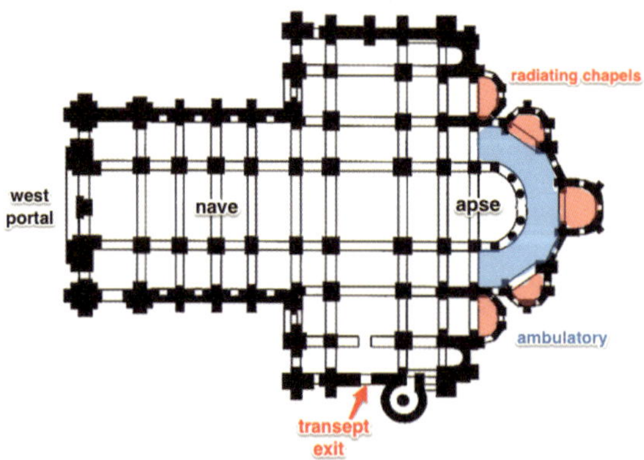


성 푸아 수도원 성당 평면도

들에서 동시에 미사를 집전할 수 있도록 하였다. 〈성 세르냉 대성당〉에서 보듯이 후진 뒤쪽의 방사형 경당은 다섯 개가 일반적인데 반해 이 성당은 세 개의 경당만을 가지고 있는데, 이는 삼위일체를 상징하기도 하지만 성당의 좁은 지형적인 특성과도 관련된다.

성 푸아 수도원 성당 내부

성당 내진에 안치되어 있는 성 푸아의 좌상은 높이 85cm로, 이 좌상 안에 실제로 성녀의 유해가 모셔져 있다고 한다. 금박으로 화려하게 장식된 성녀상은 수 세기에 걸쳐 완성되었다. 4-5세기에는 머리 부분에 인증된 해골 조각을 넣은 후 금으로 세공해 안치했고, 기적이 늘어남에 따라 9세기 말에 금판으로 몸과 의자를 추가로 세공했다. 10세기 말에 에나멜 눈과 금귀걸이가 추가되

성 푸아 좌상

었고, 16세기에는 은색 팔과 손이, 18세기에는 청동 신발과 무릎의 청동판이 추가되었다. 성녀상을 장식하고 있는 보석들은 대부분 순례자들과 황제가 봉헌한 것이다. 그 후 여러 번의 복원과정을 거쳤는데, 현재의 모습은 1955년에 다시 복원한 것이다.

산티아고로 가는 순례자가 늘어나면서 순례루트에 위치한 각 성당들 사이에서는 순례자를 유치하기 위한 경쟁이 벌어지기도 하였다. 여러 가지 편의 시설을 제공하는가 하면 성당 외벽을 조각으로 장식해 볼거리를 제공하기도 하였다. 그러나 무엇보다 중요한 것은 성 유물을 확보하는 것이었다. 당시 사람들은 성유물에 특별한 힘이 있다고 믿었기 때문에 성 유물을 참배하는 방식으로 신앙 활동이 이루어졌다. 유물들은 대부분 십자군 원정을 통해 동방에서 가져온 것들이었지만, 유물을 확보하기 위한 경쟁이 벌어지면서 진위를 확인하기 어려운 유물들이 생겨나기도 하였다. 이 때 성유물의 진위를 판정하는 권한은 그 지역의 주교에게 있었다. 따라서 성 유물에 대한 집착이 강해질수록 지역 주교의 권한도 덩달아 강화되었다.

〈성 푸아 수도원 성당〉의 정문 위쪽에 있는 반원형의 팀파눔(tympanum) 조각은 1140년경에 제작된 것으로 로마네스크 조각의 걸작으로 평가된다. '최후의 심판'을 주제로 한 팀파눔의 중앙에는 그리스도가 달걀모양의 타원형 만돌라(mandorla) 후광에 둘러싸여 심판자의 모습으로 앉아 있다. 만돌라는 신의 완전성을 상징한다. 그리스도는 오른손을 위로 들어 축복받은 영혼을 향하고 있

성 푸아 수도원 성당 정문 팀파눔

고, 왼손을 아래로 내려 저주받은 이들을 향하고 있다. 이는 오른쪽을 선과 연결시키고, 왼쪽을 악과 연결시켰던 중세적 사고를 반영한 것이다. 오른쪽이라는 라틴어 덱스터(dexter)가 영어 dexterous(솜씨 좋은)라는 단어의 어원이라는 것과 왼쪽을 뜻하는 sinister가 '불길한'이라는 의미를 갖는 데에서도 중세적 사고가 이어지고 있음을 엿볼 수 있다. 팀파눔의 천국 부분은 평온한 반면, 지옥 부분은 육체적 격렬함으로 가득 차 있는데, 이는 중세 사람들의 내세관을 보여주는 동시에 그들이 겪었을 현세적 고통을 짐작하게 해준다. 이곳 팀파눔에 남아있는 채색 흔적이 말해주듯이 중세 팀파눔 조각에는 원래 채색이 되어 있었다.

성 푸아 수도원 성당 정문 팀파눔(지옥 부분)

## 성 에티엔 수도원 성당(느베르)

초기 로마네스크 건축은 지역에 따른 차이가 컸다. 이 시기에는 국제적으로 통일된 양식이 나타나지 않은 상태에서 각 지역들이 각각의 전통에 따라 중세 건축에 대한 인식을 형성해 나갔다. 초기 로마네스크는 900년경 프랑스 지역에서 먼저 시작되어 프랑스와 독일을 중심으로 발전하였다. 그러다 11세기 후반에 이르러 프랑스를 중심으로 석조 궁륭과 중랑벽의 3단 구성, 기둥체계 확립 등 표준 구성이 갖춰지면서 이른바

성 에티엔 수도원 성당(느베르)

성 에티엔 수도원 성당(프랑스 혁명 이전)

'국제주의' 양식으로 발전하였다. 이때부터 전성기 로마네스크라고 부른다.

프랑스 부르고뉴 지방 느베르의 〈성 에티엔 수도원 성당〉(1063-97)은 전성기 로마네스크 성당의 표준 구성의 선례를 보여주는 중요한 성당이다. 보통 '생테티엔 수도원 성당'이라 부른다. 이 성당은 당시 최대 조직을 자랑하던 클뤼니 수도회 소속의 수도원 성당으로, 세 번째 클뤼니 수도원 성당을 짓기 위한 건축적 실험으로 건립되었다. 스뮈르의 성 후고는 1049년 클뤼니의 수도원장에 오르면서 클뤼니의 위상에 맞는 거대한 규모의 새 성당을 계획하였다. 그는 클뤼니 공사를 시작하기 전에 몇 곳에서 건축적 실험을 했는데, 그중 가장 중요한 것이 느베르의 〈성 에티엔 수도원 성당〉이었다. 이 성당은 부르고뉴 지방의 베즐레이에서 스페인의 산티아고로 가는 네 개의 루트 중 하나에서 가장 중요한 교차점에 자리하고 있었지만 순례성당은 아니었다. 정면 파사드는 프랑스 혁명기인 1792년에 파괴되었고, 파사드를 이루고 있던 두 개의 정사각형 종탑과 교차부의 팔각탑도 이때 철거되었다. 그럼에도 불구하고 전체적인 외관은 위풍당당한 모습으로 일종의 종교적 요새처럼 보인다. 기본 평면과 입면은 건축에 집중하기 위해 최소한의 장식도 포기하는 엄격한 디자인을 보여주는데 이는 검소함을 강조했던 클뤼니 수도회의 영향이라 할 수 있다. 이 성당은 프랑스에서 가장 훌륭하고 가장 잘 보존된 로마네스크 양식의 성당 중 하나이자 여기에서 최초로 로마네스크 성당의 표준 구성에 도달했다는 점에서 역사적인 의의를 지닌다.

## 성 에티엔 수도원 성당 구조와 구성

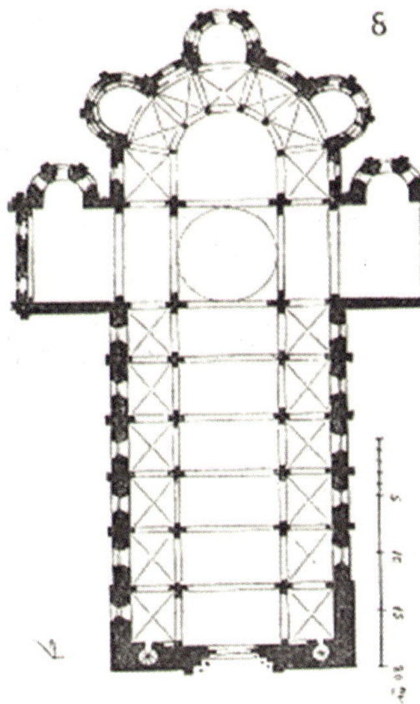

성 에티엔 수도원 성당(느베르) 구조

느베르의 〈성 에티엔 수도원 성당〉은 3랑식 라틴십자형 바실리카식 교회이다. 중랑의 천장은 석조로 된 원통형 궁륭이고, 측랑은 교차궁륭이다. 교차부에는 첨탑이 세워졌다. 중랑벽은 3단 구성을 하고 있다. 이중의 원형 아치로 된 아케이드 위에 갤러리 층이 있고, 그 위에 작은 크기의 고측창을 내었다. 기둥은 정사각형 단면을 가진 사각기둥 위에 반원형 벽기둥을 대응기둥으로 덧붙였다. 안쪽의 대응기둥은 아케이드의 아치를 받치고 있고, 중랑 쪽의 대응기둥은 중랑벽을 분할함과 동시에 천장까지 솟구쳐 횡단 아치로 이어지면서 수직적 상승감을 높여준다. 후진 뒤쪽으로는 순례성당처럼 주보랑이 나 있고 세 개의 방사형 경당도 갖췄다. 그러나 이 성당은 순례성당은 아니었다. 당

성 에티엔 수도원 성당(느베르) 내부

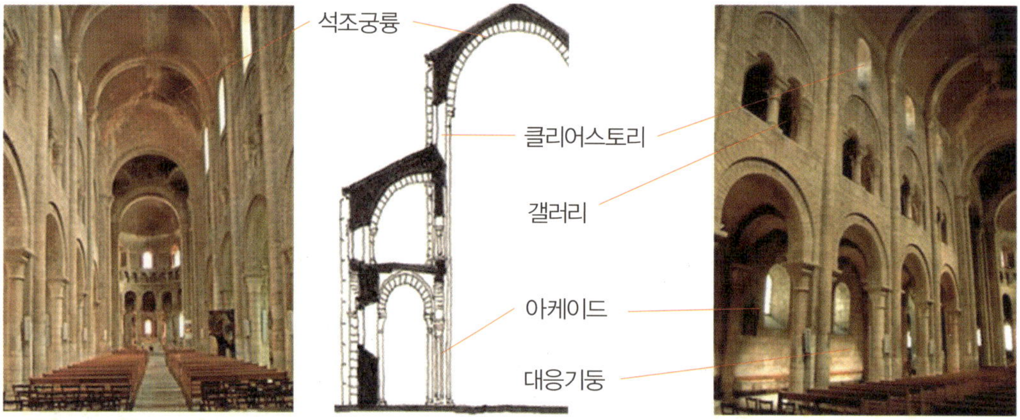


로마네스크 성당의 표준 구성

시의 관심은 첨단공법인 늑재와 교차궁륭에 모아지고 있었다는 사실을 감안할 때 중랑의 천장을 여전히 원통형 궁륭으로 처리하고 있어 첨단성이 부족한 점은 있지만, 로마네스크 성당의 표준 구성을 잘 보여준다는 점에서 주목된다. 이 성당에 나타난 로마네스크 성당의 표준 구성을 정리하면 다음과 같다. 첫째, 천장은 석조 궁륭이다. 둘째, 중랑벽은 클리어스토리(고측창) - 갤러리(트리뷴) - 아케이드로 이루어진 3단 구성이다. 셋째, 기둥체계는 사각기둥(피어)에 반원형의 벽기둥을 대응기둥으로 덧붙여 횡단 아치와 연결시켰다.

클뤼니 수도원장 성 후고는 몇 곳에서의 건축적 실험을 통해 자신감을 얻은 후 1089년 제3 클뤼니 수도원을 짓기 시작했다. 수도원 건축의 중심은 수도원 성당이었다. 〈제3 클뤼니 수도원 성당〉(1089-1131)은 전실 부분이 미완성인 채 1131년 봉헌되었다. 〈제3 클뤼니 수도원 성당〉은 5랑식 바실리카에 익랑을 두 개나 가진 대성당으로 로마의 〈구 성 베드로 대성당〉을 능가하는 유럽 최대 규모를 자랑하였다. 10-11세기에 파편화되고 지역화된 유럽에서 클뤼니 수도회는 유럽 전역에 퍼진 산하 수도원을 통해 최고의 영향력을 행사하였다. 카노사 사건이 일어났을 때에도 하인리히 4세가 교황과의 화해를 주선해 주도록 부탁한 사람도 클뤼니 수도원장 후고였다. 그러나 클뤼니 수도회는 세 번째 수도원을 건설하면서 재정적 어려움을 겪게 되고, 12세기에 시토회와 같은 개혁 수도회들이 등장하면서 점차 그 위상과 영향력이 약화되었다. 그러다 프랑스 혁명 때 수도원이 약탈되고 모두 파괴되었다. 현재는 수도원 성당의 남쪽 익랑 부분과 내진의 주두 등 일부 건물 잔해들만 남아 있다.

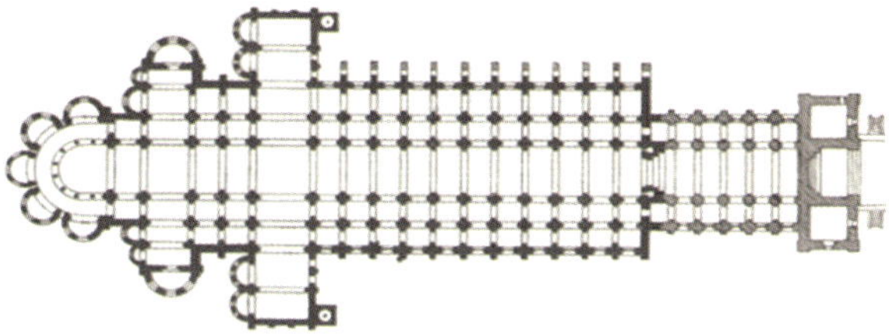

제3 클뤼니 수도원 성당(노란색이 남쪽 익랑 유적)

제3 클뤼니 수도원 성당 남쪽 익랑 유적

## 성 에티엔 수도원 성당(캉)

성 에티엔 수도원 성당(캉)

프랑스 서북부 노르망디 지방의 캉에 위치한 〈성 에티엔 수도원 성당〉(1060/65-1120년경)은 프랑스 로마네스크를 이끈 다른 한 축이었다. 이 성당은 베네딕토 수도회 소속으로, 노르망디 공작으로 영국 왕이 된 윌리엄 1세(정복왕 윌리엄)에 의해 세워졌다. 당시 노르망디 지방은 영국의 지배를 받고 있었다. 〈성 에티엔 수도원 성당〉은 11세기 수십 년 동안 캉에 있는 같은 수도원 소속의 자매 건물인 〈성 삼위일체 성당〉(1060/65-1120년경)과 상호 경쟁을 통해 발전하였다. 약 1120년경에 두 성당에 추가된 중요한 기능은 프랑스에서 처음으로 사용된 늑재궁륭(rib-vault)이었다.

늑재궁륭이 고딕 건축의 주요 특징 중 하나라는 점에서 이 두 성당은 고딕 양식의 선구자로 간주된다.

## 성 에티엔 수도원 성당(캉) 구조와 구성

캉의 〈성 에티엔 수도원 성당〉은 3랑식 바실리카 형식이다. 이 성당에서 주목되는 것은 늑재(rib)를 도입해 구조적인 측면에서 전성기 로마네스크를 이끌었다는 점이다. 사실 늑재는 같은 수도원 소속의 〈성 삼위일체 성당〉의 내진에서 시작되었다. 처음에는 원통형 궁륭으로 천장을 덮었으나 하중이 문

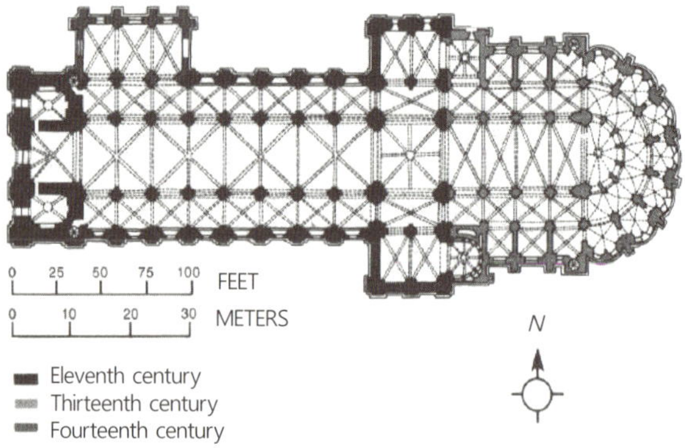

성 에티엔 수도원 성당(캉) 평면도

성 에티엔 수도원 성당(캉) 내부

성 에티엔 수도원 성당(캉) 중랑벽

제가 되어 교차궁륭으로 대체되었고, 이때 늑재가 쓰이면서 늑재궁륭으로 처리되었다. 늑재궁륭이 어느 건물에서 최초로 사용되었는지에 대해서는 여전히 논란이 되고 있지만, 일반적으로 프랑스 노르망디 지역에서 시작된 기술이 영국으로 넘어가 발전했고, 이 기술이 다시 프랑스로 역수입된 것으로 보고 있다. 이 성당에서 주목되는 다른 하나는 대응기둥이 체계적으로 정리됨으로써 중랑벽의 기둥체계가 다발기둥(clustered pier)으로 완성되었다는 것이다. 궁륭의 늑재와 대응기둥 사이에 일치가 이루어지면서 다발기둥의 복합구조체계가 처음으로 정리되었다. 대응기둥은 바닥에서부터 시작해 중랑벽을 거쳐 천장에까지 이어지면서 끊이지 않는 연속선을 형성한다. 이러한 기둥체계로 인해 아케이드와 갤러리 층의 아치 개구부의 폭을 최대한 넓힐 수 있었다.

영국에서 역수입된 늑재궁륭은 1120-25년에 캉의 〈성 에티엔 수도원 성당〉의 중랑 천장에 사용되었다. 이때 '6분 궁륭(6분 볼트)'이 등장하는데, 6분 궁륭이란 두 베이를 하나의 공간 단위로 묶은 다음 그 천장을 여섯 부분으로 나누는 것이다. 6분 궁륭을 받치기 위해서는 중랑벽의 기둥체계가 주 기둥과 부 기둥으로 이루어진 '교대식 지지체계'가 더 적합하다. 6분 궁륭에서는 모두 다섯 개의 아치가 만들어지는데, 그중 공간 단위를 결정하는 경계부의 기둥들에 두 개의 아치가 모이면서 그 사이에 있는 다른 기둥들보다 무게를 더 받게 된다. 이 무게를 더 받는 기둥이 주 기둥이고, 아치 하나만을 지탱하기 때문에 무게를 덜 받는 기둥이 부 기둥이다. 이런 주 기둥과 부 기둥이 교대로 열주를 이루는 것을 교대식 지지체계라고 한다. 〈성 에티엔 수도원 성당〉은 이미 기둥들이 먼저 세워져 있었고 나중에 늑재궁륭이 더해진 경우였다. 기둥들이 교대식 지지체계로 먼저 세워져 있었기 때문에 증축과정에서 지지체계와 중랑의 궁륭을 일치시키기 위해 늑재궁륭이 도입된 것이었다. 이 때문에 늑재가 고딕 건축에서처럼 실제로 구조적 역할을 하지는 못한 것으로 보인다. 늑재가 구조적 역할을 했다면 천장의 두께나 외벽의 두께가 얇아져야 하는데 여기서는 아직 그런 발전은 없었다. 그럼에도 불구하고 늑재가 대응기둥과 함께 사용되면서 중랑 폭이 넓어질 수 있었다.

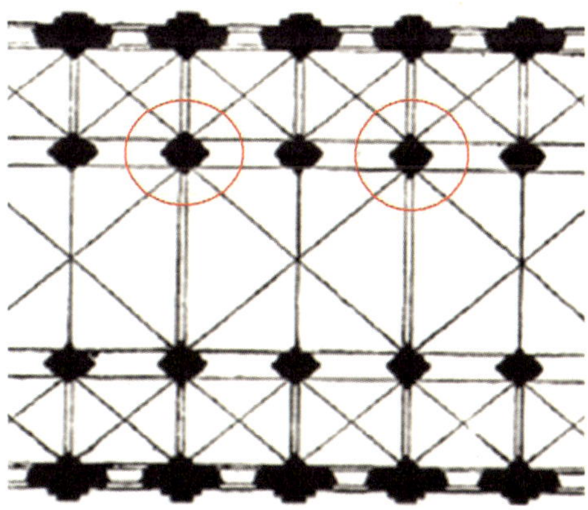

6분 궁륭(붉은색 원 안이 주 기둥)

〈성 에티엔 수도원 성당〉은 원래 로마네스크

성당이었으나 1166년에 동쪽 부분을 초기 고딕 양식의 슈베로 개조하였다. 그 결과 이전 성당에 비해 성가대가 자리한 내진이 2베이 정도 확장되었다. 수도원 제도가 확립됨에 따라 수도원 성당의 내진에는 성직자나 수사들이 하루 종일 시간에 맞춰 노래로써 하느님께 찬미를 올리는 성가대석이 들어섰다. 긴 시간 서서 노래를 부르다 보니 고딕 시대에는 대부분의 성가대석 양편에 서로 마주 보는 의자가 놓였다. 초기에는 내진과 회중석 사이에 루드 스크린이 설치되었으나 르네상스 시대에는 스크린이 제거되고 성가대석이 제단 앞으로 옮겨졌다. 그러나 제단과 회중석을 직접 연결하기 위해 성가대석을 제단 뒤에 두거나 회중석 뒤편에 두기도 하였다.

성 에티엔 수도원 성당(캉) 슈베

성 에티엔 수도원 성당(캉) 성가대석

## (5) 이탈리아의 로마네스크 건축

이탈리아의 로마네스크는 프랑스에서 시작된 국제주의 양식과는 다른 고유의 지역주의 양식으로 발전하였다. 이탈리아는 알프스 이북에서 유행하는 새로운 건축 양식을 받아들이되 자국의 지역 특성에 맞게 변형시켰다. 이탈리아 교회건축은 초기 그리스도교 건축에서 비잔틴 건축에 이르는 로마 그리스도교 건축의 영향을 받았고, 11세기에 이르러 자신만의 본격적인 특징들이 나타났다. 이탈리아의 로마네스크는 주로 롬바르디아 지방과 토스카나 지방을 중심으로 발전했는데, 특히 로마의 고전주의 전통이 지배적이었다. 13세기 이후 북유럽에서 고딕 건축이 유행할 때에도 이탈리아에서는 북부와 중부 일부를 제외하고는 14세기까지 로마네스크 건축이 지속되었다.

## 성 암브로지오 대성당

성 암브로지오 대성당

이탈리아에서 로마네스크 건축이 가장 먼저 시작된 곳은 롬바르디아 건축의 영향을 받은 북부 지방이었다. 11세기 말에 이르러 로마네스크 건축이 이탈리아 북부 전역으로 확산되었는데, 그 중심에 밀라노가 있었다. 밀라노의 〈성 암브로지오 대성당〉(1018-1144)은 이탈리아 북부 로마네스크를 대표하는 성당이다. 이 성당은 386년 밀라노의 주교였던 성 암브로지오가 로마의 박해 중에 순교한 그리스도교인들이 묻힌 곳에 세워 순교자에게 헌정한 교회로, 이 때문에 '순교자 대성당'이라고 불렸다. 789년에는 성당 부지에 수도원이 들어섰고, 서로 다른 규칙을 따르는 두개의 수도원 공동체가 성당을 남북으로 나누어 공유했다. 성당의 남북에 들어선 두 개의 서로 다른 종탑은 이런 역사적 상황을 반영한다. 이 성당은 961년 오토 1세가 발페르트 대주교로부터 이탈리아 왕으로 축성을 받은 이후 신성로마제국 황제들이 교황으로부터 황제 대관식을 치르기 전 이탈리아의 왕으로 즉위하는 대관식을 거행하는 전통적인 장소가 되었다.

〈성 암브로지오 대성당〉은 8세기 카롤링 왕조 때 한차례 증축되었고, 11세기에 로마네스크 양식으로 증축되었다. 현재의 모습은 12세기에 로마네스크 양식을 바탕으로 몇 차례의 복원과 재건을 거친 것이다. 이 성당은 1943년 연합군의 폭격으로 파괴되었다가 1950년대에 복원되었다.

## 성 암브로지오 대성당 구조와 구성

성 암브로지오 대성당

성 암브로지오 대성당 내부

〈성 암브로지오 대성당〉은 1018-50년에 중랑벽의 기둥이 증축되었는데, 이때 4세기 때 세워졌던 원주가 사각 벽기둥으로 교체되었다. 그리고 12세기에는 중랑과 측랑의 천장도 석조 궁륭으로 바뀌었다. 중랑의 천장은 늑재를 사용했지만, 측랑에는 늑재가 사용되지 않았다. 이 성당은 당대에 유행했던 로마네스크의 특징적 요소를 받아들이면서 동시에 로마적 전통도 따르고 있다. 로마의 초기 그리스도교 건축 구성을 따라 본당 앞에 회랑으로 둘러싸인 중정을 추가했다. 또한 본당의 정면은 기존의 바실리카와 달리 신전 파사드 같은 형태를 하고 있다. 아래쪽은 세 개의 동일한 아치로 되어 있고, 위쪽은 경사면의 윤곽을 따라 높이가 증가하는 다섯 개의 아치로 되어 있다. 아치를 이용한 아케이드 구성은 로마 시대의 개선문을 연상시킨다. 본당 양옆에는 두 개의 종탑이 있는데, 오른쪽의 낮은 종탑은 8세기에 지어진 것으로 '수도승의 탑'이라고 불리는데, 전형적인 방어탑의 소박한 모습을 하고 있다. 왼쪽의 높은 종탑은 1144년에 세운 것으로 '캐논'이라 불리는데, 벽돌을 이용한 장식적 특징이 강하다. 이 탑은 본당과 마찬가지로 이 지역의 전통인 '롬바르드 밴드(rombard band)'로 장식되었다.

롬바르드 밴드

성당의 평면은 익랑이 없는 3랑식 바실리카이다. 입구 반대편에 중앙 후진이 있고, 그 양옆에 측랑과 맞추어 작은 후진을 두었는데, 작은 후진은 9세기에 추가된 것이다. 중랑벽은 2단 구성으로 되어 있다. 천장을 석조 궁륭으로 올릴 때 측랑을 2층 구조로 만들었기 때문에 측면의 채광창을 만들 수 없었다. 그러나 동쪽 제단 위쪽의 팔각형의 돔 주위에 만들어진 창을 통해 빛이 들어와 성당 내부에 신비로운 분위기를 연출한다. 내진에는 황금색으로 장식된 제단이 놓여있고, 제단 위쪽으로 붉은 색 암반 기둥으로 만들어진 치보리움(ciborium)이 설치되었다. 치보리움은 초기 그리스도교 대성당에서도 순교자의 무덤 위에 제단을 설치하고 이를 돋보이도록 하기 위해 설치되던 것으로서 주위에 기둥을 세우고 덮개를 씌운 닫집 형태의 구조물이다.

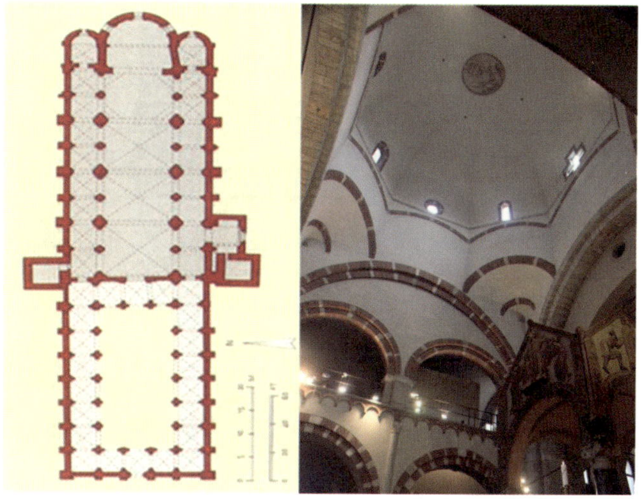

성 암브로지오 대성당 평면도 / 돔 내부

## 피사 대성당

피사 대성당

'사탑'으로 유명한 〈피사 대성당〉(1063-1272)은 남부 이탈리아를 대표하는 로마네스크 성당이다. 중세시대 피사는 제노바, 베네치아와 더불어 강력한 해상공화국이었다. 현재는 해안에서 10km나 떨어져 있어 항구도시의 면모를 찾기 어렵지만 당시에는 중요한 항구도시였다. 〈피사 대성당〉은 피사 해군이 팔레르모 해전에서 이슬람군에게 승리한 것을 기념해 성모 마리아에게 봉헌한 것이다. 팔레르모는 시칠리아 섬의 항구도시로, 이곳 전투의 승리로 당시 시칠리아를 지배하고 있던 이슬람이 모두 물러갔다. 이 성당이 건축된 시기는 십자군원정 시대로, 피사 대주교가 1차 십자군원정 결과 세워진 예루살렘 왕국에서 주도적 역할을 하던 때였다. 이러한 영향으로 건축가 부스케투스(Busketus)와 레이눌두스(Leinuldus)는 예루살렘 성지를 모델로 대성당과 세례당을 설계하였다. 본당은 바실리카식의 '솔로몬 신전'을, 세례당은 중앙집중식의 '바위사원'을 모델로 한 것이다.

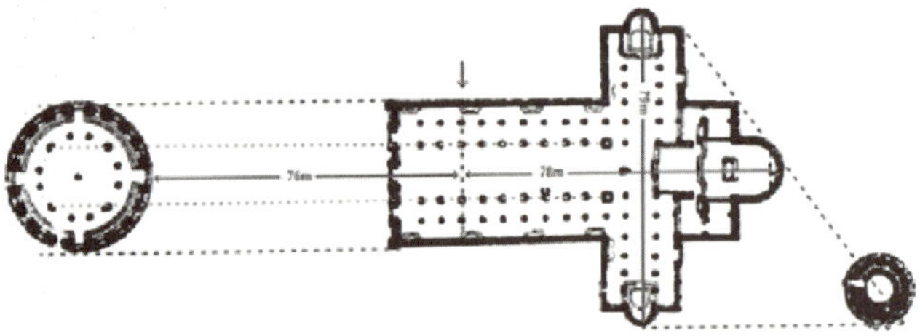

피사 대성당 배치 구도

이탈리아 성당은 십자 교차부에 돔을 얹은 본당과 종탑, 세례당을 별개로 구분하는 것이 특징인데, 〈피사 대성당〉도 이러한 구성을 따르고 있다. 또한 이 성당은 본당과 세례당이 일직선상에 놓여있어 하나의 축을 이루면서 기하학적 질서를 이루고 있는 것이 특징적이다.

## 피사 대성당 구조와 구성

피사 대성당 본당

이탈리아의 성당들은 로마 건축의 전통이 많이 남아있어 고대 신전양식을 모방하거나, 초기 바실리카식 교회의 전통을 충실히 따르고 있다. 〈피사 대성당〉의 본당 역시 외관부터가 초기 바실리카식 교회를 연상시킨다. 정면 파사드의 아래쪽은 블라인드 아치가 중첩적으로 적용되었고, 3문식을 채택하고 있다. 중앙 정문은 성모 마리아의 생애가 묘사되어 있고, 양쪽 문에는 예수의 생애가 묘사되어 있다. 정면 파사드의 위쪽은 원기둥과 둥근 아치를 연속적으로 사용해 아케이드로 처리했는데, 이를 여러 층으로 나누어 적용함으로써 독특한 매력을 발산한다. 기둥과 작은 아치들이 햇빛에 빛나면서 정면의 뒷벽에 그림자를 드리우는데, 이런 섬세하고 화려한 모습이 이 건물의 매력이라고 할 수 있다. 본당의 옆면은 정면 파사드의 아래층처럼 연속적인 블라인드 아치를 적용해 전체적으로 통일감을 부여하였다. 외벽은 전체적으로 토스카나 지방의 색 대리석을 사용해 색색이 장식되었는데, 이는 이후 건축에서도 나타나는 토스카나 지방(피사, 피렌체 등)의 특징이다.

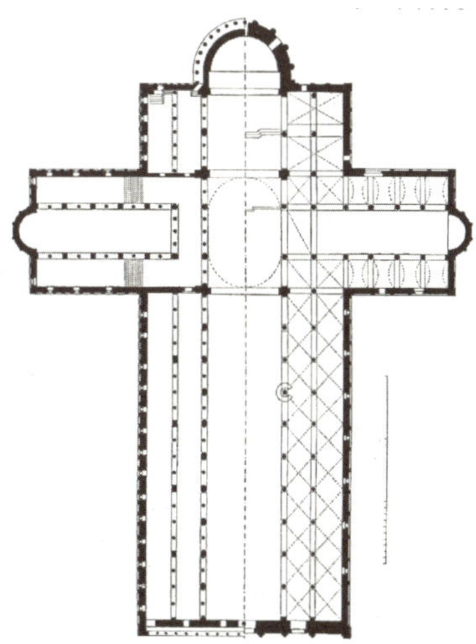

피사 대성당 본당 평면도

〈피사 대성당〉은 확실한 라틴십자형의 5랑식 바실리카 구조이다. 그런데 좌우 익랑도 하나의 독립된 3랑식 바실리카처럼 생겨 평면도를 보면 마치 세 개의 바실리카가 합쳐진 것 같은 모습을 하고 있다. 본당의 내부는 전체적으로 초기 바실리카식 교회의 분위기가 느껴진다. 중랑은 바실리카식 목조 평천장으로 이루어져 있으나 초기 바실리카식 보다는 높은 편이다. 양쪽 측랑은 석조로 된 교차궁륭이다. 중랑과 측랑을 나누는 기둥은 사각기둥이 아닌 코린트식 원주로 되어 있고, 열주 위에 갤러리를 두는 3단 구성을 적용하고 있다. 교차부에는 첨두아치 위로 타원형의 돔을 두고 있는데, 첨두아치를 사용한 것은 이슬람의 영향이고, 교차부에 돔을 둔 것은 이탈리아 교회건축의 특징 중 하나이다. '성모승천 대성당'이라는 〈피사 대성당〉의 정식 명칭에 어울리게 교차부 돔에는 성모가 성인들과 함께 승천하는 그림이 그려져 있다. 17세기 피사 출신의 화가 오라치오 리미날디(Orazio Riminaldi, 1593-

피사 대성당 본당 내부

피사 대성당 본당 돔

피사 대성당 본당 후진

1630)의 작품이다. 후진의 반구형 천장은 예수 그리스도가 성모 마리아와 성 요한 사이에 앉아있는 성화로 장식되었다. 이 모자이크화는 1302년 치마부에(Cimabue, 1240?-1302년 추정)의 작품으로, 1595년의 화재에서도 기적적으로 살아남았다.

피사 대성당 세례당

본당과 마주하고 있는 세례당의 정식 명칭은 '성 요한 세례당'이다. 건축가 디오티 살비(Dioti Salvi, 1152-80년경)에 의해 1152년에 착공되어 완성까지 200년 이상이 걸렸다. 이 때문에 아래쪽의 로마네스크 양식과 위쪽의 고딕 양식이 혼합되어 다소 이질감을 느끼게 한다. 전반기에 제작된 아랫부분은 블라인드 아치가 연속적으로 이어지는 로마네스크 양식을 따른 반면, 후반기에 지어진 윗부분은 개방형의 아치 회랑과 뾰족한 첨탑 모양의 아치, 장식박공 등 고딕 양식을 따르고 있다.

본당은 라틴십자형으로 구성된 반면, 세례당은 지름 약 35m의 원통형 건물이다. 세례당의 돔은 이

중각 구조로서 내부의 2층 회랑을 원추상의 천장으로 덮고, 이것을 외부의 원개가 싸안은 특이한 이중구조로 되어 있다. 이러한 설계는 음향효과를 고려한 것인데, 최근 연구결과 파이프오르간과 같은 효과를 내기 위한 것으로 추정되고 있다. 이 세례당은 유럽의 종교 건축물 중 음향효과가 가장 뛰어난 곳으로 알려져 있다. 세례당 중앙에는 팔각형의 세례반이 놓여있고, 그 가운데에는 세례 요한의 입상이 자리하고 있다. 초기 교회 이래 세례는 온몸을 물에 담그는 완전한 입수를 통해 행해졌기 때문에 본당과는 다른 별도의 공간에 큰 세례반을 설치해서 개종한 사람들이 본당 안으로 들어가기 전에 세례를 받을 수 있도록 하였다. 〈피사 대성당 세례당〉의 규모를 보면 수백 명이 들어갈 수 있을 정도여서 당시 세례성사의 장대한 의식을 공간적으로도 느낄 수 있다.

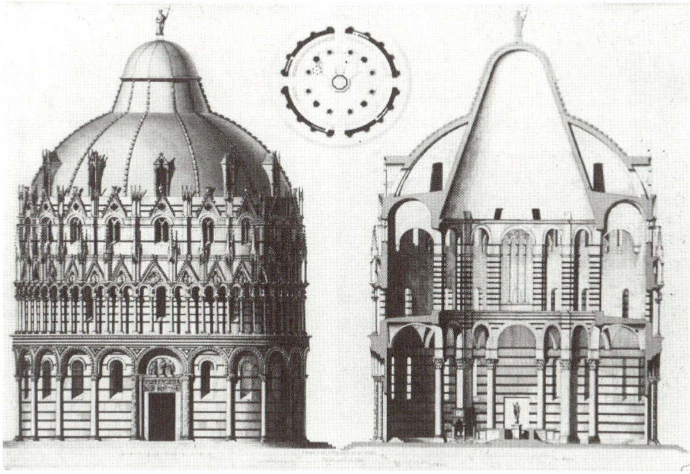

피사 대성당 세례당 구조

세례당 안쪽에는 니콜라 피사노(Nicola Pisano, 1220년경-78?)가 제작한 대리석 독서대가 놓여있다. 독서대는 성서를 봉독하는 곳으로 모든 신도들이 쉽게 볼 수 있고 그곳에서 선포되는 말씀을 잘 들을 수 있도록 높게 만들었는데, 보통 요한복음을 상징하는 독수리가 성서 받침대를 장식하고 있다. 이 독서대는 1260년에 완성된 것이지만, 독서대를 장식하고 있는 부조에서는 고전적인 취향이 나타나

피사 대성당 세례당 내부

피사 세례당 독서대

피사 세례당 독서대 조각

있다. 부조는 수태고지와 탄생, 동방박사의 경배 등 예수의 생애를 다루고 있는데, 한 장면에 여러 이야기가 삽입되다 보니 인물들로 빽빽이 채워져 있다. 한 장면에 여러 이야기를 담아 밀도 있게 표현하는 방식은 고대 로마의 석관 조각에서 유행하던 것이다. 인물이나 복장에서 느껴지는 깊이감과 중량감 역시 로마의 조각 방식을 되살린 것으로 훗날 르네상스 조각의 모범이 되었다. 독서대는 나중에 도입된 강론대로 대체되어 더욱 화려하게 꾸며진다.

피사 대성당 종탑

〈피사 대성당〉의 종탑은 종탑과 천체 관측용으로 건립되었다. 이 탑은 1174년 착공 직후부터 남쪽으로 기울기 시작하는 바람에 설계변경과 공사 중단이 반복되다가 200년이 지난 1372년에야 8층에 59m 높이의 탑으로 완공되었다. 종탑 내부에 있는 나선형의 계단을 통해 올라갈 수 있다. 1층의 외부는 연속된 블라인드 아치로 되어 있고, 2층에서 7층까지는 원기둥과 아치로 이어지는 주랑으로 이루어져 있다. 맨 위층에는 7개의 종이 걸려있는데 이것은 가톨릭교회의 핵심적인 전례 행위인 일곱 가지 성사를 상징한다. 종탑은 완공 후에도 계속 기울어지는 바람에 여러 차례 보수공사를 해야 했다. 마침내 2001년에는 북쪽의 흙을 파내고 기울기를 19세기 초 수준인 5.5도로 바로잡았고, 2010년에는 다시 3.9도로 바로 잡았다. 사탑으로 유명한 종탑과 함께 세례당 또한 본당 방향으로 약 0.6도 기울어져 있다. 이는 대성당 전체가 불안정한 모래 지반 위에 건축되었기 때문이다.

## (6) 영국의 로마네스크 건축

영국의 로마네스크는 '노르만 양식(Norman style)' 또는 '앵글로 노르만 양식(Anglo-Norman style)'이라 불린다. '노르만'은 원래 북방인이라는 뜻으로 바이킹의 일족이었다. 이들은 게르만족의 이동 때 프랑스 북서부에 정착해 살다 911년 노르망디 공국을 건설하였다. 이후 11세기에 이 지역에서 로마네스크 양식이 발전했는데 이를 특별히 노르만 양식이라 부른다. 1066년 노르망디 공작 윌리엄(정복왕 윌리엄)이 잉글랜드를 정복하고, 노르만 양식을 영국에 전파했는데, 이를 앵글로 노르만 양식이라 부르기도 한다.

### 더럼 대성당

영국 북동부에 위치한 〈더럼 대성당〉(1093-1133)은 영국 로마네스크 양식을 대표하는 성당이다. 이 성당은 윌리엄 왕의 명령으로 11세기 후반에 처음 건설된 더럼 성 경내에 자리하고 있다. 더럼 성은 잉글랜드 북부 경계를 보호하는 대가로 사실상 자치권을 부여받은 더럼 대주교의 요새이자 거주지였다. 대성당과 성은 자연 방어선을 구성하는 가파른 강둑과 함께 웨어강의 굴곡으로 형성된 반도에 위치해 있다. 〈더럼 대성당〉은 원래 잉글랜드 북부와 스코틀랜드 남동부에 해당하는 노섬브리아의 수호성인인 성 커

더럼 대성당

스버트의 유해를 모시기 위해 지어졌다. '린디스판의 성 커스버트'로 알려진 그는 활동적인 선교사이자 영적 안내자로서 중세 동안 영국에서 가장 인기 있는 성인이었다. 이 성당은 처음에는 목조로 지어졌으나 현재의 성당은 윌리엄 왕에 의해 첫 번째 왕자-주교로 임명된 생칼레의 주교 윌리엄(William de St-Calais, ? -1096)의 설계로 지어진 것이다. 챕터하우스는 1133-40년 사이에 지어졌고, 서쪽 끝의 '갈릴리 경당'은 1170년대에 추가되었다. 13세기에는 동쪽 후진 부분이 개조되어 '아홉 제단 경당'이 만들어졌다. 16세기 종교개혁 후 수도원이 해산되었고, 헨리 8세의 명에 의해 성 커스버트의 유해도 파괴되었다.

더럼 대성당(동쪽)

## 더럼 대성당 구조와 구성

〈더럼 대성당〉은 3랑식 바실리카식 구조로 내진과 회중석을 분리하는 루드 스크린이 남아있다. 이 성당은 영국 로마네스크 양식의 특징을 잘 보여준다. 영국 로마네스크 성당의 특징은 동쪽 부분, 특히 내진(성가대석)이 동서 방향으로 길게 확장되고, 중랑도 높이에 비해 폭이 넓다는 것이다. 동쪽 끝 부분에 자리한 사각형 경당은 13세기에 고딕 양식으로 개조된 것으로 원래는 전통적인 반원형의 후진이 있던 자리이다. 사각형 경당은 '아홉 제단 경당'으로, 지형적 특성상 익랑처럼 옆으로 길게 들어서 있다. 이 경당은 13세기에 만들었기 때문에 성당의 다른 부분과 달리 스테인드글라스 창이 많은 고딕

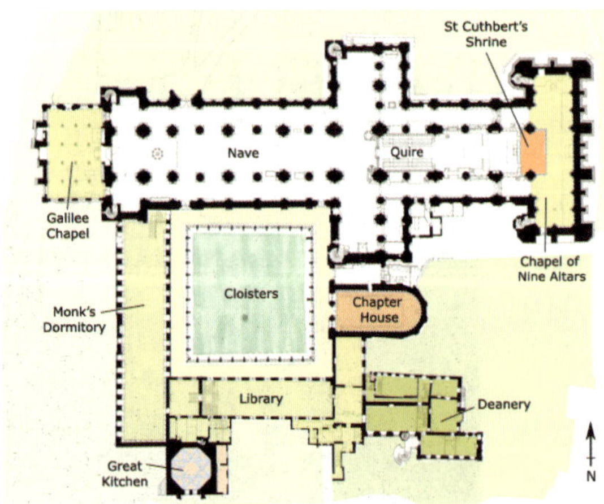


더럼 대성당 평면도

양식을 취하고 있다. 이 경당 앞쪽에 성 커스버트의 성지가 있다.

더럼 대성당 아홉 제단 경당

이 성당에서는 원형아치가 대부분의 창과 정면 파사드의 장식에 사용되었지만, 고딕 건축에서 널리 사용된 첨형아치 또한 사용되었다는 점에서 주목된다. 석조 궁륭을 횡단하는 아치 중 일부가 첨형 아치로 되어 있고, 외관과 탑의 창문 장식에도 첨형아치가 사용되었다. 그러나 이 성당에서 더욱 주목되는 것은 처음으로 늑재궁륭이 사용되었다는 점이다. 이 성당은 영국 최초의 완전한 석조 궁륭 건축이자 현존하는 최초의 늑재궁륭 건축으로 간주된다. 영국인들은 이 성당에서 사상 최초로 늑재궁륭이 사용되었다는 점에서 자신들이 고딕 건축의 원조라고 주장한다. 그러나 이 성당의 늑재는 구조적 역할을 하기보다는 장식어휘에 가깝다는 점에서 고딕 건축의 늑재궁륭과는 차이가 있다. 중랑벽을 지탱하는 부연부벽이 외부로 드러나지 않고 측랑 위의 갤러리 안에 숨겨져 있다는 것도 이 성당이 고딕 건축이 아닌 로마네스크 건축으로 간주되는 주요 이유 중 하나이다.

더럼 대성당 내부

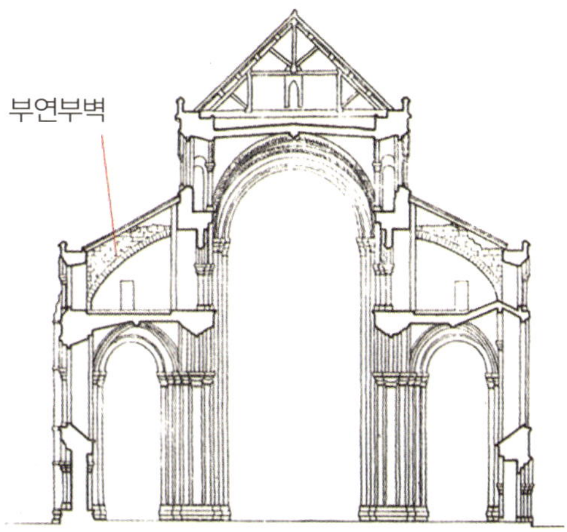


더럼 대성당 구조

〈더럼 대성당〉은 성당 자체가 프랑스의 로마네스크 성당에 비해 훨씬 웅장하지만 장식적이다. 대성당 내부에는 둥근 천장에서 아케이드, 교각에 이르기까지 어떤 식으로든 장식되지 않은 표면이 거의 없을 정도이다. 우선 중랑과 측랑을 가르는 기둥들은 복합기둥과 육중한 원주를 교대식으로 배치했는데, 그중 원통형의 거대한 원주에는 홈을 파 셰브런(V자 무늬)이나 마름모꼴 등 다양한 기하학적 문양으로 장식했고, 측랑의 벽면도 아치가 교차하는 방식으로 장식하였다. 또한 아치를 여러 겹으로 처리한 '아키볼트(archivolt)'로 장식하였고, 궁륭의 늑재나 곳곳의 아치에서도 가장자리를 톱니문양 등으로 다양하게 장식한 것이 특징적이다.

더럼 대성당 아치 장식

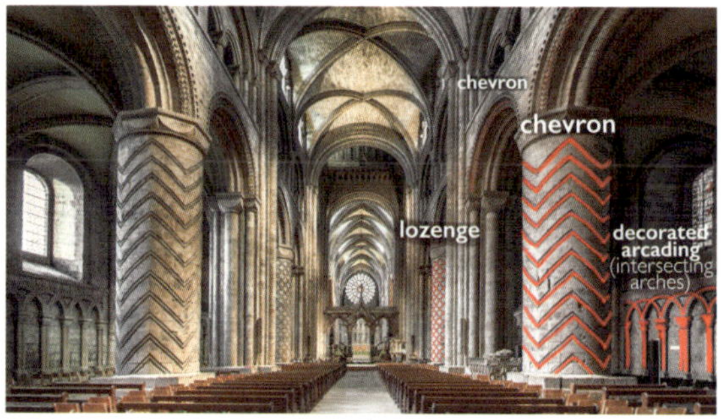


더럼 대성당 내부 장식

## (7) 로마네스크 건축 조각

그리스도교 교회건축은 초기의 단순 소박함에서 벗어나 프랑스 성당들을 중심으로 점차 성당 내외부를 장식하게 된다. 단순한 장식이 아니라 미술을 통해 교회의 가르침을 구체적으로 표현하기 위한 것이었다. 당시 대부분이 문맹이었던 사회에서 교회는 일반인들과 소통하기 위해 주로 회화와 조각에 의존하였다. 교회건축 조각에서 가장 중요한 곳 중 하나가 성당의 정문(출입문)이다. 성당의 정문은 천국으로 들어가는 문을 상징하는 곳이자 성당에서 가장 먼저 눈에 띄는 곳이기에 그만큼 중요한 곳이었다. 바로 이 정문 입구 주변의 팀파눔(tympanum), 중앙 기둥(trumeau), 문설주(jamb) 등이 조각으로 장식되었는데, 그중에서도 반원형 아치로 된 팀파눔은 가장 크고 정교하게 장식되었다.

로마네스크 조각은 대부분 성당 건축의 한 부분으로서 건축구조와 그 크기에 맞춰서 제작해야 했기 때문에, 자연스러운 크기의 비율이 무시되고 형태가 왜곡되거나 변형되었다. 육체적인 면보다는 정신적인 면을 강조하기 위해 주로 선 중심의 이차원적인 저부조로 조각되었다. 그중에서도 특히 출입문 위에 있는 팀파눔 조각은 성서를 읽을 수 없는 사람들의 상상력과 감정에 호소하는 이야기들, 천국과 지옥을 대조시키는 극적인 장면들이 주제를 이루고 있다. 팀파눔에는 특히 '최후의 심판'을 묘사한 경우가 많다. 성당은 지상에 구현한 천국이라는 의미에서 천국에 들어가기 위해서는 최후의 심판을 거쳐야 한다는 사실을 상기시키기 위한 것이라 할 수 있다.

로마네스크 성당 정문(출입문) 조각

## 성 베드로 수도원 성당

프랑스 남부의 작은 마을 무아삭에 위치한 〈성 베드로 수도원 성당〉(1095?-1180)은 스페인의 산티아고로 가는 주요 길목에 자리하고 있다. 이 성당은 성 베드로 수도원의 부속 성당으로, 이 수도원은 당시 가장 중요한 수도회 중 하나인 클뤼니 수도회에 속해 있었다. 이 수도회는 수 세기 동안 예배의 엄숙함과 장려함을 강조했고, 그것이 행해지는 건물의 단순함과 장엄함을 강조했다. 그럼에도 불구하고 〈성 베드로 수도원 성당〉에는 순례자들을 고려해 다양한 조각들로 정교하게 장식되어 있는 것이 특징이다. 특히 1125년경에 제작된 수도원 성당의 주출입구인 남쪽 정문은 빼어난 조각으로 인해 로마네스크 성당의 건축조각 중 가장 극적인 것으로 평가된다. 이 곳의 팀파눔 역시 최후의 심판이라는 주제를 다루고 있다. 중앙에는 그리스도가 하늘의 왕좌에 앉

성 베드로 수도원 성당

아 왼손에는 성서를 들고 있고, 오른손을 들어 축복하는 자세를 취하고 있다. 그리스도의 얼굴은 심판자 하느님으로서의 지엄함이 느껴진다. 그리스도 주변에는 네 명의 복음사가를 상징하는 형상이 배치되어 있다. 이러한 도상은 '왕 중 왕'으로서의 '영광의 그리스도'의 의미를 갖는 것으로 당시 가장 유행했던 주제였다. 그 좌우와 아래쪽에는 하느님의 백성을 상징하는 24명의 장로들이 각기 악기를 들고 앉아 경배를 드리고 있다. 이는 요한묵시록 4장(하늘에 있는 옥좌 위에 하느님이 앉아 계시고 그 주위에 24명의 장로들이 흰옷을 입고 금 면류관을 쓰고 앉아 있었다는 내용)의 기록에 따른 것이다.

팀파눔에 단골 소재로 등장하는 '영광의 그리스도' 이미지는 중세 성당 곳곳에서 볼 수 있다. 이는 에스겔서 1장(네 가지 동물 형상에 의해 운반되는 하느님의 옥좌를 보았다는 기록)과 요한묵시록 4장(그리스도가 하늘의 옥좌에 앉아 있고, 그 주위에 네 마리의 생물이 도사리고 있다는 기록)에 근거한 것이다. 네 가지 형상(테트라모르프, tetramorph)은 피조물 전체를 상징하기도 하지만, 중세 이후 주로 네 명의 복음사가를 상징하는 것으로 여겨졌다.

성 베드로 수도원 성당 정문 팀파눔

1180년경에 제작된 〈아를 대성당〉 정문의 팀파눔에서는 '영광의 그리스도'의 이미지를 보다 분명하게 확인할 수 있다. 중앙에는 만돌라 후광에 둘러싸인 그리스도가 오른손을 들어 축복을 내리고 있다. 그리스도 주위에는 네 명의 복음사가들이 보좌하고 있다. 마태오(마태)의 상징은 사람이다. 마태오는 복음서를 예수의 족보로 시작해 그의 인성을 부각시켰기 때문이다. 마르코(마가)의 상징은 사자이다. 마르코는 복음서의 서두를 사자의 울음처럼 장중한 세례자 요한의 설교로 시작했기 때문이다. 루가(누가)의 상징은 희생 제물로 쓰이는 황소이다. 루가의 복음서는 성전에서 희생제물을 바치는 즈가리야 사제(후에 세례자 요한을 낳는다)의 이야기로 시작했기 때문이다. 요한의 상징은 하늘을 나는 독수리이다. 요한은 복음 전체를 통해 예수의 신성, 즉 예수가 하느님의 아들이며 메시아라는 것을 분명히 했기 때문이다.

다른 한편 천사는 예수의 탄생, 인성을 나타낸다. 하느님께서 사람으로 태어나셨다는 것이다. 사자는 예수의 부활, 왕위를 나타낸다. 예수께서 부활을 통해 만인의 왕이 되셨다는 것이다. 황소는 예수의 죽음, 희생을 나타낸다. 예수께서 인간의 죄를 대신해 희생하셨다는 것이다. 독수리는 예수의 승천, 신성을 나타낸다. 예수께서 독수리처럼 승천하시어 하느님 오른편에 앉으셨다는 것이다.

아를 대성당 정문 팀파눔

〈성 베드로 수도원 성당〉의 정문 중앙기둥이나 문설주 조각은 조각과 건축의 통일, 로마네스크 조각의 왜곡 기법이 잘 나타나 있다. 입구의 상인방을 받치고 있는 중앙기둥에는 인간과 동물의 형상이 유연하게 섞여 있다. 기둥의 정면에는 사자들이 지그재그형의 대칭으로 새겨져 있다. 이 사자 형상을 그리스도교적으로 해석하기는 힘들지만, 입구 중앙기둥 정면에 자리하고 있다는 점에서 장식 이상의 의미를 갖는 것은 분명하다. 로마네스크 미술에서 흔히 괴상한 짐승의 이미지를 통해 악마의 힘을 표현하는 경우가 있지

성 베드로 수도원 성당 정문 중앙기둥

성 베드로 수도원 성당 정문 왼쪽 문설주(나자로 이야기)

만, 여기서는 사자들의 형상을 통해 세상의 악으로부터 교회를 지킨다는 의미로 해석할 수 있다. 기둥의 측면에는 예언자의 이미지가 새겨져 있는데, 구약에 나오는 예언자 이사야나 예레미아를 묘사한 것으로 보인다. 예언자의 형상은 기둥 측면에 맞춰 가늘고 길게 늘어난 모습으로 왜곡되어 있다. 수염을 길게 기르고 마치 춤을 추듯 다리를 좌우로 겹치고 있는 자세는 율동적인 자유로움을 드러내고 있다. 형상 자체가 비대칭적이고, 머리와 시선의 방향은 몸체의 방향과 반대쪽을 향하고 있는데, 교회 안쪽으로 머리를 돌리면서 두루마리를 펼치는 동작은 무척 자유로우면서도 자연스럽게 묘사되었다. 머리카락과 수염, 옷주름 등에서 볼 수 있는 선적인 패턴은 풍부한 장식적 효과와 유동적인 자유로움을 보여준다.

성 베드로 수도원 성당 정문 오른쪽 문설주

왼쪽 문설주 위쪽에는 '나자로 이야기'가 다루어졌고, 아래쪽에는 부자와 권력자의 이야기가 비유적으로 다루어지고 있다. 그중 위쪽의 나자로 이야기를 보면 오른편에 부자들의 연회가 열리고, 중앙에는 굶주린 나자로가 그의 상처를 핥는 개와 함께 누워있는데 그 위에 천사가 그의 영혼을 옮기고 있다. 그 옆에는 아브라함이 나자로의 영혼(어린아이로 상징됨)을 안고 있고, 맨 왼편에는 한 예언자가 두루마리를 펴 지옥으로 향하는 부자에게 성서의 메시지를 전하고 있다. 오른쪽 문설주 위쪽에는 이집트 피난 등 예수의 어릴 적 이야기가 다루어졌고, 아래쪽에는 동방박사의 방문과 수태고지, 마리아의 엘리자베스 방문 등을 다루고 있는데, 그중 오른편의 마리아의 방문은 아기 예수를 잉태한 마리아가 장차 세례자 요한이 될 아기를 임신한 사촌 엘리자베스를 방문한 이야기를 묘사하고 있다. 마리아가 인사를 하자 엘리자베스 배 속의 아기가 마리아 배 속의 아기를 알아보고 기뻐하는 바람에 엘리자베스가 깜짝 놀라는 장면이 묘사되었다. 이때 두 여인의 모습은 문설주의 틀에 맞게 길쭉하게 늘어져 있다. 그러나 입체감을 강조하려는 듯 인물들의 신체 윤곽이 옷 아래로 다 드러나 감각적으로 느껴지고, 옷 주름이 이러한 신체를 따라 물결치듯 퍼져나가고 있다. 이러한 묘사 방식은 비자연적 묘사를 통해 오히려 영적으로 고양된 감정을 전달하고 육체적인 면보다 정신적인 면을 강조하고자 한 로마네스크 조각의 의도와는 다소 거리가 있어 보인다.

성 베드로 수도원 경내의 사각형 정원을 둘러싸고 있는 회랑인 클로이스터(cloister) 역시 로마네스크 조각의 보고라고 할 수 있다. 1100년에 완성된 이 공간은 수도원의 가장 중요한 공간 중 하나로서 중세 수도사들이 산책을 하거나 묵상을 하고 독서도 하던 곳으로 곳곳에 성서의 이야기와 성인들의 일화 등 그리스도교 관련 형상들이 새겨져 있다. 그중 클로이스터를 둘러싼 88개 열주의 주두와 10개의 대리석 판에는 다양한 조각들이 새겨져 있다. 이것들은 툴루즈에서 온 장인들이 1085년부터 10여 년에 걸쳐 완성한 것이다. 그중에서도 특히 열주들의 주두에는 나뭇잎이나 동물, 기괴한 괴물 등 그리스도교와는 무관한 여러 형상들이 정교하게 새겨져 있다. 개혁적인 시토 수도회에 속했던 12세기의 수도승 클레보르의 성 베르나르는 이 회랑을 장식하고 있는 기괴한 조각들에 대해 불만을 제기하였다. 그는 성 티에리의 수도원장 윌리엄에게 보낸 편지에서

성 베드로 수도원 클로이스터

성 베드로 수도원 클로이스터 주두

"클로이스터에서 공부하는 형제들의 눈 앞에 펼쳐지는 이 우스꽝스러운 괴물들, 괴이하고 왜곡된 아름다움, 그 아름다운 왜곡에는 어떤 이점이 있습니까? ( … ) 신의 계율을 명상하기보다는 이런 것들을 신기해하면서 온종일을 보낼 것입니다."라고 언급하였다. 성 베르나르의 편지는 당시 교회의 타락상을 비판한 것이지만, 그 이면에는 자신이 비난하고 있는 조각들이 얼마나 매력적인 것인지를 확인해 주는 것이라 할 수 있다.

## 성 라자르 대성당

프랑스 동부 부르고뉴 지방의 작은 도시 오텅에 위치한 〈성 라자르 대성당〉(1120-46)은 요한복음 11장에 나오는 라자르의 유해가 있는 곳이다. 라자르는 무덤에 묻혔다가 예수의 기적을 통해 살아난 사람으로 이 성인의 유해 덕분에 〈성 라자르 대성당〉은 중세 동안 스페인의 산티아고 순례객들이 거쳐 가는 중요한 순례지가 되었다. 이 성당은 특히 1150년경에 제작된 서쪽 정문의 팀파눔 조각으로 유명하다. 그러나 이 팀파눔은 수난의 역사를 가지고 있다. 1766년 이 성당의 참사회가 제단 뒤에 있던 라자르 성인의 무덤을 파괴했는가 하면 조각이 조잡하고 추하다는 이유로 팀파눔 전면을 회칠해 버렸는데, 이 과정에서 그리스도와 성모의 머리 부분이 떨어져 나가고 아키볼트의 인물상들도 파괴되었다. 그 후 1837년에 회반죽이 제거되고 1840년 역사적 건축물로 지정되면서 보수작업이 이루어졌다. 그

성 라자르 대성당

리스도의 머리 부분도 오텅의 롤랭 박물관에서 발견되어 1948년 원래대로 복원되었다. 그리스도의 발치에는 지슬르베르튀스(Gislebertus Hoc Fecit)라는 조각가의 명문이 남아 있다.

성 라자르 대성당 정문

이 팀파눔 역시 최후의 심판을 다루고 있다. 29개의 석회석 판 위에 조각된 것으로, 구성이 복잡해 보이지만 중앙의 그리스도를 중심으로 나름대로의 조화와 균형을 유지하고 있다. 작은 형상들은 비교적 고부조로 묘사되어 입체감이 느껴지는 반면, 큰 형상들은 저부조로 묘사되어 다소 밋밋하다. 중앙의 그리스도는 만돌라에 둘러싸여 천상의 왕좌에 앉아 있는 모습으로 '영광의 그리스도'상이다. 여기서 그리스도는 중앙에 크게 자리하고 있지만 거의 평면적 형태로 묘사된 것은 비자연적 묘사를 통해 그리스도의 초자연적인 특성을 강조하는 것이라 할 수 있다.

팀파눔의 왼쪽(그리스도 입장에서 보면 오른쪽)은 구원받은 사람들이 천국의 문 앞에서 기다리는

성 라자르 대성당 정문 팀파눔

성 라자르 대성당 정문 팀파눔(오른쪽 부분)

모습을 하고 있다. 천국의 열쇠를 가진 베드로가 맨 앞에 서 있고, 그 옆에는 영혼들이 천사의 도움으로 천국에 들어가고 있다. 위쪽은 천국의 옥좌에 앉아있는 성모 마리아가 보인다. 팀파눔의 오른쪽은 미카엘 대천사가 한 사람 한 사람의 영혼을 저울에 올려 지상에 있는 동안 얼마나 선행을 했는지 재고 있다. 이때 악마가 측정을 방해하기 위해 저울에 매달려 안간힘을 쓰고 있다. 죽은 사람의 영혼을 저울에 다는 것은 초기 그리스도교의 교부인 성 아우구스티누스가 "선행과 악행은 저울에 달아서 측정하게 될 것이다."라고 설교한 데에서 비롯되었다. 악마들 뒤쪽에는 죄지은 사람들이 지옥굴에 던져지거나 잡아먹히는 모습이 묘사되고 있고, 아래쪽에는 죽은 사람들이 관속에서 나오고 있는 모습이다. 그리스도 바로 아래에 있는 천사를 중심으로 왼쪽이 선인들이고 오른쪽이 악인들인데, 선인들은 대체로 옷을 입고 있고 악인들은 모두 벌거벗은 모습이다. 오른쪽의 악인들이 왼쪽의 선인들보다 간격이 넓은데 이는 지옥보다 천국에 가는 사람이 많다는 것을 나타낸다. 죄인들 중에는 돈주머니를 들고 뱀에 물리는 형벌을 받는 사람도 있고, 악마의 손에 참수형을 당하는 사람도 보인다.

전체적으로 보아 천국은 평온하고 비역동적으로 묘사된 반면, 지옥은 육체적 격렬함으로 가득 차 있는데, 이는 당시 최후의 심판을 다룬 조각들에서 볼 수 있는 일반적인 이미지로서 당시의 현실을 반영한다고 할 수 있다. 당시 일반인들은 하루하루의 생존을 위해 고단한 노동에 시달려야 했고 질병과 전쟁에 대한 두려움에 고통받고 있었다. 하루하루의 삶이 지옥 같은 반면, 일도 안 하고 별일도 일어나지 않은 날은 천국 같았을 것이다. 이 때문에 천국은 평온하고 느긋하게 묘사하면 되었고, 지옥은 예술가의 특별한 상상력을 동원할 필요도 없이 현실의 고통을 조금 과장해서 묘사하는 것만으로도 충분했으리라 여겨진다. 이와 같이 팀파눔의 조각은 당시 사람들의 현실을 반영하는 것이자 그들의 사후세계에 대한 생각을 드러낸 것이라 할 수 있다.

〈성 라자르 대성당〉의 북쪽 출입문을 장식했던 '이브의 유혹' 또한 로마네스크 조각의 걸작으로 평가된다. 이브의 부드러운 신체와 식물의 곡선을 세련되게 결합시켜 관능적인 아름다움을 선사한다. 이브는 오른쪽 팔꿈치와 무릎만으로 지탱하며 마치 뱀이 된 것처럼 움직이고 있다. 아담의 모습은 보이지 않지만 한 손으로 사과를 잡고 있고, 다른 손으로 입을 가리키고 있는 것으로 보아 앞쪽에 있는 아담을 보며 사과를 먹으라고 권하는 것처럼 여겨진다. 사과나무 뒤쪽에는 이브를 유혹한 뱀의 모습도 보인다. 이브의 아랫도리는 나뭇잎으로 가려져 있지만 그녀의 상체가 관람자를 향하도록 해 그녀의 가슴을 과장함으로써 육체적인 매력을 강조하고 있다. 이 조각은 1766년까지 북쪽 출입문의 상인방을 장식하고 있었으나 팀파눔 전체가 건축업자에게 팔려가는 바람에 훼손되었다. 그러다 100년 후인 1866년 우연히 오텅 대광장의 집 담장에서 발견되어 현재는 오텅의 롤랭 박물관에 소장되어 있다.

성 라자르 대성당 '이브의 유혹'

# 6 고딕 : 13-14세기 교회건축

샤르트르 대성당, 1194-1260년, 프랑스 샤르트르

## (1) 고딕 건축

고딕(Gothic)은 대체로 12세기 중반부터 14세기 중반에 걸쳐 유럽에서 로마네스크 다음으로 나타난 건축 양식이다. 고딕이라는 용어는 고트(Goth)족의 양식이라는 뜻으로 16세기 이탈리아 르네상스인들이 중세 건축양식을 야만족의 양식으로 폄하해서 부른 말이었다. 고트족은 5세기 서로마를 무너뜨린 게르만족의 일파이다. 고딕은 건축양식에 적용되기 시작해 조각이나 회화 등 다른 양식에까지 보편화되었다.

어떤 양식이 언제 어디에서 시작되었다고 단정적으로 말하기는 어렵다. 그러나 고딕의 경우는 예외이다. 고딕 건축은 12세기 중반 파리 근교의 〈성 드니 수도원 성당〉에서 시작되었다. 성 드니(디오니소스)는 3세기 갈리아 지역에 처음으로 그리스도교를 전파하다 몽마르트(순교자의 언덕이라는 의미)에서 참수형으로 순교하였다. 그러나 그는 벌떡 일어나 자신의 잘린 머리를 들고 북쪽으로 10km를 걸어가 숨을 거두었는데, 그곳이 그의 무덤이 되었다. 451년에 그 자리에 성당이 들어섰고, 652년에는 성 드니 수도원이 세워졌다.

12세기 프랑스 왕 루이 6세는 프랑스의 영주들을 제압하고 왕권을 강화하기 위해 고위 성직자

성 드니 수도원 성당

성 드니상(파리 노트르담 대성당 정면 왼쪽 입구)

들과 안정적인 관계를 유지했다. 그 과정에서 중요한 역할을 수행한 사람이 성 드니 수도원의 원장인 쉬제르(Abbot Suger, 1081?-1151)였다. 그는 루이 6세의 고문으로서 로마 교황청과의 관계를 개선하는 한편 왕권 강화의 일환으로 프랑스 수호성인의 영묘이자 역대 왕들의 무덤이 있는 수도원 부속성당을 프랑스의 정신적 중심지로 삼고자 대대적으로 개축하기로 한다. 쉬제르는 성 드니의 교리를 정리하던 중 이 성인이 내세운 '빛의 신성'이라는 개념에서 영감을 받고 이를 성당 건축에 적용하고자 하였다. 쉬제르는 1132년에 시작해 1144년에 완공한 수도원 성당의 내진 공사에서 빛에 관한 그리스도교의 신학적 관점을 반영해 지금까지와는 전혀 다른 새로운 건축을 선보였다. 이 과정에서 쉬제르는 건축 현장을 직접 기록하고 동시에 미학적인 문제를 논하기도 하였다. 이렇게 해서 생겨난 새로운 양식이 후에 '고딕'이라 불리게 되었다.

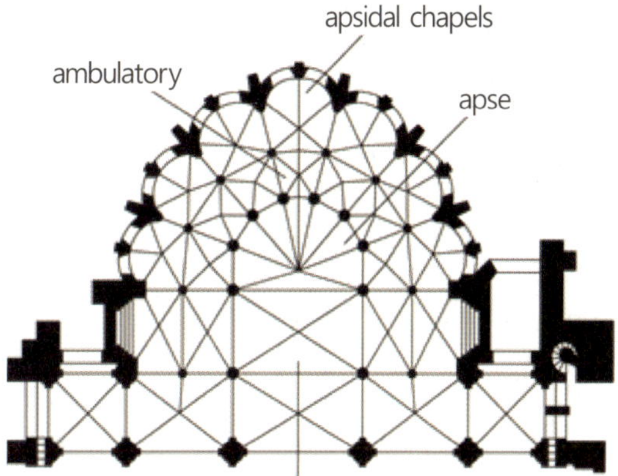

성 드니 수도원 성당 슈베 평면도

## (2) 고딕 건축의 특징

쉬제르는 새로 개축할 성당을 통해 수학적 비례와 빛으로 상징되는 신적인 아름다움을 시각화하고자 하였다. 현재의 〈성 드니 수도원 성당〉은 원래의 모습이 많이 변형되었지만, 후진과 그 뒤쪽 주보랑 및 방사형 경당 부분은 본래의 모습을 그대로 유지하고 있다. 이 부분을 통해 쉬제르가 의도했던 고딕

성 드니 수도원 성당 주보랑

건축의 이념을 엿볼 수 있다. 쉬제르는 교회가 천상의 예루살렘, 즉 하느님의 왕국을 지상에 구현한 것이라는 전통적 관념을 따르되 이를 기존 성당과는 전혀 다른 새로운 모습으로 구현하고자 하였다. 그는 하느님의 왕국은 완벽한 아름다움과 신비로운 빛으로 가득 찬 곳이라는 인식에서 시작했다. 이를 시각적으로 드러내기 위해서는 기하학적 설계를 통해 완벽한 아름다움을 실현하고, 스테인드글라스를 통해 신비로운 빛으로 가득 차도록 만들어야 했다. 수학적 비례를 통해 완벽한 아름다움을 구현하고자 한 것은 이미 고대로부터 전해진 미의 개념을 중세에도 그대로 받아들인 것이다. 여기서 새로운 것은 '빛'에 대한 새로운 미의 개념을 받아들였다는 것이다.

성 드니 수도원 성당 내진

그리스도교 신학에 의하면 모든 것이 신으로부터 비롯되었듯이 세상의 모든 아름다움도 신으로부터 비롯된 것이다. 신은 최고의 아름다움 그 자체이다. 어떤 것이 아름다운 것은 그것 자체가 아름답기보다는 거기에 빛이 와서 비췄기 때문에 아름답다. 여기서 빛은 신성한 것으로서 최고의 아름다움인 신과 연결되고, 빛은 신의 숨결이자 신의 존재라는 상징성을 갖게 된다. 고딕 성당은 무엇보다도 성당 안에 이러한 빛이 가득 들어오도

성 드니 수도원 성당 내진 천장

록 건축구조를 개선하고자 한 것이었다. 빛이 많이 들어오기 위해서는 창문이 커야 했고, 그러려면 천장이 가벼워야 했다. 그래서 도입된 것이 첨형아치이고, 늑재궁륭이고, 부연부벽이었다.

그런데 성당 안에 밝은 빛이 많이 들어와야 한다면, 왜 굳이 스테인드글라스인가 하는 것이다. 여기서 빛은 그냥 빛이 아니라 신의 존재를 드러내는 신비로운 빛이어야 했다. 그래서 도입된 것이 스테인드글라스이다. 성체성사를 통해 밀떡이 성체로 변화하듯이, 일상의 빛은 반투명의 스테인드글라스를 통과함으로써 신비로운 빛, 성스러운 빛으로 변화된다. 고딕 건축이 로마네스크 건축과 다른 새로운 양식으로 거듭나게 된 것은 무엇보다도 이러한 빛의 미학을 받아들였기 때문이다. 이 빛의 미학을 건축적으로 구현하고자 한 것이 고딕 성당이다. 쉬제르가 수학적 비례를 통해 완벽한 조화를 실현하고 스테인드글라스를 통해 빛의 아름다움을 극대화했다는 점에서 고딕 성당은 '비례와 광채'라는 중세 미학의 구현체라 할 수 있다.

고딕 건축의 가장 큰 구조적 특징 중 하나가 늑재궁륭(늑골궁륭, 지골궁륭, rib-vault)을 사용한다는 것이다. 고딕 성당의 궁륭을 보면 가느다란 선형의 띠가 보이는데, 이를 '늑재(늑골 rib)'라고 한다. 늑재궁륭에서는 늑재가 사실상 천장의 무게를 지탱하는 뼈대 역할을 한다. 따라서 늑재궁륭을 만들 때에는 우선 뼈대가 되는 늑재를 만들고, 그 외의 부분은 가벼운 돌로 채워 넣기 때문에 시공 또한 간편하다. 기둥이 받는 하중 부담도 대폭 줄어들게 된다. 로마네스크 궁륭의 두께가 평균 30-40cm라면, 늑재궁륭은 절반 정도로 얇아지기 때문에 늑재와 기둥이 만나는 지점의 압축력은 1/3 이상 줄어든다.

고딕 건축의 다른 구조적 특징은 출입문이나 창문뿐만 아니라 궁륭에도 첨형아치를 사용한다는 것이다. 원형아치는 두 가지 문제점을 가지고 있었다. 첫째, 건물의 폭을 넓히려면 아치도 키워야 하는데 원형아치로는 폭을 넓히는 데에 한계가 있었다. 둘째, 건물의 폭이 다르면 높이도 달라야 하기 때문에(폭이 크면 아치도 커야 하므로) 높이를 똑같이 맞출 수 없다는 한계가 있었다. 첨형아치는 이런 문제점을 해결해 주었다. 원형아치는 호(부채꼴의 곡선 부분)가 하나인 반면, 첨형아치는 호가 두 개이다. 원형아치는 호가 하나이기 때문에 폭과 높이가 아치의 지름과 반지름으로 한정되는 반면, 첨형아치는 호가

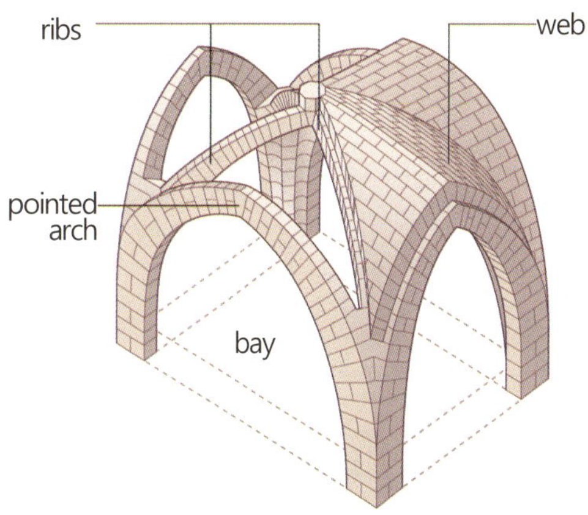

늑재궁륭 구조

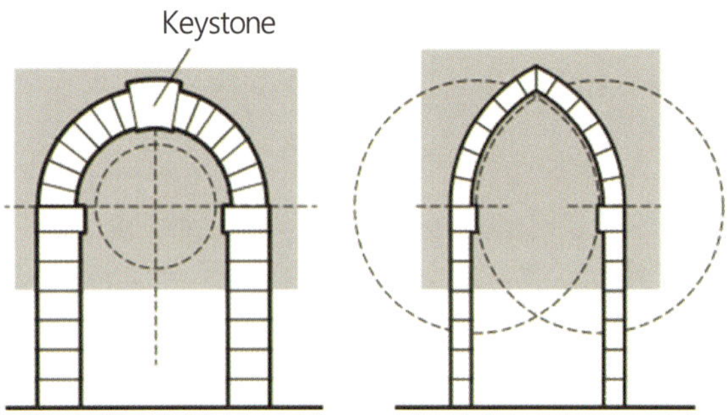


원형아치 / 첨형아치

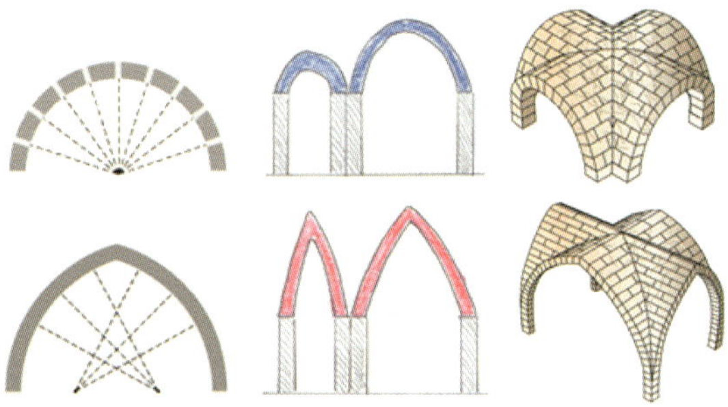

원형아치와 첨형아치 구조

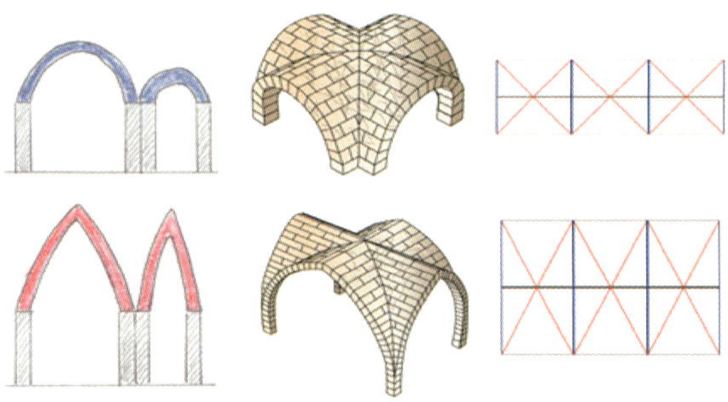

원형아치와 첨형아치 공간

두 개이기 때문에 폭과 높이를 자유롭게 조정할 수 있는 장점이 생긴다. 이러한 첨형아치는 이미 9세기에 북부 아프리카의 이슬람 건축에서 사용되던 것으로, 12세기 이후 유럽 교회건축에서 중요한 역할을 하게 되었다. 첨형아치는 늑재궁륭과 조합해 교차궁륭에 비해 더 큰 안정성을 부여할 뿐만 아니라 높이 치솟는 형태를 통해 신에 대한 열망을 표현하기에도 적합하였다.

원형아치로 된 교차궁륭에서는 천장의 높이를 맞추기 위해 가로 세로의 폭이 똑같아야 했기 때문에 정사각형 공간이 만들어진다. 이것이 로마네스크 건축의 특징인 이른바 '정사각형 도식'으로 발전한다. 정사각형 도식은 성당 구획의 핵심 척도를 교차부의 정사각형으로 삼고, 이 정사각형 공간을 덧붙이는 방식으로 공간을 확대해가는 것을 말한다. 그러나 첨형아치를 쓰면 폭이 달라도 높이를 똑같이 맞출 수 있기 때문에 정사각형 도식을 고수할 필요가 없다. 따라서 로마네스크에 비해 폭이 넓은 공간이 가능하고, 다양하게 변화를 줄 수 있게 된다.

고딕 성당의 또 다른 구조적 특징 중 하나가 부연부벽(공중부벽, 벽날개, flying buttress)을 사용한다는 점이다. 고딕 성당의 천장은 늑재궁륭을 사용한다는 점에서 로마네스크 성당에 비해 그 무게가 훨씬 가벼워졌고, 첨형아치 구조라는 점에서 원형아치 구조에 비해 횡압력이 적게 작용한다. 이 때문에 고딕 성당은 두터운 부벽을 통해 중랑벽을 직접 지지하는 대신에 부연부벽을 사용해 간접적으로 중랑벽을 지지하도록 하였다. 부연부벽은 궁륭이 작용하는 횡압력으로 인해 중랑벽이 밖으로 넘어지지 않도록 지탱해주는 역할을 하지만, 다른 한편으로는 궁륭의 하중이 중랑벽으로 가는 것을 막고 그 하중을 밖으로 빼내는 역할을 한다. 즉 궁륭의 무게가 부연부벽을 타고 내려가 부벽을 통해 성당 외부로 분산되도록 하는 것이다. 이로써 중랑벽은 지지 기능을 거의 갖지 않게 되기 때문에 별다른 위험 없이 벽에 큰 창문을 낼 수 있게 되었다. 또한 부연부벽은 성당 안으로 더 많은 빛이 들어오도록 하기 위한 목적도 중요했다. 성당 안으로 빛이 많이 들어올 수 있도록 빛을 가리는 두터운 부벽을 멀리 세우고, 가느다란 지지대 모양의 부연부벽을 사용함으로써 부벽의 그림자에 가리지 않고 더 많은 빛이 들어올 수 있도록 한 것이다.

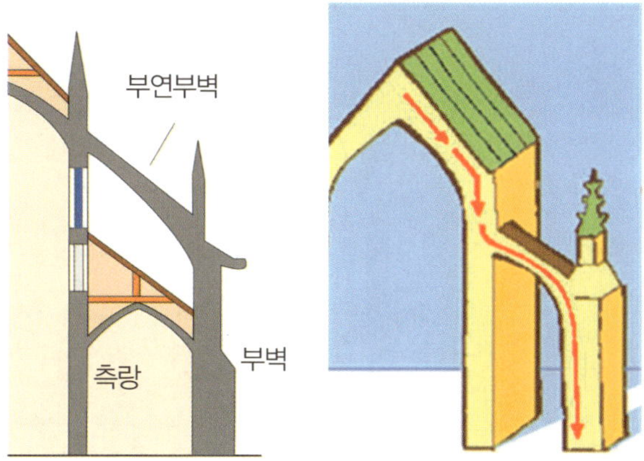

부벽과 부연부벽

이러한 부연부벽의 예를 대부분의 고딕 성당에서 볼 수 있다. 성당의 외관은 거대한 다리를 가진 거미처럼 보이기도 하고, 마치 공사 중인 건물 외부에 지지대가 즐비하게 늘어선 것처럼 보이기도 한다. 부연부벽의 박진감은 특히 후진 부분에서 정점에 달한다. 부연부벽이 반원형의 후진 부분을 둘러싼 모습이 마치 회전그네가 돌아가는 것처럼 역동적으로 보인다. 그러나 성당의 내부에

부연부벽(아미앵 대성당 / 파리 노트르담 대성당)

보베 대성당 / 내부

서는 이런 복잡한 구조물들이 전혀 의식되지 않기 때문에 별개의 세상처럼 느껴진다.

첨형아치와 부연부벽의 도입은 대성당들의 높이 경쟁을 유발시켰다. 〈파리 노트르담 대성당〉은 35m, 〈샤르트르 대성당〉은 36.6m, 〈아미앵 대성당〉은 44m로 더욱 높아졌다. 〈보베 대성당〉은 48m 높이까지 올라갔지만 완공 후 12년 만에 중랑이 무너지고 말았다. 건물은 더 높아졌지만 더 많은 빛을 받아들이기 위해 부벽을 얇게 만든 까닭에 강풍이 불자 공명지진으로 인해 붕괴된 것으로 보고 있다. 결국 내진과 익랑 부분만으로 건축이 마무리되었지만 부벽과 부벽 사이를 철선으로 동여매야 했고, 1990년대에는 남쪽 익랑 내부에 강철 지지대가 설치되었다.

## (3) 프랑스의 고딕 건축

12세기 유럽의 정치 질서는 신성로마제국 중심에서 벗어나 유럽 각국이 상호 경쟁하면서 왕권 중심의 체제로 변화하였다. 카노사 사건 이후 독일 황제의 정치적 위상이 쇠퇴해 간 반면, 프랑스는 점차 중앙집권적 통치기구를 공고히 하면서 왕권을 강화해갔다. 이 과정에서 프랑스 왕들은 독일 황제를 견제하고자 하는 로마 교황의 전폭적인 지지를 받으며 왕권의 신성함을 주장하는 한편 웅장한 교회건축을 통해 신성한 왕권을 과시하고자 하였다. 프랑스 왕은 왕권을 강화하고 왕령지를 넓혀가면서 왕령지 내의 주교가 있는 도시에 특허장을 주어 특별히 보호했다. 이 때문에 도시는 왕권의 거점이 되었고, 도시의 주교들은 왕의 대리인이자 봉신의 역할을 수행하게 되었다. 이들 주교들의 경쟁의식이 작용하면서 각 도시에 경쟁적으로 새로운 대성당들이 들어서게 되었다. 특히 13세기에는 '대성당의 시대'라고 불릴 정도로 대성당들이 많이 지어지면서 고딕의 전성기를 구가하였다.

샤르트르 대성당

## 샤르트르 대성당

〈샤르트르 대성당〉(1163-1250)은 '고딕 건축의 요약본', '고딕 건축의 백과사전'이라 불릴 정도로 고딕 건축의 진수를 보여준다. 정식 명칭은 '노트르담 샤르트르'인데, 노트르담(Notre Dame)은 '우리의 귀부인'이란 뜻으로 성모 마리아를 가리킨다. '노트르담 대성당'이라고 하면 〈파리 노트르담 대성당〉을 연상하지만, 노트르담은 파리에만 있는 것이 아니다. 12세기에 성모 마리아 신앙이 대두되면서 성모나 성모자상이 많이 만들어지고 새로 건립된 많은 성당이 '노트르담' 마리아에게 바쳐졌다. 〈샤르트르 대성당〉, 〈랭스 대성당〉, 〈파리 대성당〉, 〈아미앵 대성당〉, 〈루앙 대성당〉 등 많은 성당들이 노트르담이라는 이름으로 건립되었다. 그리고 성당 자체도 성모 마리아의 육신을 상징하는 것으로 여겨졌다. 후진은 머리, 내진은 가슴, 익랑은 팔, 중랑은 자궁을 상징했다.

샤르트르 대성당

〈샤르트르 대성당〉은 원래 4세기 프랑스 최초로 성모 마리아에게 바쳐진 성당이다. 이 성당은 9세기 카알 대제의 손자가 예루살렘에서 가져온 성모의 옷을 기증하면서 성모신앙의 중심지가 되었고 순례성당이 되었다. 1020년 화재 후 재건되었으나 1194년 또 화재가 나 성당이 거의 타버리고 성모의 성의마저 타버린 것이 아닌가 하여 신의 징벌에 대한 공포에 사로잡히게 되었을 때, 주교가 성의를 들고 나타난다. 그는 성의가 타지 않은 것은 기적이라고 하며 더욱 더 장엄한 성당을 건설해야 한다고 역설하였다. 그 후 시민들의 헌금이 이어지면서 현재의 모습의 성당이 건립되었다.

1194년 화재로 인해 서쪽 정면 파사드만 남고 모두 불타버렸는데, 이후 재건하면서 서쪽 파사드를 그대로 살렸기 때문에 오늘날에도 서쪽 정면은 로마네스크적 분위기가 남아 있다. 이 성당은 프랑스 성당으로서는 예외적으로 정면에 높은 첨탑을 가지고 있다. 105m의 남쪽 탑은 초기 고딕식이고, 117m의 북쪽 탑은 후기 고딕식으로 16세기 때 완성된 것이다.

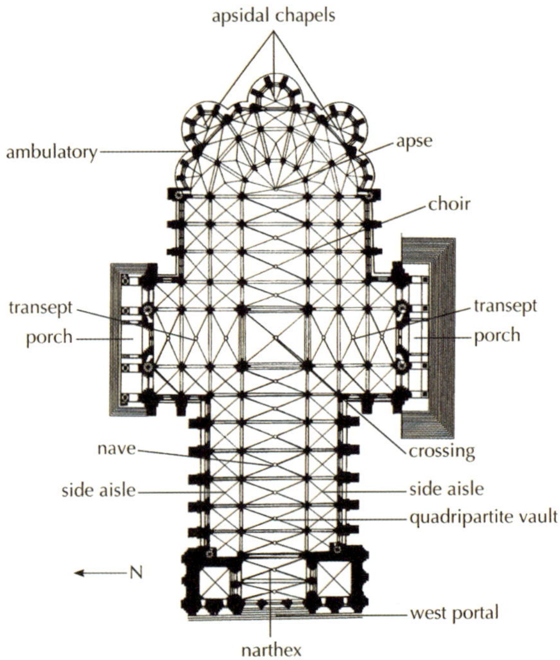

샤르트르 대성당 평면도

## 샤르트르 대성당 구조와 구성

〈샤르트르 대성당〉은 확실한 라틴십자형 평면을 하고 있다. 이 성당은 로마네스크의 순례성당이 발전한 것이기 때문에 순례성당의 특징을 그대로 보여준다. 서쪽은 물론 남북으로도 정문을 내고, 회중석이 3랑식인 것과 달리 내진 쪽을 5랑식으로 구성한 것은 순례자들이 남북의 정문을 통해 주보랑 쪽으로 쉽게 진입하도록 편의를 제공하기 위함이었다. 내진과 주보랑 사이에는 순례자들로 인해 미사의식 등이 방해를 받지 않도록 칸막이벽(내진 스크린 chancel screen)을 설치했는데, 이 벽에는 성모와 예수 그리스도의 일생이 묘사되었다. 순례자들은 이 내진 스크린을 지나 주보랑 뒤쪽에 설치된 방사형 경당을 둘러본 후 반대편 문으로 나가게 된다.

〈샤르트르 대성당〉의 중랑벽은 고딕 표준 구성인 '클리어스토리(고측창) - 트리포리움 - 아케이드'

샤르트르 대성당 내진 스크린과 주보랑

로 이루어진 3단 구성이다. 초기 고딕에 해당하는 〈파리 노트르담 대성당〉의 중랑벽에서 4단 구성과 3단 구성이 혼재하는 것과 달리 이 성당에서는 3단 구성으로 정립되었다. 3단 구성에서 가운데 '트리포리움(triforium)'은 바깥쪽이 막혀있어 창이 없는 층, 즉 '블라인드 스토리(blind story)'라고도 하는데, 로마네스크의 갤러리에 비해 공간이 좁거나 아예 없는 것이 특징이다. 부연부벽의 발달로 벽면 구성이 자유로워지면서 특히 위쪽의 고측창이 커져 많은 빛이 들어오게 되었다. 지지체계는 원주들로 되어 있는데, 두꺼운 원주 사방에 네 개의 가느다란 대응기둥을 둘러싸듯 덧붙여 수직성을 강화하였다.

〈샤르트르 대성당〉의 중랑 바닥에 있는 '미로'도 중요한 상징성을 갖는다. 미로는 그리스 신화에서 미노스왕이 미노타우로스를 가두기 위해 만든 것이 유명하다. 그리스도교의 미로는 미노타

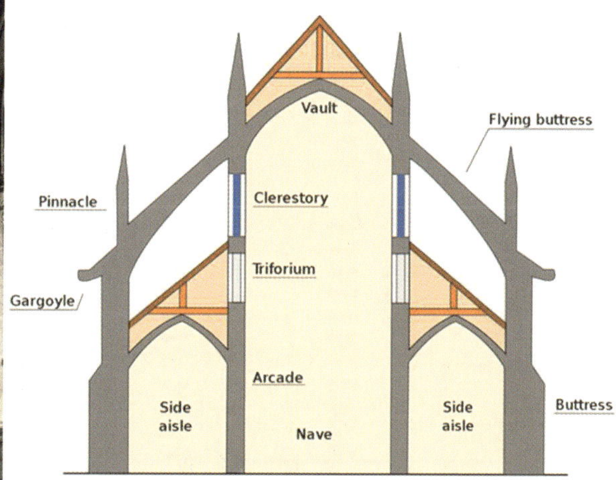


샤르트르 대성당 내부 /구조

샤르트르 대성당 미로

우로스의 미로와 달리 언제나 입구와 출구가 있고, 중심에는 그리스도가 있다. 그리스도교 문화에서 미로는 삶의 의미, 영적 행로, 구원에 이르는 길을 상징한다. 그리스도교인에게 있어 삶의 중심은 그리스도이다. 인간은 늘 삶의 중심을 향해 다가가다가도 다시 중심에서 멀어지기를 반복하곤 한다. 미로가 중심을 향해 갔다가 다시 나오기를 반복하는 것은 늘 흔들리는 인간의 믿음을 나타낸다. 또한 미로는 예루살렘까지의 고된 순례를 상징하기도 한다. 중세 때에는 미로의 입구에서부터 무릎으로 걷거나 기어갔다고 한다.

〈샤르트르 대성당〉을 초기 고딕에 해당하는 〈파리 노트르담 대성당〉(1163-1250)과 비교해 보면 구조적 차이를 더 잘 이해할 수 있다. 두 성당 모두 로마네스크 성당에 비해 익랑이 회중석 쪽으로 내려옴으로써 성직자의 공간인 내진 부분이 넓어졌다. 이는 중세 전성기에 이르러 성직자의 지위가 더 강화되었음을 의미한다. 그러나 〈샤르트르 대성당〉은 〈파리 노트르담 대성당〉에 비해 확실한 라틴십자형 평면을 하고 있고, 동쪽 주보랑 뒤의 방사성 경당도 그 형태

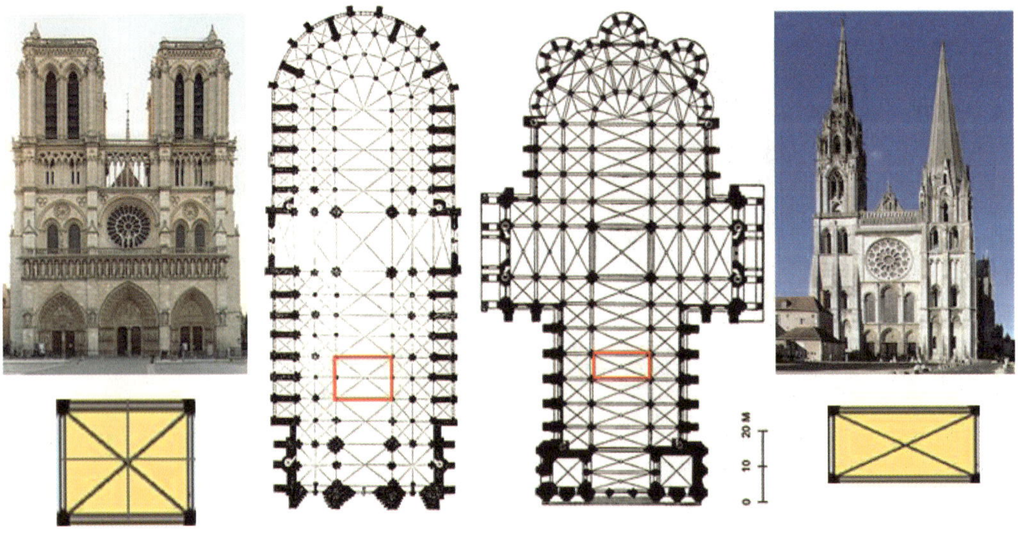


궁륭 구획(파리 노트르담 대성당 / 샤르트르 대성당)

가 뚜렷하다. 내부 천장의 경우 〈파리 노트르담 대성당〉에서는 두 베이를 하나의 구획으로 묶어 여섯 부분으로 나누는 '6분 궁륭'으로 처리된 반면, 〈샤르트르 대성당〉에서는 베이 하나가 네 부분으로 나뉘는 이른바 '4분 궁륭'이 됨으로써 천장의 궁륭과 기둥 체계가 일치하게 되었다. 교차궁륭 공간 하나가 성당 건축의 한 구획을 이루는 '정사각형 도식'을 벗어난 것으로, 이 성당에서 최초로 로마네스크 구획체계가 극복되었다.

로마네스크 성당이 금욕주의와 절제미를 추구했다면, 고딕 성당은 개혁적인 시토 수도회의 성당을 제외하고는 매우 복잡한 구조에 화려한 장식을 추구한 것이 특징이다. 스테인드글라스 역시 고딕 성당의 화려함을 잘 대변한다. 〈샤르트르 대성당〉의 스테인드글라스는 중세 스테인드글라스 중 손상되지 않고 가장 잘 보존된 것 중 하나로, 대부분 13세기에 만들어졌다. 그중에서도 서쪽 정면과 남북 익랑의 장미창이 압권이다. 북쪽 익랑의 장미창은 '프랑스의 장미'라 불린다. 루이 9세의 어머니 블랑쉬 왕비가 기증한 것이다. 그녀는 루이 9세가 1226년 어린 나이에 즉위하자 10년간 섭정을 했는데, 그 시기에 만들어졌다. 기하학적 구성이 돋보이는 이 창문은 가운데에 성모자가 있고, 그 밖으로 성령과 천사들, 사각형 안에는 그리스도의 조상인 유대의 열두 왕이 그려져 있는데, 사각형의 각도가 조금씩 다르게 되어 있어 마치 회전하는 것처럼 보인다. 장미창은 우선 성모 마리아를 상징한다. 장미는 순결(흰색)과 사랑(붉은색)의 꽃으로, 장미창은 성모 마리아의 동정과 사랑을 나타낸다. 장미창은 빛이 통과해도 유리가 깨지지 않는다는 점에서 성모의 처녀성을 나타내기도 한다. 다른 한편 장미창은 우주의 질서를 상징하기도 한다. 중세 도상학에서 원이나 바퀴는 신과 우주의 질서를 상징한다. 중세인들은 장미창이 바퀴가 굴러가는 것처럼 보인다는 점에서 마치 우주의 수레바퀴나 태양의 수레바퀴가 굴러가는 것 같다고 생각했다. 장미창 아래의 수직창에는 성모의 어머니 성 안나를 중심으로 좌우에 구약 속의 왕들이 함께하고 있다.

샤르트르 대성당 북쪽 익랑 장미창

아름다운 스테인드글라스의 성모

'아름다운 스테인드글라스의 성모'는 〈샤르트르 대성당〉 내진 남쪽에 자리하고 있다. 성모가 천상의 모후의 모습으로 아기 예수를 무릎 위에 안고 있는데, 성모와 예수가 일체를 이루고 있는 것처럼 보인다. 성모의 머리 위에는 성령을 상징하는 흰 비둘기가 보이고, 좌우에는 촛대와 향로를 든 천사들이 둘러싸고 있다. 성모자 부분은 12세기에 제작된 것으로 1194년 화재 때에도 무사하였다. 좌우 천사상은 13세기에 제작된 것이다. 전체적인 구성도 아름답지만, 특히 진홍색 배경에 푸른 옷을 걸친 성모의 모습이 아름답다. 푸른색은 성스러운 색으로 성모 마리아를 상징한다. 〈샤르트르 대성당〉에서 성모 옷의 푸른색은 그 아름다움으로 인해 특별히 '샤르트르 블루(Chartres Blue)'라고 불린다.

스테인드글라스는 십자군 시기에 이슬람으로부터 받아들인 것으로 추정되는데, 이미 로마네스크 시대에 그 기술이 완성되었다. 이 기술은 고딕시대에 이르러 건축 조각의 영향을 받아 독특하면서도 다채로운 구성으로 발전하였다. 스테인드글라스는 작은 색유리를 납으로 된 테두리로 짜 맞추어 그림을 그리는 방식으로 모자이크와 비슷하지만, 자연광을 직접 투과시킨다는 점에서 그 효과는 모자이크에 비할 바가 아니었다. 스테인드글라스의 색유리는 유리에 망간이나 코발트 등 금속산화물을 섞어 색을 내는데, 적색, 청색, 황색이 주를 이루고 있다. 이 색유리들은 색채에 따라 빛의 투과도가 다르기 때문에 여러 색이 어우러지면서 신비로운 분위기를 연출한다.

스테인드글라스의 빛은 천국의 거룩한 빛을 지상에 재현한 것이다. 빵과 포도주가 사제의 축성을 통해 그리스도의 몸과 피로 변화하듯이, 자연의 빛은 스테인드글라스를 통과함으로써 새로운 빛(거룩한 빛, 진리의 빛, 그리스도의 빛)으로 변화된다. 스테인드글라스 창문은 그 안에 재현된 내용도 내용이지만, 중요한 것은 스테인드글라스의 빛이 만들어 내는 분위기였다. 스테인드글라스는 그 자체가 빛의 상징적인 체험을 고양시킴으로써 영적인 깨달음으로 이끄는 하나의 매개체라고 할 수 있다. 이러한 효과 때문에 교회 공간은 천국을 맛보는 일종의 체험공간으로 꾸며졌다.

〈샤르트르 대성당〉은 서쪽은 물론 남쪽과 북쪽에도 정문이 나 있어, 정문이 총 세 개이다. 서쪽 정문은 일반적으로 볼 수 있는 '포털(portal)' 형식이고, 남북의 정문은 건물의 본체로부터 앞으로 돌출되어 있는 '포치(porch)' 형식이다. 세 개의 정문 모두 3문식의 고딕 표준형이다. 3문식은 바실리카식 성당의 3랑식 내부 공간과 연결되는 기능적인 측면 외에도 삼위일체를 상징한다. 또한 성당의 정문은 승리의 장으로 들어가는 입구라는 점에서 3문식 정문은 3문식 개선문을 연상시키기도 한다. 정문은 단순한 출입구가 아니라 현세와 천국을 나누는 경계이며 구원의 상징이기도 하다. 이 때문에 정문 주변은 '돌로 된 성서'라고 부를 정도로 다양한 조각들로 장식되었다. 〈샤르트르 대성당〉의 정문 조각들에는 고딕 조각의 특징이 잘 나타나 있다. 특히 문설주 조각을 비교해 보면 조성 시대에 따라 고딕 조각이 어떻게 발전했는지를 잘 알 수 있다.

서쪽 정문의 조각은 고딕 초기인 1150년경에 제작된 것이다. 문설주에는 구약의 선지자들이 묘사되어 있는데, 조각들은 로마네스크의 영향이 남아있기 때문에 전체가 출입구의 구조와 밀접한 연관을 맺고 있다. 로마네스크 조각은 뒤틀리거나 서로 엉켜있는 경우가 많은데, 고딕 조각은 대칭성과 명료성을 강조하기 때문에 조상들이 서로 엉키지 않고 별개의 존재로 두드러져 보인다. 로

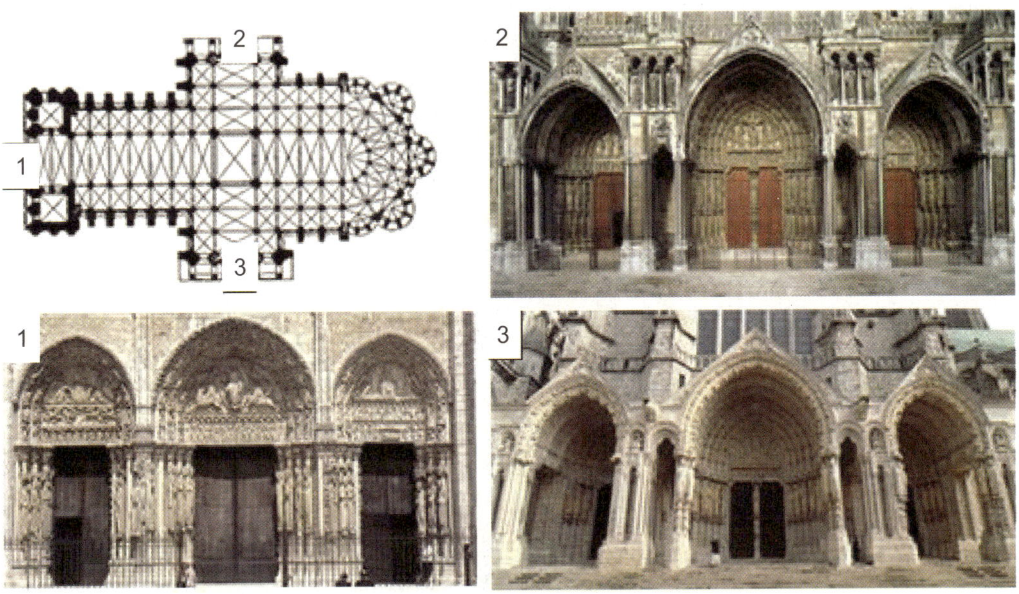


샤르트르 대성당 정문(1. 서쪽 / 2. 북쪽 / 3. 남쪽)

샤르트르 대성당 서쪽 정문 조각

마네스크 조각은 대부분 성당 건축의 한 부분으로서 건축구조와 그 크기에 맞춰서 제작해야 했기 때문에, 자연스런 크기의 비율이 무시되고 형태가 왜곡되거나 변형되었다. 특히 육체적인 면보다는 정신적인 면을 강조하기 위해 주로 선 중심의 이차원적인 저부조로 묘사되었다. 반면 고딕 조각은 점차 독립적인 조각, 즉 환조를 지향하고 있고 조상들 하나하나가 살아있는 실물처럼 보이도록 만들기 시작했다. 〈샤르트르 대성당〉의 서쪽 정문 조각의 길고 뻣뻣한 자세는 여전히 기둥의 일부분을 이루고 있고, 발 위치가 각기 다르기 때문에 마치 떠 있는 듯한 느낌을 준다. 잔물결처럼 표현된 옷주름 또한 선 중심의 저부조로 묘사되었다. 그러나 로마네스크 조각과 달리 질서정연하고 독립적인 환조의 성격이 강하기 때문에 입체적으로 보인다. 조각된 인물이 누구인지는 알 수 없지만 얼굴에서도 인간적인 온화함이 느껴진다.

샤르트르 대성당 북쪽 정문 조각

〈샤르트르 대성당〉 북쪽 정문의 조각은 서쪽 정문의 조각보다 약 50년 후인 1194년에 제작된 것이다. 불과 50년 차이지만 조각이 얼마나 자연주의적으로 나아가고 있는가를 잘 보여준다. 중세 전성기에 이르면 점차 자연과 인간에 대한 관심이 높아지면서 보다 자연스러운 조각상이 대두된다. 북쪽 정문의 조각을 보면 조상들이 기둥으로부터 강하게 돌출되어 작은 조상을 밟고 서 있다. 서 있는 방향도 제각각이다. 자유로운 자세와 얼굴 표정, 굵은 옷주름 등에서 서쪽 정문의 조각보다 생동감이 느껴지고 개개인의 개성을 읽을 수 있다. 그리스도교 문화권에 속한 사람이라면 인물이 누구인지 금방 알아볼 수 있을 정도로 개성이 두드러진다. 맨 왼쪽에서 그릇과 향로를 들고 있는 사람은 아브라함이 십일조를 바쳤던 제사장 멜키세덱이다. 왼쪽에서 두 번째, 손에 칼을 들고 손발이 묶여있는 아이를 죽이려고 하는 사람은 이삭을 제물로 바치려는 아브라함이다. 그는 천사의 음성을 듣고 그쪽으로 고개를 돌리고 있다. 가운데에서 십계명이 적힌 석판을 들고 있는 사람은 모세이다. 그는 구리뱀이 감긴 장대(기둥처럼 보인다)도 들고 있는데, 모세가 이 구리뱀으로 광야에서 독사에 물린 사람들을 구해주었기 때문이다. 모세 다음에는 모세의 형 아론이 칼과 양을 데리고 서 있는데, 하느님의 어린 양이신 예수의 희생을 예시한다. 마지막 맨 오른쪽 인물은 다윗이다. 창을 들고 가시관을 쓰고 있는데, 이는 예수의 희생을 예시한다. 이와 같이 12세기 말에 이르면 조각상의 주인공이 누구인지를 구분할 수 있을 정도로 개성화가 이루어진다. 이후 조각들은 더욱 자연주의를 발전시키면서 르네상스 예술에 영향을 미치게 된다.

〈샤르트르 대성당〉의 조각에서 주목되는 또 한가지는 성당의 곳곳을 장식하고 있는 다양한 형상의 괴물들이다. 이것들을 '가고일(gargoyle)'이라 부르는데, 원래 가고일은 처마에 덧붙여 지붕의

샤르트르 대성당 가고일

빗물을 빼내는 낙수받이를 가리켰다. 낙수받이 안에는 홈을 파서 물길을 만들었고, 그 물이 성당 벽으로 흘러내리지 않도록 하기 위해 길게 돌출시켰다. 이런 가고일이 어느 시기에 괴물 모양의 낙수받이를 의미하는 말로 변질되었다. 괴물 모양의 가고일 형상은 그리스도교 이전의 토착 신앙에서 유래했다고 하나 정확한 도상학적 의미는 밝혀지지 않고 있다. 교회의 성스러움에 놀라 밖으로 튀어나와 낙수받이 신세가 된 악령을 표현했다고 보기도 한다. 일반적으로 성당에 조각된 악마는 그리스도에게 정복된 악을 상징하는 것으로, 미래의 불행을 막는 역할을 한다.

## 생트 샤펠

프랑스 파리 시테섬에 위치한 〈생트 샤펠〉(1241?-48)은 '성스러운 경당(Holy Chapel)'이라는 의미를 가진 프랑스의 왕실 경당이다. 프랑스 왕 루이 9세(1270년 마지막 십자군 원정 중 사망하였고, 27년

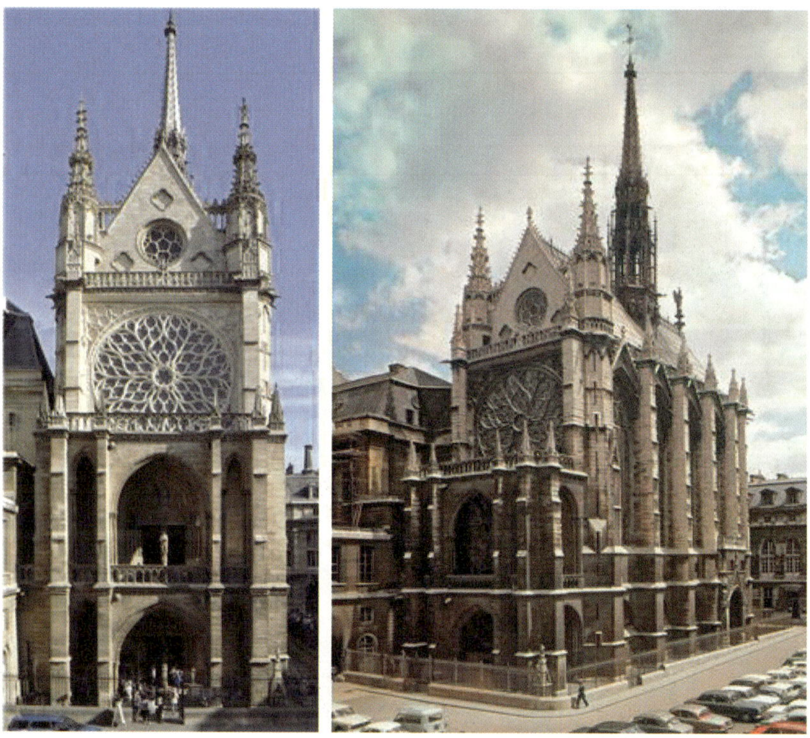

생트 샤펠

후 시성되어 '성 루이'라고도 불린다)는 1239년 십자군 원정 중 콘스탄티노플에서 거액을 들여 그리스도의 가시 면류관을 구입했고, 그 후에도 십자가 조각, 아기 예수의 배내옷 등 성 유물 수집에 엄청난 금액을 투자하였다. 〈생트 샤펠〉은 이 성 유물을 보관하기 위해 왕궁 안에 세워졌다. 이 경당은 〈파리 노트르담 대성당〉에서 멀지 않은 '프랑스 최고 재판소'에 둘러싸여 있는데, 이 재판소는 14세기 후반까지 프랑스 국왕들이 거처한 왕궁이었다. 이 때문에 왕실 예배당인 〈생트 샤펠〉의 정문도 원래는 왕궁과 직접 연결되어 있었다.

이 경당의 건축가는 알려지지 않았지만, 〈파리 노트르담 대성당〉 건설에 참여한 삐에르 드 몽트뢰유(Pierre de Montereuil, 1200?-67)가 관여했을 것으로 추측되고 있다. 누가 건축을 담당했든 루이 9세가 경당 설계에 적극 참여하고 건설을 독려했을 것으로 보고 있다. 그러나 프랑스 혁명으로 경당이 훼손되었고, 경당에 보관하던 유물은 여러 곳으로 흩어졌다. 그 후 경당은 곡물 창고로 사용되다 1803년에서 1837년 사이에는 옆에 있는 최고 재판소의 기록 보관소로 사용되었다. 1840년 이후 복원 운동이 진행되었고, 2008년에는 '7개년 복원 프로그램'이 시작되어 성 루이의 탄생 800주년을 맞아 2015년 정면 파사드의 화려한 장미창의 복원이 완료되었다.

## 생트 샤펠 구조와 구성

〈생트 샤펠〉은 길이 36m, 폭 17m, 높이 42.5m 규모의 작은 경당이다. 경당의 정면 파사드는 15세기에 설치된 위쪽의 화려한 장미창과 아래쪽의 2층으로 된 베란다로 구성되어 있다. 장미창 위로는 뾰족한 박공에 작은 원형창이 나 있고, 박공 아래쪽의 난간은 프랑스 카페왕조를 나타내는 백합 문양으로 장식되었다. 베란다 양쪽에 있는 계단탑은 가시 면류관을 씌운 모습으로 장식되었다. 지붕 위의 33m 높이의 첨탑은 13세기 이래로 이 경당에 지어진 다섯 번째 첨

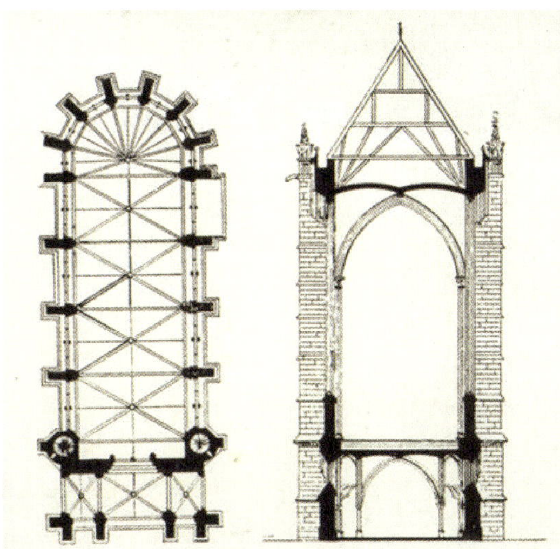

생트 샤펠 구조

탑으로 1852년에 올려진 것이다.

이 경당은 완전히 다른 목적을 가진 두 개의 층으로 구성되어 있다. 위층은 왕실의 예배공간이자 주요 성유물을 보관하는 곳이고, 성모 마리아에게 바쳐진 아래층은 귀족이나 군인 등 왕궁의 비왕실 거주자들을 위한 공간이다. 건물을 상하 개념으로 나누어 위층을 왕의 공간으로, 아래층을 귀족과 일반인들의 공간으로 배치한 것은 〈아헨 궁정 경당〉의 예를 따른 것이라 할 수 있다. 그러나 아헨의 궁정 경당이 위 아래를 툭 터서 하나의 공간으로 만든 반면, 〈생트 샤펠〉에서는 두 층을 별도의 공간으로 만들었다는 점에서 차이가 있다.

〈생트 샤펠〉의 위층은 4베이 단랑식이고, 천장은 4분 궁륭으로 구성되었는데 카페왕조를 나타내는 푸른색 바탕의 노란 백합 문양으로 장식해 신비로운 분위기가 느껴진다. 벽면은 2단으로 구성되었지만 아래 부분이 매우 낮고 벽감으로 처리되었기 때문에 벽면의 3/4이 15개의 커다란 스테인드글라스 창으로 채워져 있다. 경당 내부는 스테인드글라스의 신비로운 빛으로 가득 차 있고, 건축적 골격을 최소화했기 때문에 가느다란 벽기둥으로 인해 건물 외부가 두터운 부벽으로 둘러싸여 있다는 것을 잊게 만든다. 이로써 프랑스 고딕의 '빛의 미학'이 이 경당에서 극대화되었다고 할 수 있다.

생트 샤펠 위층 내부

경당 내부에 가능한 한 많은 빛을 도입하기 위한 노력은 '레요낭(Rayonnant) 양식'의 도입으로 나타났다. 레요낭은 '태양처럼 이글거린다'라는 의미로, 프랑스 후기 고딕의 화려한 장식을 상징적으로 드러낸 용어이다. 레요낭 양식의 장식어휘는 주로 트레이서리를 이용한 창틀에 집중되었지만, 단순히 장식을 위한 장식이 아니라 건물 벽체를 변화시켜 내부의 조도를 높이기 위한 목적도 작용하였다. 레요낭 양식은 〈성 드니 수도원 성당〉에서 본격적으로 시작되었다. 쉬제르가 죽은 후 13세기 중반에 내진과 익랑, 중랑 등에서 2차 증축이 이루어졌는데, 이때 트리포리움과 고측창에서 레요낭 양식이 도입되

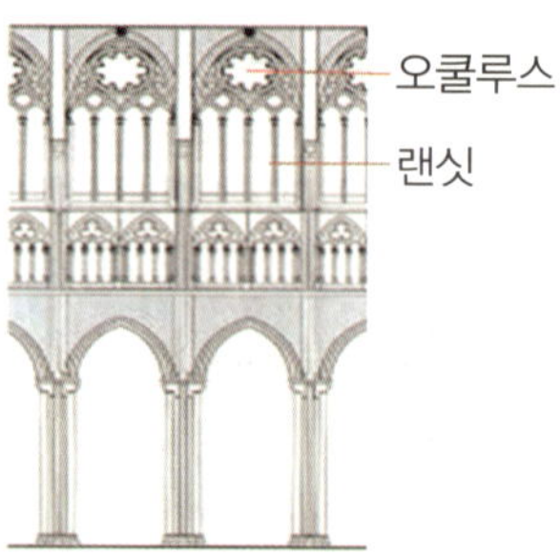


고딕 성당의 중랑벽

었다. 성당 내부로 더 많은 빛을 받아들이기 위해 고측창의 면적이 넓어지면서 스테인드글라스 창이 복잡하게 분할되는데, 큰 고측창 하나를 꽃잎 모양의 세 개의 원형창(오쿨루스 oculus)과 칼 모양의 네 개의 수직창(랜싯 lancet)으로 나누고 트레이서리를 이용해 장식하였다. 트리포리움은 통로를 없애 단벽으로 만든 뒤 벽체 대신 스테인드글라스를 끼워 넣었는데, 창을 네 개의 수직창으로 분할 해 고측창과 연결시킴으로써 고측창과 트리포리움이 하나의 창문처럼 합쳐지도록 해 풍부한 빛이 고르게 들어오도록 하였다.

성 드니 수도원 성당 / 생트 샤펠

〈생트 샤펠〉에서는 레요낭 양식이 절정에 달한다. 이 경당에서는 그나마 줄어들던 벽이 거의 사라지고 건물 전체가 온통 스테인드글라스 창으로 이루어진 것처럼 보인다. 아래쪽 벽감을 아케이드 층으로 볼 경우 고측창과 트리포리움이 합쳐져 높고 넓은 하나의 창이 만들어졌는데, 이 넓은 창을 가느다란 창살을 이용해 원형창과 수직창으로 분할하였다. 트레이서리 장식도 가능한 한 가늘게 만들었는데 석재로는 한계가 있어 가느다란 철재로 보강하였다. 벽기둥도 가늘 뿐 아니라 스테인드글라스 창도 폭 4.5m에 높이가 15.2m로 1:3.4 비율이고, 수직창이 대부분을 차지하고 있어 수직성과 앙천성이 고도로 강화되었다. 그리고 이러한 창들이 연속적으로 이어짐으로써 그렇게 크지 않은 공간임에도 불구하고 경당 내부 분위기는 종교적 효과를 배가시킨다. 스테인드글라스는 구약의 1134개 장면을 담고 있는데, 그중 720개 장면이 13세기에 제작되어 파리에서 가장 오래된 것이다. 금색으로 장식된 벽기둥에는 12사도가 목각으로 장식되어 있다.

경당 정면의 장미창은 다른 창들보다 늦은 1485년에 만들어졌다. 불꽃 같은 디자인으로 인해 '플랑부아양(Flamboyant)' 양식이라 불린다. 플랑부아양은 '불꽃이 타는 것 같다'라는 의미로 레요낭 양식 다음으로 나타난 고딕 양식이다. 레요낭 양식이 건물에 더 많은 빛을 끌어들이기 위해 창의

생트 샤펠 정면 장미창

면적을 넓히는 구조적 목적에서 시작된 반면, 플랑부아양 양식은 처음부터 장식 그 자체가 목적이었다는 점에서 차이가 있다. 스테인드글라스 창의 트레이서리 장식에서 시작된 플랑부아양 양식은 점차 천장의 늑재로 옮겨가면서 장식의 정도가 심해져 다양한 형태의 늑재궁륭이 등장하게 된다. 〈생트 샤펠〉의 서쪽 장미창은 지름이 9m이고 요한묵시록의 장면을 나타내는 89개의 개별 패널로 구성되어 있다. 트레이서리 장식은 동심원의 선이 겹쳐있고, 하나의 동심원을 분할하는 어휘도 많아졌기 때문에 마치 타오르는 불꽃과 같은 모양의 플랑부아양 양식을 보여준다.

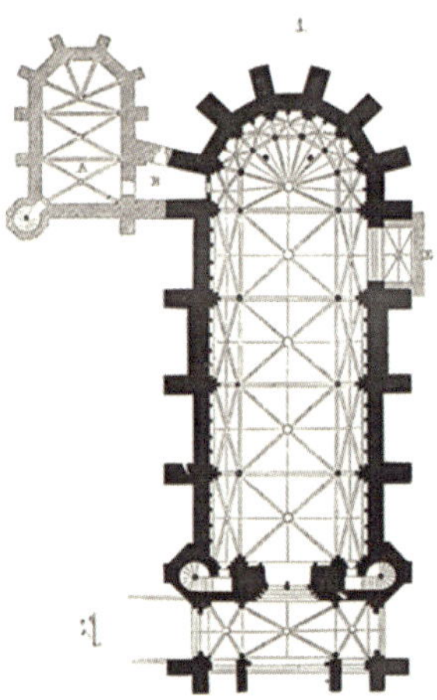

생트 샤펠 아래층 평면도 / 내부

〈생트 샤펠〉의 아래층은 천장이 낮고 폐쇄적이어서 지하경당 같은 분위기가 느껴진다. 평면도를 보면 위층에는 벽체가 거의 없는 반면, 아래층은 두터운 벽으로 둘러싸여 있다. 위층이 단랑식인 반면 아래층은 3랑식인데, 측랑의 폭이 좁아 얼핏 단랑식처럼 보인다. 측랑을 좁게 처리한 것은 상대적으로 덩치가 큰 위층을 떠받쳐야 하는 구조적 역할 때문이라고 할 수 있다. 측랑에는 천장의 늑재궁륭을 지탱하는 실내 부연부벽을 설치해 구조를 보강하였다.

쾰른 대성당

## (4) 독일의 고딕 건축

독일은 로마네스크 전통이 워낙 강했기 때문에 새로운 양식을 쉽게 받아들이지 못했다. 1200년경부터 라인강을 따라 고딕 양식이 등장하기 시작했지만 부분적으로 차용하는 데에 그쳤다. 그러다 13세기 중반에야 프랑스에 가까운 라인강 서쪽 지역을 중심으로 프랑스 고딕이 도입되면서 본격적으로 고딕 건축이 시작되었다. 독일의 고딕은 크게 두 가지로 구분된다. 첫째, 프랑스 고딕을 직접 모방한 경우로서 '프랑스식 고딕'이라 부른다. 〈쾰른 대성당〉이 대표적인 예로서 바실리카식 교회의 형식을 따르고 있다. 둘째, 프랑스식 고딕을 받아들이되 독일 전통에 맞게 변형시킨 경우로서 '독일식 고딕'이라고 부른다. 마르부르크의 〈성 엘리자베스 성당〉과 14세기 이후 지어진 많은 독일 성당들이 여기에 해당한다. 독일에서는 고딕이 늦게 시작되었지만, 다른 나라보다 오래 지속되었다. 다른 나라에서는 이미 르네상스가 시작되는 15세기까지 지속되면서 유럽 고딕의 역사를 100년 이상 늘려놓았다는 평가를 받는다.

성 삼왕 유골함

## 쾰른 대성당

독일 북서부 쾰른에 자리한 〈쾰른 대성당〉(1248-1560, 1826-80)은 '성 삼왕(예수의 탄생을 축하하기 위해 왔던 3인의 동박박사)'의 유해를 모시기 위해 그 위상에 걸맞은 성당으로 계획되었다. 성 삼왕의 유해는 1164년 쾰른 대주교 라이날트 폰 다셀이 밀라노에서 가져온 것이었다. 1248년 구 성당 옆에서 시작된 새로운 성당은 프랑스식 고딕 성당으로, 프랑스에서 건축수업을 받은 게르하르트(Gerhard von Rile, 1210년경-1271)가 프랑스 〈아미앵 대성당〉(1220-88)을 모델로 설계하였다. 〈아미앵 대성당〉은 당시 프랑스 성당으로는 가장 높은 성당이자 프랑스 고딕의 완성으로 평가되던 성당이었다. 〈쾰른 대성당〉은 이런 〈아미앵 대성당〉의 기본 골격을 바탕으로 〈성 드니 수도원 성당〉이나 〈보베 대성당〉 등 기존 대성당들의 장점을 차용해 열주의 수직성을 강화하고 고측창의 높이를 키움으로써 밝고 장엄한 성당을 짓고자 하였다. 그 위에 프랑스 왕실 경당인 〈생트 샤펠〉을 모방한 화려한 장식어휘를 들여와 최신 유행을 가미하였다. 이로써 〈쾰른 대성당〉은 프랑스 고딕의 원형과 최첨단 양식, 그리고 프랑스 왕실 양식이 어우러진, '프랑스 대성당의 가장 젊고 가장 아름다운 자매'가 되었다.

그러나 〈쾰른 대성당〉의 완공은 19세기 후반에야 가능했다. 16세기에 정치적이고 경제적인 이유로 성당 건축이 중단된 후 이미 완공된 내진 부분만 임시방편으

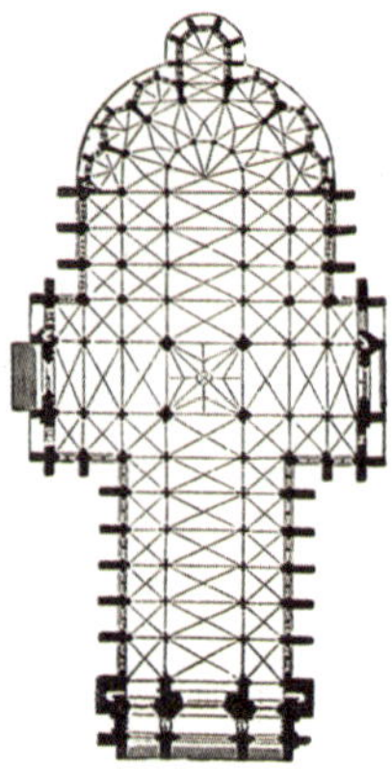

아미앵 대성당 / 평면도

쾰른 대성당 남쪽

로 사용되었다. 그동안 "대성당이 완공되면 세상은 끝날 것"이라는 말이 회자되기까지 하였다. 그러다 19세기에 일어난 민족주의 운동의 영향으로 고딕 양식에 대한 재평가가 이뤄지면서 성당 건축이 재개되었다. 1814/16년에 발견된 원 도면에 따라 정면 파사드 등을 애초의 양식대로 충실하게 구현했지만, 지붕의 트러스를 철제로 대체하는 등 현대적인 건축 기술이 활용되기도 하였다. 남쪽 익랑의 외관은 원 도면에 나와 있지 않아 당시 유행하던 신고딕(Neo-Gothic) 양식으로 마무리되었다. 공사가 시작된 지 630여 년 만에 완공된 이 성당은 독일에서 가장 큰 성당으로 한때 국가적 상징으로 여겨졌고, 대칭과 균형, 통일성 등으로 인해 '완벽한 대성당'이라는 평가를 받기도 하였다.

## 쾰른 대성당 구조와 구성

〈쾰른 대성당〉의 정면 파사드는 좌우 대칭이 뚜렷하고, 프랑스 대성당들처럼 3문식 표준형으로 구성되었다. 그러나 전체적인 외관은 프랑스 대성당과는 전혀 다른 분위기를 풍긴다. 높이 157m의 거대한 쌍탑이 정면 파사드의 대부분을 차지하고 있어 장엄하면서도 대단히 위압적인 인상을 준다.

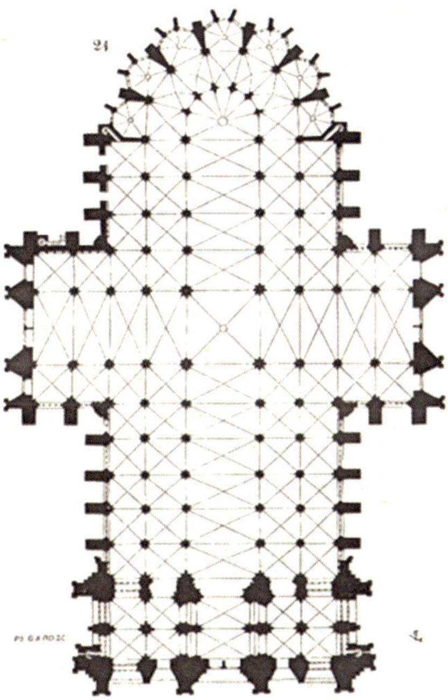

쾰른 대성당 평면도 / 내부

쾰른 대성당 첨탑 내부

프랑스 고딕 성당들이 〈샤르트르 대성당〉 등 일부를 제외하고는 정면에 높은 첨탑을 건설하지 않고 대개 3층으로 된 탑을 조각으로 장식한 반면, 독일 고딕 성당들은 서쪽 정면의 탑에 주력하여 높은 쌍탑을 쌓거나 아니면 점차 단일탑으로 발전하면서 수직적 요소를 더욱 뚜렷이 하였다. 〈쾰른 대성당〉의 첨탑은 14세기에 만들어진 〈프라이부르크 대성당〉의 첨탑처럼 트레이서리 헬멧을 씌워 마무리하였다. 또한 이 성당은 〈아미앵 대성당〉에 비해 확실한 라틴십자형 평면을 하고 있고, 3랑식인 〈아미앵 대성당〉에 비해 중랑 양쪽에 각각 두 개의 측랑을 가진 5랑식으로 구성되어 훨씬 웅장해 보인다. 전체적으로 길이 144m, 폭 86m에 중랑의 높이만도 46m나 되어 당시로서는 최고의 위용을 자랑하였다.

성당 내부는 프랑스 대성당의 표준 구성을 그대로 따르고 있다. 중랑벽은 3단 구성으로 되어 있고, 늑재궁륭으로 이루어진 높은 천장은 석재로 되어 있다는 것이 믿기지 않을 정도로 가볍게 떠있는 느낌을 준다. 내부는 전체적으로 별다른 치장 없이 동일한 요소들로 반복되고 있어 프랑스 대성당들에 비해 다소 단조롭게 보이지만, 밝고 경쾌한 느낌과 함께 질서정연한 아름다움을 발산한다. 수직적 상승감을 극대화하기 위해 열주의 간격을 좁게 설치해 수직선을 강조하고, 본기둥 위에 대응기둥을 덧붙여 이음매 없이 곧바로 천장까지 치솟게 해 수직적 상승효과를 배가시켰다. 후진 뒤쪽으로 주보랑을 두고, 그 뒤로 방사형 경당을 설치한 것도 프랑스 대성당의 예를 따른 것이다.

## 성 엘리자베스 성당

독일 중부 마르부르크에 위치한 〈성 엘리자베스 성당〉(1235-83)은 라인강 동쪽에서는 최초로 지어진 고딕 양식의 성당이다. 이 성당은 튀링엔의 영주 루드비히 4세의 부인으로 성인의 반열에 오른 엘리자베스의 무덤 교회로 지어진 것이다. 엘리자베스는 어린 나이에 튀링엔의 영주와 결혼한 후 병자와 가난한 사람들의 구제에 힘쓴 까닭에 백성들의 존경을 받았고, 1231년 그녀가 젊은 나이에 사망하자 1235년에 시성되어 숭배의 대상이 되었다. 이에 루트비히 4세에 이어 영주가 된 그의 동생

콘라트는 엘리자베스에 대한 숭배를 정치적으로 이용하기 위해 그녀가 세운 구빈원 옆에 교회를 건립하였다. 콘라트는 동프로이센 지역을 차지하기 위해 당시 잔인하기로 소문난 '독일 기사단(튜턴 기사단)'을 끌어들였고, 아직 교황의 인가도 받지 않은 독일 기사단은 엘리자베스를 수호성인으로 받아들임으로써 자신들이 종교적으로 자비로운 집단임을 과시하였다. 1236년 엘리자베스의 유골이 봉안될 때에는 콘라트의 의도대로 황제 프리드리히 2세가 참석해 축원함으로써 그들의 정치적 연합은 제국적 차원의 의미를 갖게 되었다. 이와 같이 〈성 엘리자베스 성당〉은 당시 독일의 정치적 이해관계에서 탄생한 성당이었다.

성 엘리자베스 성당

## 성 엘리자베스 성당 구조와 구성

〈성 엘리자베스 성당〉은 프랑스 고딕을 받아들였지만, 독일 전통과 필요에 맞게 변형시켜 독일 고유의 고딕 양식을 창출하였다. 〈쾰른 대성당〉처럼 쌍탑식이지만 출입구가 하나 밖에 없기 때문에 마치 정면부가 80m의 육중한 쌍탑으로만 이루어진 것 같은 강한 인상을 준다. 동쪽에서 보면 복잡한 버팀벽 체계가 없이 단순한 형태이다. 이는 이 성당이 중랑은 높고 측랑은 낮은 바실리카식 교회가 아니라, 내부 공간이 마치 하나의 홀처럼 툭트여 보이는 독일 고유의 '할렌키르헤(Hallencirche)' 형식이기 때문이다.

병자를 돌보는 성 엘리자베스

성 엘리자베스 성당 구조

성 엘리자베스 성당 내부

할렌키르헤 형식이란 중랑과 측랑의 높이를 같게 해 성당 내부 공간 전체가 하나의 홀처럼 보이도록 한 것이다. 할렌키르헤란 말 자체가 '홀 교회(Hall-church)'라는 뜻이다. 할렌키르헤는 바실리카식 교회와 달리 복잡한 버팀벽 체계가 불필요하다. 중랑과 측랑의 구분 없이 실내 공간이 하나의 홀처럼 툭 트여있고, 측랑 쪽의 2층으로 된 높은 창문에서 많은 빛이 들어오기 때문에 성당 내부 전체가 밝고 넓은 공간이 확보된다. 이러한 할렌키르헤는 초기 로마네스크 때부터 프랑스 남서부 지방과 스페인 북동부 지방에서 흔히 볼 수 있는 지역 전통 양식이었다. 독일이 이런 할렌키르헤를 받아들인 것은 당시 독일 사회의 교회 건축에 대한 인식변화가 크게 작용하였다.

당시 독일 교회는 성당이 하느님의 왕국을 상징하는 곳이 아니라, 하느님의 말씀을 전하고 기도하는 곳이라고 보았고, 무엇보다 강론을 중시하였다. '강론(homilia)'은 교회력(교회에서 해마다 행하는 축일 및 행사일을 정한 달력으로 '전례력'이라고도 한다)의 흐름에 맞춰 신앙의 신비와 그리스도교인의 생활규범을 성서에 바탕을 두고 해설하는 것을 말한다. 효과적인 강론을 위해서는 교회 안 어느 곳에서든 강론대가 쉽게 보이고, 강론을 잘 들을 수 있는 밝고 툭트인 공간이 필요했다. 이러한 교회 형식은 당시 독일에서 활동하던 시토 수도회의 사목 방향과도 일치해 급속도로 퍼져 나갔다. 시토 수도회는 개혁수도회로서 청빈과 검소함을 추구했고, 할렌키르헤 같은 단순한 공간을 선호했다. 결론적으로 독일의 할렌키르케는 현실적인 것을 중시하는 독일인들의 실용적인 사고와 시토 수도회의 사목 방향이 만나서 생겨난 양식이라고 할 수 있다. 할렌키르헤 형식은 14세기에 독일 전역으로 확산되었고, 15세기에는 독일 교회건축의 주요형식으로 발전하였다.

〈성 엘리자베스 성당〉은 익랑 양쪽 끝부분을 후진처럼 반원형으로 둥글게 처리하고 있다. 이러한 형태를 '삼엽형 내진'이라 부른다. 삼엽형 내진이란 남북 익랑에 해당하는 부분이 동쪽 내진과 동일한 형태, 동일한 크기로 구성되어 내진 전체의 평면이 마치 세 개의 잎파리가 같이 붙어 있는 것처럼 생겨 붙여진 이름이다. 삼엽형 내진은 원래 교차부를 중심으로 중앙집중성을 강화한 것으로, 라틴십자 형태에 중앙집중식 성당의 전통을 받아들인 것이라 할 수 있다. 독일에서 중앙집중식은 로마제국에서부터 프랑크왕국을 거쳐 신성로마제국으로 이어지는 '황제교황주의'의 전통을 의미하는 것으로, 로마 교회에 맞서는 세속적 상징성을 구현하는 의미를 지니고 있었다.

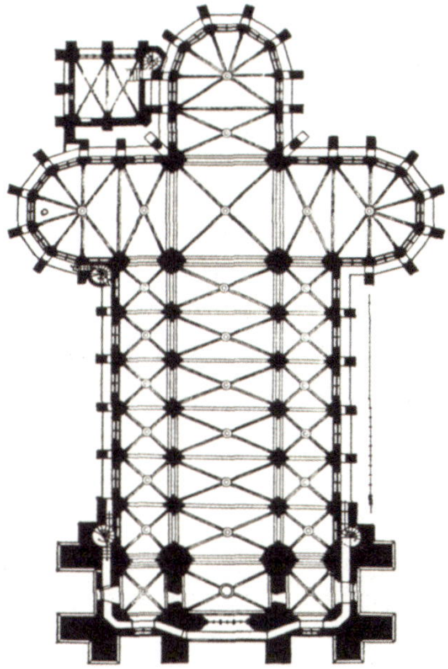

성 엘리자베스 성당 평면도

성 엘리자베스 성당 / 카피톨의 성모 마리아 성당

성 엘리자베스 성당 정문 / 동쪽 내진

성 엘리자베스 성당 남쪽 내진 / 북쪽 내진

11세기에 건립된 쾰른의 〈카피톨의 성모 마리아 성당〉에서 보듯이, 서유럽 교회의 표준양식인 순수 바실리카식 대신 삼엽형 내진을 채택해 중앙집중식을 가미한 것은 같은 가톨릭교회이지만 로마 교회와 구분되는 독일 교회의 독립성을 강조하기 위한 것이었다. 그러나 〈성 엘리자베스 성당〉의 경우 삼엽형 내진은 건립 당시 이익집단들의 역학관계와 밀접하게 연관되어 있다. 이 성당이 삼엽형 내진을 갖게 된 것은 성 엘리자베스 숭배에 열정적인 순례자들과 영토확장 및 경제적 이익에 관심이 많은 독일 기사단, 집안의 영묘를 갖고자 하는 영주, 이 세 집단의 이해관계가 합치되는 과정에서 나온 결과물이었다.

이 성당은 성 엘리자베스를 모신 성당이지만, 그녀가 중심이 아니다. 성당 정문 위 팀파눔에서 순례자를 반기는 것은 성 엘리자베스가 아니라 성모 마리아이다. 성모 마리아는 독일 기사단의 수호성인이다. 교차부의 제단 역시 성 엘리자베스 제단이 아니라 '십자가 제단'이고, 그 뒤 루드 스크린 너머의 동쪽 내진에 설치된 중앙제단화 역시 성모가 중심이다. 동쪽 내진의 왼쪽에는 제의실 같은 부속 공간이 붙어 있는데, 그 안에 성 엘리자베스의 황금 유골함이 안치되어 있다. 이 공간은 동쪽 내진을 통해서만 들어갈 수 있기 때문에 순례자들의 접근은 불가능했다. 순례자들은 북쪽 내진에 있는 성 엘리자베스의 무덤만 참배할 수 있었다. 순례자들의 공간인 북쪽 내진에는 성 엘리자베스의 무덤이 중앙도 아닌 한쪽 가장자리에 자리하고 있다. 반대편의 남쪽 내진은 영주 집안의 공간으로 석관이 즐비하게 놓여있다. 이와 같이 〈성 엘리자베스 성당〉은 성 엘리자베스를 모시는 성당이지만 독일 기사단의 영향으로 성모 마리아가 성당의 중심을 차지하고 있고, 영주의 영향으로 영주 가문의 영묘가 한쪽 내진을 차지하고 있다. 이는 이 성당의 삼엽형 내진이 순례자들과 독일기사단, 영주 간의 타협의 산물이라는 것을 말해준다. 이 성당은 16세기에 교단에 소속되어 있던 기사단의 기사들과 성직자들이 대부분 개신교로 개종함으로써 이후 루터파 교회로 사용되고 있다.

## 성 십자가 대성당

독일 남서부 슈투트가르트 동쪽에 위치한 슈베비쉬-그뮌트의 〈성 십자가 대성당〉(1320-1409)은 '대성당'이라고 하지만 주교좌 성당은 아니다. 독일어의 '돔(Dom)'과 '뮌스터(Münster)'는 우리말로 모두 대성당이라고 번역되지만 사실은 차이가 있다. 돔은 주교좌 성당을 의미하는 데 비해 뮌스터는 주교좌 성당은 아니지만 규모가 큰 중세 성당을 지칭한다. 〈성 십자가 대성당〉의 독일식 명칭은 하일리히-크로이츠-뮌스터(Heilig-Kreuz-Münster)이다. 〈울름 대성당〉(1377-1543, 1844-90), 〈본 대성당〉

성 십자가 대성당

(11-13세기) 등도 뮌스터이다.

'그뮌트 대성당'이라고도 불리는 〈성 십자가 대성당〉은 독일 후기 고딕의 전환점을 형성하는 중요한 건축이다. 이 성당은 카알 4세의 정치적 의지를 반영하고 있다. 보헤미아 출신의 황제 카알 4세는 독일 남부와 프라하를 기반으로 자신의 정치적 기반을 확립한 후 마침내 황제가 되었다. 그는 대공위시대(독일 역사상 황제 추대가 제대로 행해지지 않은 1254-73년 시기) 이후의 정치적 혼란을 수습하기 위해 1356년에 '금인칙서(Goldene Bulle)'를 발표해 황제선출 방식을 확정하는 한편, 여러 제후 국가들의 다양성을 공식적으로 인정함으로써 영방국가 출현에 기여하게 된다. 이러한 황제의 의지는 성당을 독일의 지역 양식으로 짓고자 하는 데에서도 그대로 반영되었다. 14세기 이후 지어진 독일 성당들은 프랑스식 고딕을 거의 따르지 않고 독일의 전통에 맞는 자유분방한 모습으로 발전하였다. 〈성 십자가 대성당〉은 카알 4세의 궁정 건축가인 팔러 부자(Heinrich Parler, 1300?-70 / Peter Parler, 1330-99)가 설계한 것으로, 독일 후기 고딕의 선두주자이자 남부 독일에 지어진 수많은 고딕 성당의 모델이 되었다.

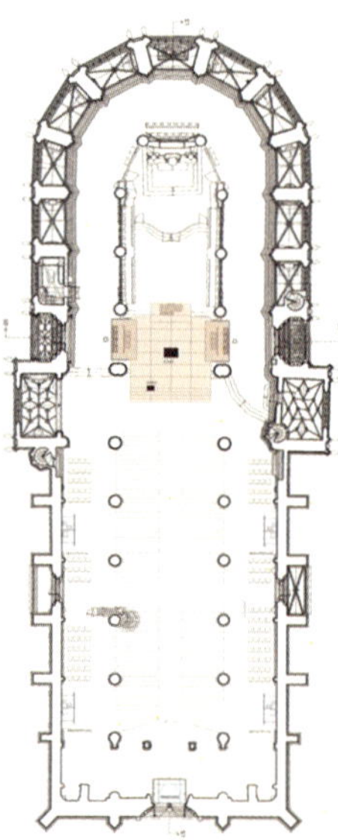

성 십자가 대성당 동쪽 외관 / 평면도

이 성당은 길이 78m, 폭 24m로 독일 남부에 지어진 최초의 대형 '할렌키르헤(홀 교회)'이다. 1410년 성당이 봉헌될 당시에는 천장이 목재로 되어 있었으나, 1521년 석조 궁륭으로 개조됨으로써 진정한 할렌키르헤로 완성되었다. 1550년에는 강론대와 성가대석이 설치되었고, 1769년에는 지붕 위에 바로크 양식의 정탑이 세워졌다.

## 성 십자가 대성당 구조와 구성

성 십자가 대성당 내부

〈성 십자가 대성당〉에서 주목할 점은 할렌키르헤 구성과 정면 파사드의 처리 방식이다. 우선 이 성당은 남부 독일 할렌키르헤의 모범으로 간주된다. 성당은 높이 51m에 익랑이 없는 단순한 3랑식 구조인데, 중랑과 측랑, 내진과 주보랑이 모두 같은 높이를 가진 할렌키르헤로서, 공간을 구획하는 것은 중랑벽이 아니라 아무런 장식도 없는 단순한 원주들이다. 원주 끝에서는 늑재가 갈라져 나가며 기하학적 문양의 궁륭을 형성하고 있는데, 짧게 끊어지면서 연속적으로 이어지는 늑재는 경간 구획을 약화시켜 할렌키르헤 특유의 공간적 통일성을 강화해 준다. 이 성당은 견고한 벽체와 지붕까지 치솟은 부벽이 인상적인데, 이는 궁륭의 하중을 견디면서 창문을 크게 만들어 가능한 한 많은 빛이 들어오도록 하기 위한 것이다. 특히 성당의 동쪽 부분은 부벽을 이용해 아래쪽에 여러 개의 별도 공간을 만들고 큰 창문을 설치한 것이 특징적이다.

성당의 남북에는 원래 로마네스크 양식의 탑이 있었으나 1497년 천장을 궁륭으로 개조하는 과정에서 모두 무너져 버렸다. 이후 북쪽 탑이 있던 자리에는 경당이 들어섰고, 남쪽 탑이 있던 자리에는 제의실이 들어섰다.

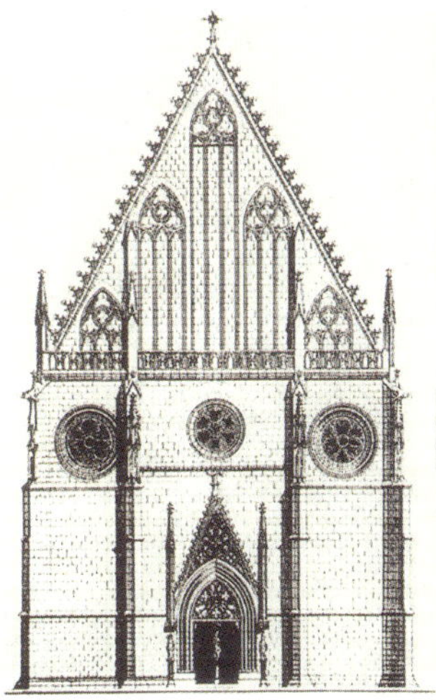

성 십자가 대성당 정면 파사드

또한 이 성당의 정면 파사드는 넓적한 정사각형 몸통 위에 삼각형의 상층부를 더한 독특한 구성으로 이루어졌다. 아래층은 프랑스 고딕의 표준형과 달리 정문이 하나이고, 수평 띠를 통해 파사드를 분할하고 있다. 삼각형의 박공 형태가 드러나 보이는 상층부는 수직 창살의 창문들로 채워져 수직성을 강조하고 있다. 이 성당은 삼각형 박공 형태가 그대로 드러난 파사드와 단일 궁륭이 결합된 할렌키르헤의 한 전형을 보여준다는 점에서 중요한 의미를 지닌다.

성 로렌츠 성당 / 성 안나 성당

〈성 십자가 대성당〉에서 적용된 방식은 1500년경까지 남부 독일의 수많은 할렌키르헤의 모델이 되었다. 뉘른베르크의 〈성 로렌츠 성당〉(1445-72), 안나베르크의 〈성 안나 성당〉(1499-1521) 등이 이 시기에 건립되면서 독일은 할렌키르헤의 전성기를 구가하였다. 이 시기의 할렌키르헤들은 비교적 단순한 형태를 띠고 있으나 늑재를 이용해 궁륭을 여러 가지 모양으로 장식한 것이 특징이다. 늑재를 이용한 장식에는 기하학적 문양, 별 모양, 꽃 모양 등

성 십자가 대성당 / 성 로렌츠 성당 / 성 안나 성당의 궁륭

다양한 어휘가 사용되었고, 한 성당 안에서도 여러 가지 장식이 함께 나타나기도 하였다. 작은 크기의 수많은 늑재들로 빽빽하게 장식된 궁륭은 경간 구획들을 완전히 융합시키면서 궁륭 전체가 하나의 연속된 표면처럼 보이게 해 내부 공간의 통일성을 부여하였다. 이제 늑재는 궁륭의 무게를 떠 받치는 역할을 탈피해 순수하게 장식적 기능만 담당하게 되었다. 14세기에는 장식이 자국만의 고딕 양식을 창출하기 위한 하나의 하부 요소로 다루어졌다면, 15세기에는 장식이 건축의 중요한 요소로 부각되었다는 점에서 큰 의미를 지닌다.

## (5) 영국의 고딕 건축

영국은 프랑스 고딕을 비롯해 유럽 대륙의 여러 양식을 도입하면서 영국만의 독자적인 양식을 형성하였다. 프랑스 성당은 독립된 건물 하나에 공간이 집중 배치되어 있는 반면, 영국 성당은 공간이 집중적으로 배치되지 않고, 성당을 구성하는 개별단위들이 흩어져 있는 것이 특징인데, 이는 성당이 수도원 경내에 같이 있기 때문이다.

영국의 초기 고딕 양식은 영국 교회의 중심인 〈캔터베리 대성당〉의 증축으로부터 시작되었다. 이 성당은 597년에 건립되어 11세기에 재건되었고, 1174년 화재 후에는 성가대석을 증축하기 시작하면서 고딕 양식을 받아들였다. 그 이후 여러 차례 증축과정에서 로마네스크(노르만) 양식과 프랑스 고딕 양식, 영국의 전통 등이 혼합된 독특한 건물이 되었다. 이 성당은 익랑이 두 개인 이중 익랑을 가지고 있고, 후진 뒤쪽에 소규모의 방사형 경당이 아닌 별도의 경당을 설치한 점, 기하학적 장식성 등에서 영국 성당의 표준 구성의 선례를 보여주고 있다. 이는 영국 고딕의 전개 방향을 예견하는 것으로 이후 영국 성당들의 좋은 모델이 되었다.

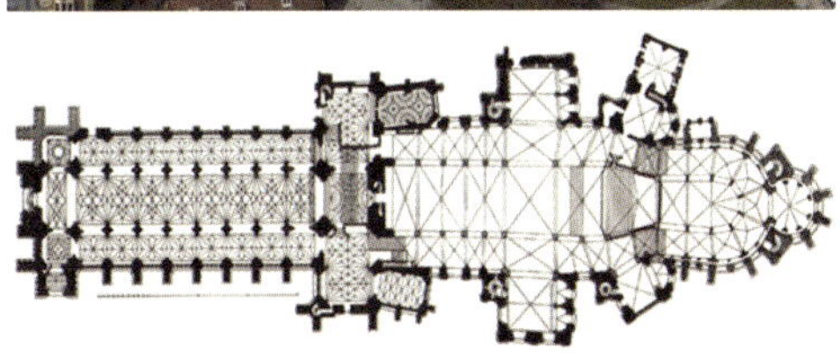


캔터베리 대성당 / 평면도

## 솔즈베리 대성당

솔즈베리 대성당

영국 남부 솔즈베리에 자리한 〈솔즈베리 대성당〉(1220-58)은 노르만 양식을 비롯해 유럽 대륙의 여러 양식을 도입하면서 영국의 독자적이고 개성적인 양식을 형성한 영국의 초기 고딕 양식을 대표한다. 이 성당은 대부분의 건물이 단 38년 만에 완공되었기 때문에 영국의 초기 고딕 양식의 일관성을 파악하는데 중요한 자료를 제공한다. 또한 이 성당은 주교가 제공한 넓은 부지 덕분에 장애물이 없는 장소에 지어진 최초의 주요 대성당으로서 건축가와 성직자들의 성당 건축 구상을 원하는 대로 정확하게 실현시킬 수 있었다는 점에서도 주목된다. 이 성당은 영국에서 가장 긴 클로이스터와 가장 넓은 부지를 소유하고 있다. 한편 이 성당은 현재 남아있는 네 개의 '대헌장(Magna Carta, 1215년 존 왕이 귀족들의 강요에 의해 왕의 절대 권력을 제어하고 귀족과 성직자의 특권을 재확인한 문서로, 결국 시민들의 자유와 권리를 신장하고 영국에 입헌주의를 정착시키는데 기여하였다)' 원본 중 하나를 가지고 있는 것으로도 유명하다. 대헌장의 배포 임무를 맡았던 석공 엘리아스(Eilias of Dereham)가 가져온 것으로, 그는 이 성당의 건설 감독을 맡았다.

## 솔즈베리 대성당 구조와 구성

〈솔즈베리 대성당〉의 정면 파사드는 영국 고유의 '스크린 파사드'로서 전체 높이와 폭이 약 33m이고, 서쪽 정면에 쌍탑을 두고 있다. 프랑스나 독일 고딕과 달리 영국식 고딕은 수직성에 집착하지 않았기 때문에 높이에 비해 폭이 넓은 편이다. 영국 성당들은 높이가 프랑스 성당의 2/3도 안 되어 부연부벽이 발달하지 못했다. 정면의 트레이서리 장식이 없는 단순한 창, 급경사의 지붕은 영국 성당만의 특징 중 하나이다.

솔즈베리 대성당

〈솔즈베리 대성당〉의 내부는 프랑스 성당에 비해 폭이 좁고 낮은 편이다. 중랑은 길이가 약 70m인 반면, 높이는 26m로 낮고 2층 트리포리움에 의해 수평선이 강조되고 있다. 중랑벽은 기하학적 장식으로 꾸며졌는데, 특히 아키볼트를 여러 겹으로 처리한 것이 특징이다. 이는 초기 영국 양식의 특징이라 할 수 있다. 그러나 실내 전반에 프랑스식 합리주의가 공간 단위 개념에 강하게 나타나고 있다. 천장은 4분 궁륭을 벗어나지 않았고, 아케이드는 첨형 아치의 표준을 벗어나지 않았다. 기둥 또한 본기둥을 중심으로 대응기둥을 최소화하였고, 중랑벽 또한 3단 구성을 따르고 있다. 이 때문에 성당 내부는 어두운 색의 퍼벡 대리석(영국 퍼벡 지방에서 나는 질 좋은 대리석)으로 장식된 기둥과 회색 석재로 된 중랑벽이 조화를 이루며 단순하고 깔끔한 분위기를 자아낸다. 고측창의 밝은 빛은 단순한 궁륭을 밝게 비추면서 건물을 실제보다 높고 넓게 보이도록 해준다.

솔즈베리 대성당 내부

대응기둥(아미앵 대성당 / 솔즈베리 대성당)

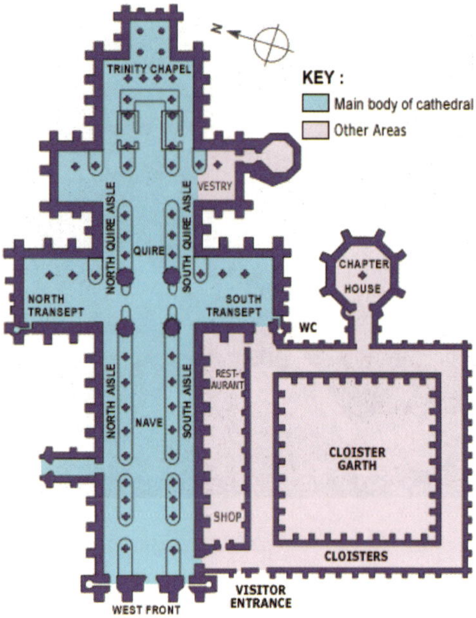


솔즈베리 대성당 평면도

이 성당의 익랑은 프랑스 양식보다 돌출되어 있는데, 특이한 이중 익랑 구조이다. 십자 형태가 두 번 반복된다고 해서 이른바 '복십자' 구조라고 하는데, 이는 영국 성당 고유의 특징 중 하나이다. 성가대석이 확장되면서 익랑 동쪽에 라틴십자 평면을 하나 더 가진 것처럼 되어, 전체적으로 보면 이중 익랑과 이중 성가대석을 가진 구성이 되었다. 이러한 이중 구성은 영국 고딕의 특징인 강한 수평성을 형성한다. 사각형의 각진 평면 형태에서는 절제미가 느껴진다. 영국 성당은 대부분 수도원에 부속되어 있는데, 당시 시토 수도회는 청빈과 검소함을 추구했고, 수도원도 단순한 형태로 지었다. 성당 또한 수도원의 단순함을 따라 평면이 엄격하게 각이 져 있고, 동쪽 후진 뒤쪽 부분도 둥근 형태가 아닌 사각형으로 처리하였다. 이것도 영국의 초기 고딕 성당의 특징 중 하나이다.

솔즈베리 대성당 삼위일체 경당

제단 뒤쪽에는 '삼위일체 경당'이라 불리는 왕비 전용 경당이 있는데, 동쪽 제단 뒤에 별도의 경당을 두는 것도 영국적 특징이다. 전체적으로 공간이 분산 배치되어 있는데, 본당 옆 수도원의 클로이스터에는 팔각형의 '쳅터하우스(Chapter House)'가 연결되어 있다. 쳅터하우스는 교회 참사회의가 열리던 참사회관이다. 쳅터하우스는 중앙의 기둥을 중심으로 천장이 팔각형 부채처럼 펼쳐져 있다. 아래쪽은 윌리엄 버지스(William Burges)가 구약의 이야기로 제작한 중세적인 프리즈로 장식되었고, 그 아래 벽을 따라 참사회원들의 좌석이 놓여있다. 영국은 대륙에 비해 참사

솔즈베리 대성당 첸터하우스 / 벽면 장식 조각

회의 역할이 컸는데, 13세기 후반 팔각형의 첸터하우스가 발달하였다.

이중 익랑 중 첫 익랑과 중랑의 교차부에 123m의 첨탑이 우뚝 서 있다. 교차부 첨탑은 다른 건물에 비해 100년 뒤인 1320년에 건립되었다. 영국에서 제일 높은 이 첨탑은 전체적인 수평감과 대비되는데, 영국 고딕이 점차 수직 양식으로 발전했음을 보여준다.

## 웨스트민스터 사원

영국 런던의 〈웨스트민스터 사원〉(1245년 시작, 중랑 1258-69)은 영국 고딕을 대표하는 건축물이다. '민스터(minster)'는 대성당 또는 대사원을 의미한다. 동쪽에 있는 〈성 바오로 대성당〉과 구분하기 위해 '웨스트'란 말이 붙여졌다. 〈웨스트민스터 사원〉은 단순한 성당이 아니라, 영국의 정치적, 민족적, 종교적 의미가 함축된 건물이다. 역대 왕들의 대관식장이자 왕들의 묘가 안치된 곳으로 진정한 의미의 영국 심장이자 성소라고 할 수 있다. 이 때문에 헨리 8세가 종교개혁 후 사원건물을 모두 없애고자 했지만, 이곳은 왕들의 대관식 장소라는 점에서 살아남았다.

〈웨스트민스터 사원〉은 7세기에 설립한 성 베드로 수도원 자리에 세워졌다. 참회왕 에드워드가 수도원을 증축해 수도원과 왕궁으로 사용하는 한편, 자신의 영묘로 사용하기 위해 1042-52년 사이에 수도원을 재건하면서 교회를 짓기 시작했다. 교회는 1060년경에 완공되어 1065년 12월에 축

웨스트민스터 사원

성되었고, 그로부터 일주일 후 에드워드 왕이 죽자 이곳에 묻혔다. 이때부터 '성당'이 아닌 '사원(Abbey)'이라 불리고 있다. 이 사원은 1066년 윌리엄1세(정복왕 윌리엄)가 대관식을 거행한 이후 영국왕들의 대관식 장소가 되었다.

현재 규모의 사원은 13세기 때 건립된 것이다. 영국은 헨리 3세(1216-72 재위)를 기점으로 프랑스를 앞서게 되면서 대륙에 대한 열등감으로부터 벗어나고 있었다. 이를 상징적으로 보여주기 위해 프랑스 대성당들에 맞서는 건축물이 필요했다. 따라서 프랑스의 〈파리 노트르담 대성당〉과 〈랭스 대성당〉을 모방과 경쟁 대상으로 삼아 로마네스크 사원을 개축하기 시작했다. 〈파리 노트르담 대성당〉은 프랑스의 수도 파리에 자리한 성당으로 프랑스의 심장을 상징했고, 〈랭스 대성당〉은 프랑스 왕의 대관식이 열리는 성당으로 세속 권력과 그리스도교 권력의 연합을 상징했다. 〈웨스트민스터 사원〉은 이 둘 모두를 아우르는 성당이자 영국의 정체성을 확인해 주는 상징적 건축으로 자리매김하고자 하였다. 이 사원은 1269년에 축성식을 가졌지만, 정면의 쌍탑 등은 1740년대에 영국에서 시작된 고딕 리바이벌 운동의 영향을 받아 완성되었다. 정면의 쌍탑은 고딕 리바이벌 운동의 초기 디자인을 보여주는 한 예로 1722-45년 사이에 니콜라스 혹스무어(Nicholas Hawksmoor, 1661–1736)에 의해 신고딕 양식으로 건설되었다.

웨스트민스터 사원

## 웨스트민스터 사원 구조와 구성

〈웨스트민스터 사원〉의 정면 파사드에서 가장 먼저 눈에 띄는 것은 쌍탑과 함께 중앙의 커다란 창이다. 영국의 고딕 성당은 유난히 큰 창을 내고 격자 창살과 가는 기둥 등을 사용해 수직성을 강조하고 있다. 이른바 '수직 양식(Perpendicular style)'이라고도 불리는 이 양식은 환상적 이미지나 창의적 측면에서는 떨어지지만, 큰 창은 영국의 기후를 감안해 채광이 잘되도록 함으로써 사원 안을 밝게 만들어 주는 데에도 효과적이었다. 〈웨스트민스터 사원〉의 정면 파사드는 창살이나 벽면 장식에서 보듯이 대체로 수직선과 수평선이 교차하면서 프랑스 성당에 비해 전체적으로 단순하고 간결해 보인다. 서쪽 정문 위쪽에는 20세기에 순교한 대표적인 그리스도교 신도 10인의 조각상이 세워져 있다. 이 자리는 중세 이래 조각상 없이 비어 있던 공간인데 1998년 새로 조성된 것이다. 이곳의 인물들은 성공회 신도들에 국한되지 않고 귀감이 될만한 그리스도교인들로 교파에 상관없이 선정되었는데, 폴란드 신부 막시밀리아 콜베에서부터 중국의 목사 왕즈빙에 이르기까지 성공회 신부와 평신도, 가톨릭교회 신부, 개신교 목사, 정교회 수녀 등이 포함되어 있다. 이는 1960년대 이후 활발하게 일어난 '교회일치운동(Ecumenical Movement, 교파나 교단의 차이를 넘어 하나의 그리스도교를 지향하는 운동)'의 영향을 받은 것으로, 이 운동에 가장 적극적인 영국 성공회의 입장을 반영한 것이라 할 수 있다. 서쪽 정면을 위한 전실이 20세기 중반에 에드윈 루티엔스(Sir Edwin Landseer Lutyens, 1869-1944)에 의해 설계되었지만 건설되지는 않았고 여전히 미완성으로 남아있다. 이 때문에 서쪽 정문은 특별한 의식이 있을 때에만 사용하고, 보통은 북문을 통해 들어간다.

웨스트민스터 사원 정면 파사드 조각

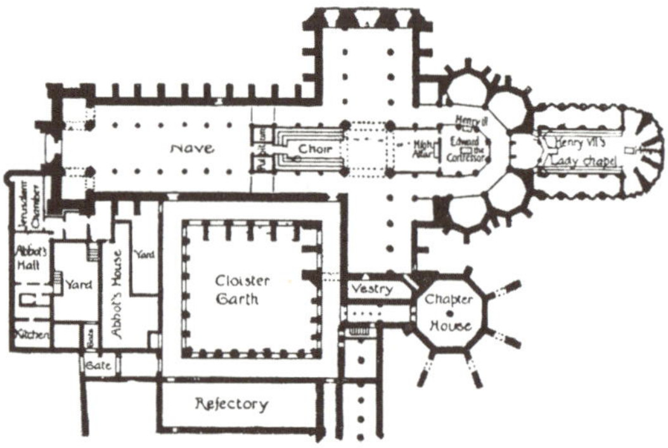


웨스트민스터 사원 평면도

〈웨스트민스터 사원〉은 프랑스 고딕을 차용해 영국 고유의 양식을 창출한 건축으로, 여기에서 영국 고딕이 완성되었다는 평가를 받는다. 이 사원은 간결한 구조의 프랑스 성당과 달리 화려하고 복잡한 구조로 프랑스식과 영국식이 혼합되어 있다. 여기서 프랑스식이란 익랑이 하나이고, 후진을 사각형이 아닌 둥그렇게 처리하고 후진 뒤에 주보랑과 방사형 경당을 두는 방식을 말한다. 그러나 본당의 동쪽 끝에 별도의 경당을 두었고, 성당이 수도원 경내에 같이 있기 때문에 성당을 구성하는 개별 단위들이 불규칙하게 흩어져 있는 것 등은 영국 고유의 특징이다. 본당의 동쪽 끝에는 헨리 7세가 건립한 '성모 경당(Lady chapel)'이 자리하고 있다. 이 경당 내부를 장식하고 있는 부채살 모양의 늑재궁륭과 튜더 왕조의 문장들이 무척 화려해 보인다. 이곳 제단 뒤쪽에는 헨리 7세와 엘리자베스 1세 등 여러 군주들의 묘가 있다. 본당 옆 남쪽에는 수도원과 첩터하우스가 연결되어 있다. 첩터하우스 안에는 돌로 된 의자가 놓여있는데, 80명의 수사들이 수도원의 문제를 의논하던 곳이다. 이곳은 13세기 이후 300년 동안 하원의사당으로 사용되기도 하였다.

웨스트민스터 사원 성모 경당 / 첩터하우스

영국 성당들은 프랑스 성당에 비해 내부 폭이 좁고 낮은 편이지만, 〈웨스트민스터 사원〉은 중랑의 높이가 32m로 영국 성당으로는 예외적으로 높은 편이다. 사원의 내외부가 기하학적 장식과 공예적 처리가 많은 점, 검은빛이 나는 퍼벡 대리석의 색을 이용해 장식성을 강화한 점, 3단 구성의 중간층을 트리포리움 대신 갤러리로 채운 점, 고측창의 유리가 벽체보다 후퇴한 점 등은 영국적 전통이 반영된 것이라 할 수 있다.

웨스트민스터 사원 내부

내진과 회중석 사이에는 석조로 된 루드 스크린이 설치되어 있는데, 이는 중세적 전통이다. 종교개혁 이전까지 대부분의 성당들은 성소와 세속적인 공간을 엄격히 구분, 그 사이에 루드 스크린을 두는 것이 일반적이었다. 미사도 요즘처럼 신도들을 보고하는 것이 아니라 모두가 동쪽 성소를 보고 진행되었고, 성소에는 성직자들만 드나들 수 있었다. 가톨릭교회에서는 반종교개혁 이후 일반 신도들을 미사에 적극 참여시키고 성당 건물 자체를 더 개방적으로 만들기 위해 루드 스크린이 대부분 사라졌지만 성공회와 루터파 교회에서는 종종 유지되었다. 동방 정교회에서는 성소를 가리는 스크린을 중요하게 생각해 현재에도 여전히 남아있다. 정교회에서는 성소 앞에 성화로 가득 찬 성화벽(iconostasis)을 두고 있는데, 성화벽의 중앙 문이 열릴 때면 성소 안을 엿볼 수 있도록 해 세속적인 인간세계에서 천국을 들여다보는 것과 같은 상징성을 부여하고 있다.

웨스트민스터 사원 셰익스피어 기념비

〈웨스트민스터 사원〉 안에는 기념비와 무덤들로 가득하다. 프랑스에서는 보통 지하에 묘를 쓰는 반면, 영국에서는 성당 안에 직접 묘를 쓰는 것이 일반적이다. 북쪽 익랑에는 정치가들의 묘가 안치되어 있고, 남쪽 익랑에는 셰익스피어, 밀톤, 찰스 디킨즈, 토마스 하디 등 영국의 대표적인 시인들의 묘가 안치되어 있다. 서쪽 입구 쪽에는 양귀비꽃으로 장식된 무명용사들의 묘가 있다. 이 묘에는 제1차 세계대전 중 전사한 무명용사 중 한 명이 묻혀있다. 이 묘는 전장에서 전사한 영국 군인 모두를 기리는 상징이 되었다. 이런 면에서도 이 사원은 영국의 상징이자 성소라고 할 만하다.

## 글로스터 대성당

영국 남부 글로스터에 위치한 〈글로스터 대성당〉(1329-60)은 영국의 후기 고딕을 대표하는 성당이다. 이 성당은 원래 11세기에 노르만 양식으로 지어졌으나 14세기에 후기 고딕으로 개조되었고, 15세기에는 중앙탑이 건립되었다. 〈글로스터 대성당〉의 동쪽 창은 격자문양을 바탕으로 수직 분할이 두드러진다. 이른바 '수직 양식'으로 이러한 형식은 내진벽에서 더욱 두드러지게 나타나는데, 다발기둥과 3단 구성이 만들던 중랑벽의 구조적 유기성이 완전히 사라지고 수직 패널로 대체된 것이다. 벽 위에 덧붙인 수직선이 아케이드에서 천장까지 이어지면서 수직성을 강조하고 있다. 이 성당에 이르러 수직 양식이 본격적으로 사용되고 있다는 점에서 영국 수직 양식의 진정한 출발점으로 보기도 한다. 또한 이 성당의 궁륭은 그물 모양의 자잘하고 복잡한 늑재로 뒤덮여 있어 경간구획을 구분하기 어렵고 하나의 연속된 표면처럼 보인다. 클로이스터의 궁륭 역시 늑재를 이용해 현란할 정도로 화려하게 장식되었다. 이와 같이 궁륭을 화려하게 장식하는 것은 후기 고딕의 특징인데, 특히 영국의 후기

글로스터 대성당

글로스터 대성당 내부 / 클로이스터

고딕에서는 그물 모양, 부채살 모양 등 다양한 형태의 늑재로 이루어진 궁륭을 볼 수 있다. 이제 늑재는 무게를 지탱하는 뼈대 역할을 하기보다 장식적 요소가 더 강해졌다고 할 수 있다.

## (6) 이탈리아의 고딕 건축

남유럽 이탈리아에서는 고딕 양식이 영향을 미치기는 하였으나 보편적으로 수용되지는 않았다. 고대 로마의 전통이 강한데다 북유럽에 비해 일조량이 많은 까닭에 굳이 빛을 끌어들이기 위해 커다란 창을 가진 성당이 필요하지도 않았다. 이탈리아 고딕 양식은 주로 북부도시, 특히 로마네스크 전통이 강한 토스카나 지방을 중심으로 발전하였다. 이탈리아는 고대 로마와 초기 그리스도교의 전통이 강한 까닭에 북유럽의 로마네스크를 쉽게 받아들이지 못했듯이 고딕을 받아들일 때에도 거부감이 많았다. 이 때문에 그나마 로마네스크 전통이라도 있는 지역에서 어렵사리 고딕을 받아들일 수 있었다. 그러나 프랑스 고딕을 전반적으로 받아들인 것이 아니라 자신의 전통과 유사한 개별 어휘를 찾아 부분적으로만 받아들이려는 경향이 강했다.

## 시에나 대성당

시에나 대성당

시토 수도회 성당을 중심으로 시작된 이탈리아의 고딕은 13세기에 이르러 수도회 성당 이외에도 여러 성당들로 확대되면서 확고한 자리를 잡게 되었다. 이탈리아 토스카나 지방에 위치한 〈시에나 대성당〉(1226-1380)은 전형적인 이탈리아 고딕 성당이다. 건립 당시 이탈리아에서 〈피사 대성당〉 이래로 가장 웅장한 규모를 자랑하였다. 그러다 14세기 중반 이웃 경쟁도시인 피렌체에서 대규모의 성당 공사가 진행되자 이에 대항하기 위해 성당을 더 크게 증축하기로 한다. 그러나 흑사병의 확산으로 공사가 중단되어 현재에 이르고 있다. 성당의 남쪽에서 증측공사의 유적을 볼 수 있다. 성당의 외관은 정면 가운데가 높은 구조로 되어 있는 바실리카식 교회라는 것을 알 수 있다. 기본적으로 로마네스크 양식의 골격을 가지고 있어 고대 로마의 건축양식을 연상시킨다. 니콜라 피사노가 설계하였으나 그가 죽은 뒤 실제로 공사를 지휘하고 감독한 것은 아들 조반니 피사노(Giovanni Pisano, 1250-1315년경)였다.

시에나 대성당

## 시에나 대성당 구조와 구성

〈시에나 대성당〉의 정면 파사드는 프랑스 고딕과 토스카나 로마네스크 건축 및 고전 건축의 요소가 결합되어 있다. 원형 아치의 출입문 위에 삼각형 박공이 더해졌는데, 박공에는 비잔틴풍의 모자이크로 성모의 대관식 장면이 그려져 있다. 중앙의 원형창은 '최후의 만찬'을 묘사하고 있는데, 장미창으로 발전하지 못하고 로마네스크 양식에 머물러 있다. 정면 파사드의 고딕식 조각장식은 벽체의 상부에 한정되고, 나머지 벽체는 흰색과 녹색-검은색 대리석을 이용한 줄무늬로 되어 있고, 파사드에 붉은색 대리석이 추가되었다. 검은색과 흰색은 시에나의 상징적인 색상이다. 흑백의 대리석을 번갈아 붙여 줄무늬 장식으로 처리하는 방식은 이탈리아, 특히 토스카나 지역의 전통을 따른 것이기도 하다. 이 성당에는 북유럽의 고딕 성당에서 볼 수 있는 문설주 조각이 없고, 문 자체에 조각을 하였다. 〈시에나 대성당〉의 중앙 출

시에나 대성당 정면 파사드 박공

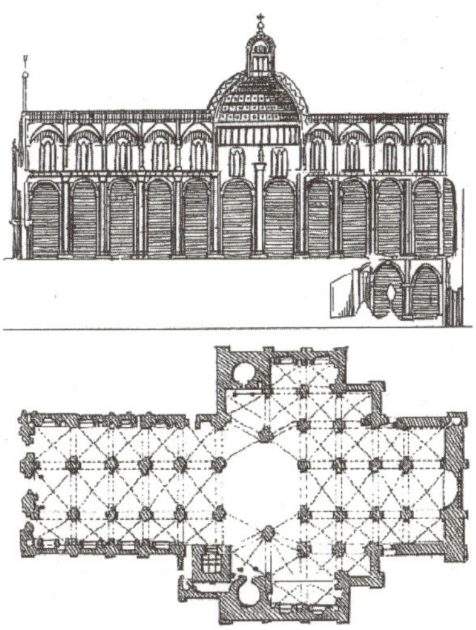

시에나 대성당 구조

시에나 대성당 돔 내부

시에나 대성당 내부

입문은 원래 목재로 되어 있었으나 1946년 청동으로 제작되어 시에나의 수호성인인 성모 마리아의 영광을 묘사하고 있다. 이처럼 문 자체에 조각을 하거나 성당 안의 강론대 등을 조각으로 장식하는 것은 이탈리아적 특징이다. 전체적으로 프랑스 고딕 성당에 비해 부드럽고 우아한 인상을 준다. 종탑은 위로 갈수록 창문이 많은데, 이는 무게를 줄이기 위한 것이기도 하고, 시각적으로도 가벼워 보이는 효과를 주기도 한다.

〈시에나 대성당〉은 3랑식 바실리카 형식이다. 성당의 구조를 보면, 평면이 라틴십자형이지만 교차부에 6각형의 평면을 만들고 그 위에 돔을 얹는 독창적 방식을 취하고 있다. 돔은 1264년에 완성되었고, 돔 꼭대기의 정탑은 17세기에 잔 로렌초 베르니니(Gian Lorenzo Bernini, 1598-1680)의 작품이다. 황금색으로 처리된 돔 천장은 로마의 〈판테온〉을 연상시키는 고전적 기법을 사용하고 있다. 내부 천장은 프레스코화 대신 15세기 후반에 황금색 별과 함께 파란색으로 장식되었다. 중랑벽은 2단 구성으로 분리되어 있다. 원주 위에 가는 대응기둥을 덧붙였지만 수평띠로 분리되어 있어 고전적 수평감이 느껴진다. 이 때문에 전체적으로 초기 바실리카식 교회를 연상시킨다. 내벽은 외벽과 같이 검은색과 흰색 대리석을 번갈아 가며 줄무늬로

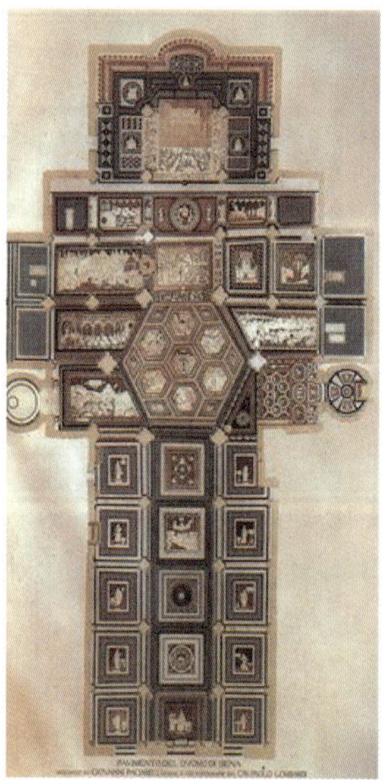

시에나 대성당 모자이크 바닥

장식하였고, 바닥은 대리석 상감기법의 모자이크로 장식하였다. 대리석 모자이크 바닥은 이탈리아에서 가장 화려한 것 중 하나로 크기가 다른 56개의 패널로 구성되어 있다. 대부분은 직사각형 모양이지만 육각형 또는 마름모 형태도 보인다. 신화나 구약의 장면, 비유와 미덕을 주제로 하고 있는데, 초기 단계에는 대리석에 작은 구멍을 뚫거나 선을 긁고 역청이나 미네랄 피치로 채우는 그래피토(graffito) 기법으로 만들어졌고, 후기 단계에서는 다양한 색 대리석인 타르시아가 사용되었다. 가장 초기의 패널은 1372년(1864년 복원)에 제작된 '운명의 수레바퀴'이고, 남부 동맹 도시를 상징하는 동물들이 시에나를 상징하는 암늑대를 둘러싸고 있는 페널은 1373년(1864년에 복원됨)에 제작된 것으로 추정된다.

밀라노 대성당

## 밀라노 대성당

이탈리아 북부 밀라노에 위치한 〈밀라노 대성당〉(1386-1577)은 이탈리아의 고딕 성당 중 가장 잘 알려진 곳이다. 이탈리아에서는 로마의 〈성 베드로 대성당〉 다음으로 두 번째로 큰 성당이다. 이 성당은 착공 후 200년이 지난 1577년 봉헌되었지만, 세부 사항까지 치면 완공 시기는 20세기까지 근 600년이 걸렸다. 성당 건축은 1386년 지안 갈레아초 비스콘티가 밀라노에서 권력을 잡은 것과 동시에 시작되었다. 그는 전임자인 바르나보 비스콘티 영주 아래에서 고통을 겪은 귀족과 장인 계급에 대한 보상으로 성당을 건축하고자 하였다. 그는 성당 건축을 위한 300명 규모의 법인

밀라노 대성당

(Fabbrica del Duomo)을 설립하고, 이 법인에 칸도글리아 채석장의 대리석을 독점적으로 사용할 권한을 부여하였다. 이 법인은 오늘날까지도 성당의 보존과 개선을 책임지고 있다. 1389년 프랑스인 니콜라 드 보나방튀르(Nicolas de Bonaventure)가 수석건축가로 임명되어 고딕 양식의 성당 건축을 이끌었다. 1402년 공사가 절반쯤 진행된 상태애서 지안 갈레아초가 사망하자 1480년까지 공사가 거의 중단되었다. 1488년 돔 공사를 위한 공모를 거쳐 1500-10년 사이에 팔각형의 돔이 완성되었다. 이후 성당의 내부 장식은 계속 진행되었지만 외관은 미완성인 채로 남아있었다. 그러다 프랑스 나폴레옹이 1789-1800년 이탈리아 원정 후 황제가 된 뒤 1805년 〈밀라노 대성당〉에서 이탈리아의 왕으로 즉위하기 위해 그동안 방치되어 있던 성당의 외관을 마무리하도록 지시하였다. 그 후 공사가 진행되어 1831년에 정면 파사드가 완공되었다.

## 밀라노 대성당의 구조와 구성

밀라노 대성당 외관

〈밀라노 대성당〉의 정면 파사드는 신고딕 양식으로 후기 고딕의 장식성과 이탈리아의 전통이 혼합되어 있다. 크고 작은 창문과 정문에 사용된 페디먼트 장식은 고전적 요소의 혼합을 보여주는데, 이런 창문 형식은 르네상스 건축에서 본격적으로 나타난다. 성당 외부의 부연부벽은 수많은 작은 첨탑들과 함께 구조적 역할보다는 장식적인 효과를 위해 사용되었다. 전면의 수많은 첨탑과 조각들도 이때 첨가된 것이다. 이 성당은 고딕 양식의 수직성과 롬바르디아 전통의 수평성이 절충된 형태가 특징적이고, 14세기에서 20세기에 이르는 조각품이 엄청나게 많다는 점 또한 주목할만 하다. 성당 지붕에 올라가면 첨탑 위의 조각들을 가까이에서 볼 수 있다. 교차부 첨탑 꼭대기의 황금 마돈나상은 1774년 이탈리아 조각가 주세페 페레고(Giuseppe Perego, 1701-1800)의 작품으로 밀라노의 상징이 되었다. 또한 이 성당에는 55개의 기념비적인 스테인드글라스 창문이 있는데, 15세기 초부터 20세기 말에 이르는 유리 예술의 역사를 잘 보여준다.

밀라노 대성당 황금 마돈나 상

성당의 구조는 5랑식 바실리카 형식으로 회중석의 전체 폭은 72.9m이고, 중랑의 높이는 45m로 거대한 규모를 자랑한다. 교차부 첨탑의 높이는 107m이다. 성당은 높이도 높지만, 높이에 비해 폭도 넓다. 성당의 내부는 거대한 공간에 비해 어두운 편이다. 중랑뿐만 아니라 측랑의 폭도 넓은 데다 측랑이 좌우로 두 개나 있어 밝은 빛이 중랑에 도달하기가 어렵다. 또한 측랑이 높아 중랑벽 위쪽의 채광창이 높고 작기 때문에 외부의 빛이 덜 들어올 수 밖에 없다. 더구나 조도가 충분하지 않은 상태에서 반투명의 스테인드글라스는 오히려 빛을 가로막는 요소로 작용한다. 처음부터 실내 조도는 관심 밖의 일이었고, 중요한 것은 거대한 규모였다

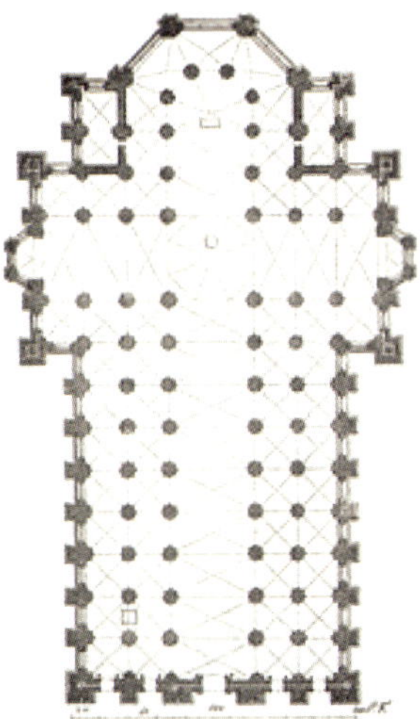

밀라노 대성당 평면도

밀라노 대성당 내부

밀라노 대성당 동쪽 외관 / 내부 바닥 장식

는 것을 말해준다. 그러나 후진 뒤로 각진 형태의 주보랑을 두었는데, 이곳에는 큰 창문을 두어 많은 빛이 들어오도록 하였다. 바닥의 기하학적 장식은 1577년 이 성당의 수석건축가로 임명된 펠레그리노 티발디(Pellegrino Tibaldi, 1527-96)가 디자인한 것이다. 성당 바닥은 꽃무늬로 화려하게 꾸며졌는데, 성당 바닥을 이렇게 장식한 것은 오늘날과 달리 회중석에 의자가 놓이지 않고 툭 트여 있었기 때문이다. 종교개혁 이전에는 신도들이 회중석 바닥에 서서 미사를 드렸다.

# 7 르네상스 : 15-16세기 교회건축

파치 경당, 1425-28년 설계 / 1465년경 완공, 이탈리아 피렌체

## (1) 르네상스 건축

르네상스(Renaissance)는 대체로 14세기부터 16세기에 걸쳐 유럽에 나타난 문화운동을 일컫는다. 르네상스라는 말의 어원이 이탈리아어로 부활이나 재생을 의미하는 '리나시타(rináscita)'에서 비롯되었다는 사실에서 알 수 있듯이, 르네상스는 고대의 그리스 로마 문화를 이상으로 삼아 이를 부흥시킴으로써 새로운 문화를 창출하고자 하였다. 이 운동은 14세기 후반부터 15세기 전반에 걸쳐 이탈리아에서 시작되어 16세기에는 알프스를 넘어 북유럽으로까지 전파되어 근대 유럽문화의 형성에 기여하였다. 그러나 르네상스 건축의 경우 15-16세기 내내 이탈리아가 절대적 우위를 보였고, 알프스 이북에서는 르네상스 건축이 늦게 시작되거나 장식어휘를 중심으로 부분적으로 받아들여졌다. 알프스 이북에서는 고딕의 전통이 15세기까지 계속되었고, 고전주의가 이교적이라는 인식이 뿌리 깊게 자리잡고 있었기 때문에 교회건축에서 르네상스가 쉽게 받아들여지지 않았다.

르네상스의 이상을 한마디로 하면 휴머니즘, 즉 인본주의라고 할 수 있다. 그러나 르네상스가 아무리 인간중심주의를 추구했다 하더라도 그 시기 유럽인들에게 있어 그리스도교는 여전히 세상의 중심이었다. 르네상스의 진정한 의미는 그리스도교를 대체한 것이 아니라 인본주의라는 새로운 관점에서 그리스도교를 재해석한 데에 있다고 할 수 있다. 르네상스 건축에서도 고전에서 비롯된 인간중심적 세계관에 기초해 인간을 위한 건축을 추구하였다. 르네상스의 인본주의 건축은 무엇보다 고대의 이상이었던 조화와 균형을 중시하면서 비례라는 수학적 개념을 새롭게 도입하고, 기하학과 투시도법 같은 새로운 수학적 방법론을 도입함으로써 중세와는 다른 새로운 양식을 탄생시켰다. 또한 로마 건축가 비트루비우스의 저서 『건축 10서』(1415년경에 재발견되어 1484년에 초판이 간행되었다)와 로마 유적을 재해석하는 과정에서 인간중심의 스케일과 공간 구성이라는 르네상스의 건축적 특징이 형성되었다.

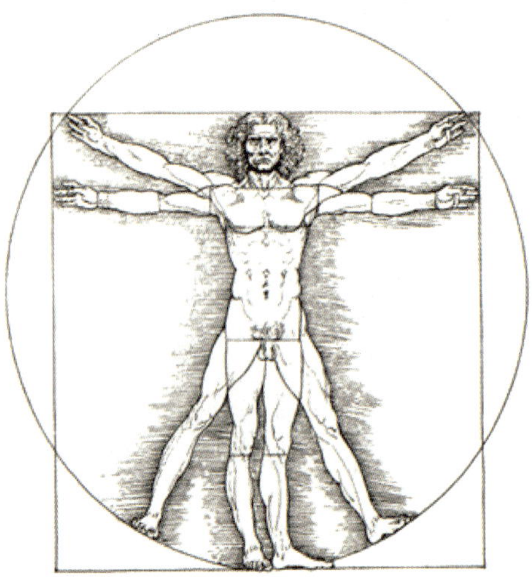
비트루비우스적 인간, 레오나르도 다 빈치

고전이 새로운 시대를 대표하는 문명 매개로 자리 잡으면서 고전주의가 부활하였고, 이탈리아가 유럽문화의 중심지로 떠올랐다. 이 시기 이탈리아에서 이루어진 상업자본의 발달과 과학

기술의 발전은 르네상스 건축에서 고전주의가 자리 잡는데 중요한 역할을 하였다. 도시의 시민계급들은 현세성과 실용성이라는 르네상스적 가치를 고전주의에서 찾았고, 건축 장인들의 현장 기술은 인문학 이론과 동등한 독립적 가치를 획득함으로써 고전주의를 구성하는 양대 축인 이론과 실무가 하나로 합쳐지게 되었다. 이와 함께 건축 장인을 비롯한 예술가들의 위상도 높아졌다.

## (2) 르네상스 건축의 시작

피렌체 대성당

르네상스 건축은 이탈리아 중부 피렌체의 〈피렌체 대성당〉에서 시작되었다는 것이 정설이다. 이 성당의 본당은 아르놀포 디 캄비오(Arnolfo di Cambio, 1240?-1310?)의 설계로 1296년에 착수했으나, 1302년 캄비오가 사망한 후 여러 차례 공사가 중단되었다. 1418년 돔과 정면 파사드를 빼고는 거의 완공된 상태에서 그동안 기술상의 문제로 미완성인 채 남아있던 돔을 올리기 위해 공모전이 실시되었다. 지상 55m 높이에 지름 42m의 돔을 얹는 대공사였다. 로마 〈판테온〉의 경우 43.6m의 돔을 지탱하기 위해 벽 두께가 6m가 넘었고 벽체도 모두 콘크리트로 되어 있었으나 〈피렌체 대성당〉은 벽체가 이미 석조로 완공된 상태였기에 그 위에 판테온식 돔을 올리는 것은 불가능했다. 이 때문에 돔 건축을 위한 공모전이 실시된 것이었다.

필리포 브루넬레스키(Filippo Brunelleschi, 1377-1446)는 〈피렌체 대성당〉에 부속된 '성 요한 세례당'의 조각 공모전에 낙선한 후 로마로 가서 〈판테온〉 등 고대의 건축과 기념물들을 연구한 후, 〈피렌체 대성당〉의 돔 건축을 위한 획기적 제안을 통해 공모전에 당선되었다.

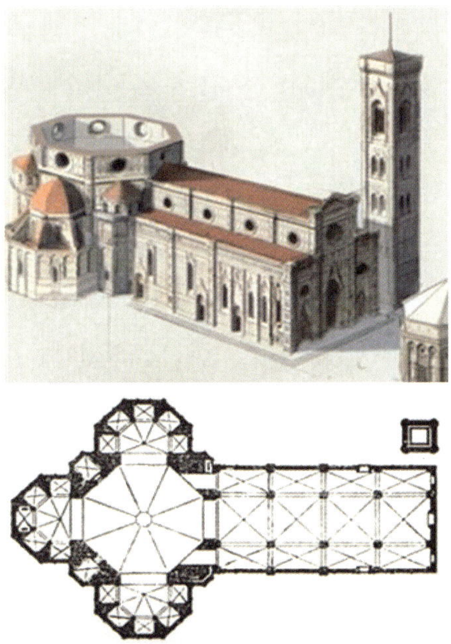

피렌체 대성당 구조

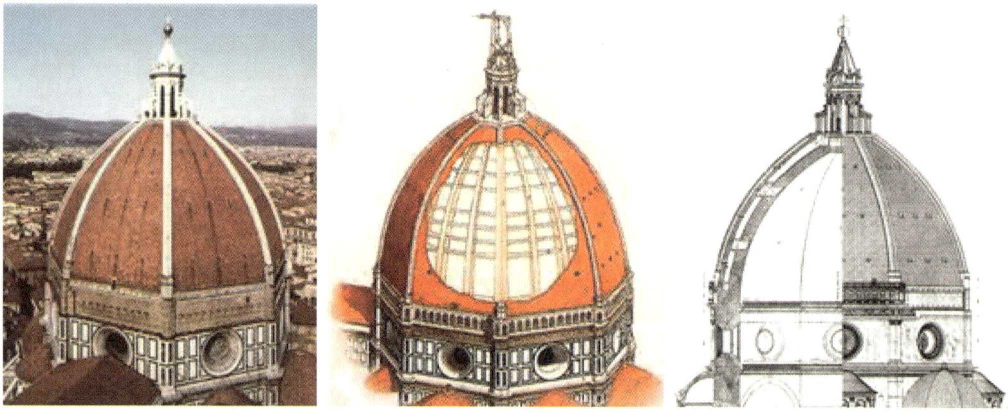

피렌체 대성당 돔 구조

그는 이 성당에서 그동안 거의 잊혀졌던 거대한 돔 양식을 시도했는데, 관건은 돔의 전체적인 무게를 줄이는 것이었다. 이를 위해 그는 우선 24개 늑재로 뼈대를 구성하고 안팎의 두 개의 돔을 서로 얽어매는 '이중각(이중돔)' 구조를 도입하였다. 두께 2.3m의 안쪽 돔과 두께 1m의 바깥쪽 돔 사이에 이음벽을 두어 서로 지탱하도록 했고, 이를 계단 삼아 오르내릴 수 있도록 해 작업의 편의성도 높였다. 지금도 성당 왼쪽 입구에서 436개 계단을 통해 돔 위로 올라갈 수 있다. 돔 아래쪽은 석재로 쌓고 위쪽은 좀 더 가벼운 벽돌로 쌓았는데. 이때 벽돌을 수평과 수직으로 교차시키는 이른바 '해링본 쌓기' 기법을 사용해 무게를 분산시켰다. 돔의 기부는 링으로 조여 돔의 파열을 방지하였다. 수많은 우여곡절을 거치며 16년만인 1436년 마침내 전체 높이 136m, 추정 중량 2만5천 톤의 돔이 완성되었다. 이 돔이 갖는 명쾌하고 단순한 조형미는 르네상스의 도래를 예고하는 것이었다.

피렌체 대성당 돔 내부

돔 위 20m 높이의 정탑은 1461년에 미켈란젤로(Michelangelo Buonarroti, 1475-1564)가 완성한 것이다. 마지막으로 1472년 베로키오(Andrea del Verrocchio, 1435-88)가 정탑 위에 청동 성물함을 올림으로써 공사가 마무리되었다. 돔 내부의 프레스코화 '천지창조'는 1568년 조르조 바사리(Giorgio Vasari, 1511-74)

가 그리기 시작해 1579년 타데오 주카로(Taddeo Zuccaro, 1540-1609년경)가 완성하였다.

## (3) 이탈리아의 르네상스 건축

이탈리아는 유럽의 다른 지역에 비해 봉건제도가 미약했기 때문에 비교적 빨리 시민사회를 형성할 수 있었고, 십자군 전쟁 이후 재개된 지중해무역의 중심지로서 어느 나라보다도 도시가 발달해 있었다. 또한 이탈리아는 지리적으로 비잔틴과 가까워 십자군 원정 이후 비잔틴의 학자들이 많이 유입되어 여러 도시에 고전 문화가 전파되었다. 이런 상황에서 이탈리아의 각 도시국가들은 축적된 부를 바탕으로 서로 앞을 다투어 예술과 문화 분야에 투자함으로써 자신들의 자부심을 표현하고자 하였다. 많은 도시국가 중에서 가장 선두적인 곳이 메디치(Medici)가가 있던 피렌체였다. 새로운 부흥의 시대를 이룩하려는 이탈리아인들의 희망은 15세기에 들어와 부유한 상업도시 피렌체를 중심으로 꽃을 피우게 되었다. 이 시기 이탈리아 건축을 주도한 사람은 브루넬레스키와 레온 바티스타 알베르티(Leon Battista Alberti, 1404-72)였다.

그러나 16세기에 들어서면서 르네상스의 중심지는 피렌체에 이어 로마로 이동하게 된다. 아비뇽 유수 이후 위엄을 잃었던 교황의 권위가 살아나면서 〈성 베드로 대성당〉을 신축하는 등 로마의 재건작업이 활발하게 진행되었다. 특히 바티칸이 로마의 중심지로 부각되었고, 로마는 그리스도교의 수도로서 종교적 권위를 회복함으로써 서유럽의 중심지로 부상하였다. 이 시기 도나토 브라만테(Donato Bramante, 1444?-1514)는 로마를 건축의 중심지로 만들면서 전성기 르네상스 건축의 문을 열었다. 전성기 르네상스 건축가들은 건축을 하나의 예술작품으로 만들고자 하였다. 그들은 건물의 쓰임새와 상관없이 완벽한 비례와 균형의 아름다움, 조화 그 자체가 만들어내는 장대함을 중시하였다. 따라서 중앙집중식을 가장 이상적인 건축으로 선호하였다.

### 성 로렌초 성당

브루넬레스키의 르네상스적 건축 이상은 피렌체의 〈성 로렌초 성당〉(1421- )에서 잘 드러난다. 메디치가의 가족 경당으로 유명한 이 성당은 피렌체에서 가장 오래된 성당 중 하나로, 브루넬레스키의 설계를 바탕으로 재건축한 것이다. 1446년 브루넬레스키가 죽은 뒤에는 안토니오 마네티(Antonio Manetti, 1423-97)가 이어받아 공사를 진행했지만 정면 파사드는 마무리하지 못했다. 그 후 교황 레오 10세가 미켈란젤로에게 대리석 외관을 의뢰했으나 교황이 계획을 변경하는 바람에 건축을 포기하였다. 미켈란젤로가 계획했던 정면 파사드의 나무 모델이 전해지고 있는데, 여기서 그는 수직과 수평의 조화를 추구하고 있다. 지금도 이 성당의 정면 파사드는 미완성인 채로 남아있다.

성 로렌초 성당

성 로렌초 성당 미켈란젤로 모델

## 성 로렌초 성당 구조와 구성

〈성 로렌초 성당〉은 브루넬레스키가 모든 디자인을 시도한 최초의 작품으로 르네상스 건축의 발전에 있어 이정표로 간주되는 중요한 건축물이다. 이 성당에서 브루넬레스키는 로마의 고전 모델을 기반으로 코린트식 원주와 아치 및 엔태블러처의 통합 시스템을 사용하고 있다. 이 성당은 3랑식 바실리카로서 측랑 바깥쪽에 다시 경당을 두는 라틴십자형 구조이다. 중랑의 천장은 초기 바실리카식처럼 평천장으로 처리하였고 측랑은 궁륭으로 처리하였다. 교차부에는 돔을 두었데, 드럼이 없이 곧바로 팬던티브 돔을 올려

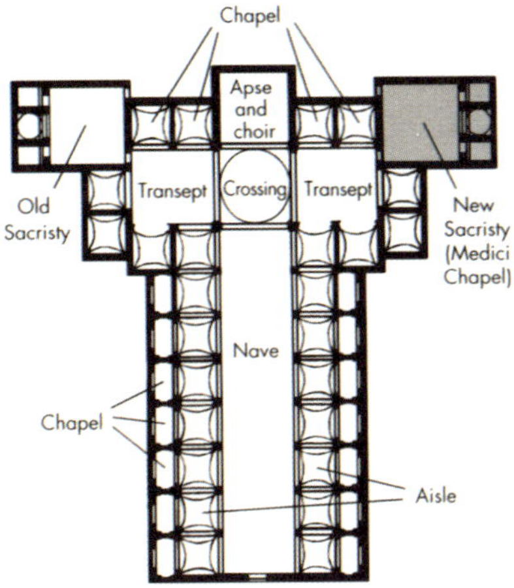


성 로렌초 성당 평면도

성 로렌초 성당 돔 내부

드럼 창에서 들어오는 빛이 없기 때문에 돔 안의 조도가 밝지 못하고 다만 돔 중앙의 작은 원형창(oculus)을 통해서만 빛이 들어온다. 이 성당은 전체적으로 반원형과 사각형을 대비해가며 짜맞춘 대담한 조화가 특징이다.

브루넬레스키는 이 성당을 개축하면서 수학적 비례와 균형을 통해 질서정연한 기하학적 선명성과 논리를 도입하였다. 열주들의 기둥 간격을 기본 단위로 1이라 할 때, 중랑의 폭은 2, 측랑 폭은 1, 중랑의 높이는 8, 측랑의 높이는 4이다. 그리고 측랑 쪽 경당의 깊이는 1/2이다. 이와 같이 모든 것들이 수학적 비례관계로 정확히 맞추어져 있기 때문에 각 건축 요소들을 서로 연결해 보면 소실점이 주 제단에 위치한다. '일점 투시도법'이라고도 불리는 선원근법(linear perspective)의 원리가 정확하게 적용되고 있는 것이다. 일반적으로 브루넬레스키가 선원근법을 고안해 낸 것으로 인정되고 있는데, 〈성 로렌초 성당〉의 내부를 보면 그가 선원근법을 고안하게 된 배경을 이해할 수 있다. 건축에서 볼 수 있는 이러한 선원근법의 원리는 마사치오(Masaccio, 1401-28) 등 동시대 화가들에게 전해져 르네상스 회화

성 로렌초 성당 내부

의 전성기를 열게 되었다.

그러나 이 성당은 평면 구성에서 아직 통일성이 완벽하게 구현되지는 못했다. 성당은 전실이 없이 곧바로 안으로 진입하게 되어 있는데, 측랑을 따라 익랑에 도달하면 익랑으로 넘어가는 부분에서 막히는 바람에 그 흐름이 끊어지는 불일치가 나타난다. 익랑에도 측랑을 두기는 했지만 서로 어긋나고 있다. 게다가 익랑 쪽에 제의실을 두어 전체적으로 특이한 구성을 보여준다. 왼쪽 익랑에 붙어 있는 구 제의실은 브루넬레스키가 설계한 것이고 오른쪽 익랑에 붙어 있는 신 제의실과 2층의 '라우렌치아나 도서관(메디치가 출신의 교황 클레멘스 7세가 메디치가의 고문서를 보관하기 위해 설립했다)'은 미켈란젤로의 작품이다. 구 제의실은 정사각형 공간에 돔을 얹는 중앙집중식 구조이다. 신 제의실은 구 제의실과 짝을 이루는 공간으로 큰 정사각형의 중심 공간, 세 개의 작은 정사각형 부속실, 팬던티브 돔을 얹은 중앙집중형, 대리석을 이용한 색채효과, 오더를 이용한 장식 등에서 구 제의실의 구성을 따르고 있다. 그러나 미켈란젤로는 공간 처리에서 돔을 받치는 드럼의 높이를 구 제의실에서보다 두 배 정도 확장함으로써 수직성을 강화하는 등 자신만의 독창성을 가미하였다.

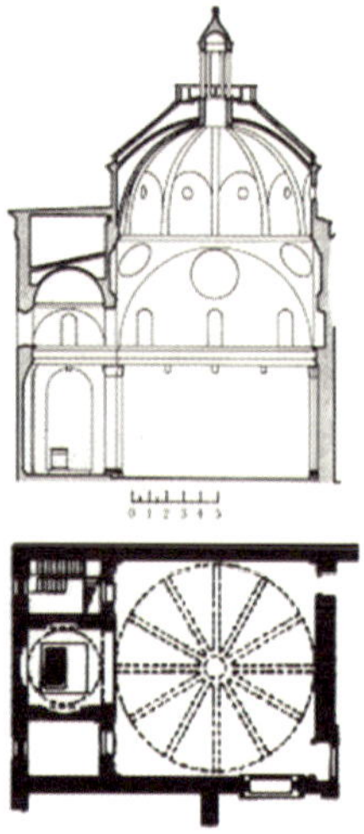

성 로렌초 성당 구 제의실

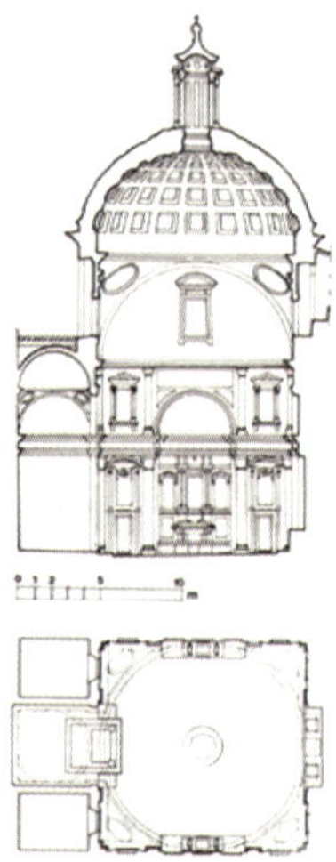

성 로렌초 성당 신 제의실

## 파치 경당

파치 경당

〈파치 경당〉(1425-28 설계, 1465년경 완공)은 브루넬레스키 건축의 특징이 잘 나타난 건물이다. 〈파치 경당〉은 피렌체의 〈산타 크로체 성당〉의 남쪽 측면 회랑에 위치한 파치가의 가족 경당이다. 이 경당은 규모는 작지만 르네상스 건축의 걸작이자 피렌체의 그 많은 역사적 건축물 중 최고의 건축으로 꼽힐 정도로 아름다운 건물이다. 그런데 근래에 들어 학자들 사이에서는 이 경당이 브루넬레스키의 작품이 아니라 지울리아노 다 마이아노Giuliano da Maiano(1432-90)의 작품으로 간주되기도 한다. 이 경당이 브루넬레스키의 작품으로 인정되는 가장 일반적인 주장은 〈성 로렌초 성당〉의 구제의실과 유사하다는 것이다. 그러나 그의 건축 스타일의 발전 과정으로 보았을 때 20여 년 후에 완공된 〈파치 경당〉은 오히려 역행하고 있다는 점에서 그의 작품이 아니라는 주장이 제기되었다. 그럼에도 불구하고 이 경당은 단순한 기하학적 형태, 정사각형과 원에 기반을 둔 기획 아이디어 등에서 최소한 브루넬레스키가 설계했을 것으로 여겨지고 있다.

## 파치 경당 구조와 구성

〈파치 경당〉 정면 파사드는 첫눈에 단순하고 분명하며 간결한 구조가 돋보이는데, 이것은 브루넬레스키 건축의 특징이자 르네상스가 추구하는 인간중심주의적 세계관을 구현한 것이라 할 수 있다. 우선 이 경당은 규모가 아담해 위압적이지 않고 편안해 보인다. 또한 보는 사람의 입장에서 건물의 통일성을 추구하고 있다. 가운데 큰 원형아치를 통해 현관 출입문을 강조하고, 그 출입문을 중심으로 코린트식 원주가 세 개씩 대칭으로 배열되었다. 수직적인 기둥에 수평의 엔태블러처를 적용해 변화를 줌으로써 수평과 수직이 조화를 이루고 있다. 위쪽 벽에도 수평과 수직이 교차하는 장식을 사용했는데, 십자형태의 창살을 가진 창문처럼 보인다.

경당 안쪽 벽에서도 동일한 구성이 반복(물론 납작 기둥이지만)되어 통일성 있는 일관된 장식 효과가 나타나고 있다. 안쪽 입구문은 삼각형 박공으로 장식되었는데, 이는 신전 양식을 응용한 것으로 르네상스 건축에서 흔히 볼 수 있는 것이다. 입구문 양쪽에는 아치 창을 두 개씩 끼워 넣었다. 입구문 앞의 '포르티코(portico)'라 불리는 열주랑의 천장은 가운데 팬던티브 돔을 중심으로 좌우에 원통형 궁륭이 있는 구조이다. 이러한 구조는 내부에서도 반복된다.

파치 경당 포르티코 천장

파치 경당 내부

경당의 외부 모습처럼 내부 또한 단아한 분위기가 느껴진다. 외부에서 보았던 장식 요소들이 내부에서 그대로 반복되고 있다. 둥근 아치, 수직적 기둥과 수평적 아키트레이브 등이 반복되어 내 외부가 유기적으로 연결되어 있고, 두터운 띠줄을 이용해 내부 공간의 수평과 수직 형식을 하나로 통일시키고 있다. 일정한 크기의 정사각형과 직사각형이 규칙적으로 배열되어 기하학적 조화를 이루고 있는데, 정확한 수학적 비례와 균형의 원리를 도입했기 때문에 공간이 정돈되어 보이고 작은 규모에 비해 넓어 보인다.

〈파치 경당〉은 중앙집중식 구조 개념이 도입된 르네상스 최초의 건축이다. 전체적인 평면은 황금비례를 적용한 직사각형 구조이다. 그러나 자세히 보면 정사각형 공간 위에 돔을 얹고, 그 좌우에 직사각형 공간을 덧붙이는 형식이다. 정사각형 평면 위에 아치를 세우고 그 위에 팬던티브 돔을 얹는 중앙집중식이 도입된 것이다. 돔 내부는 12개의 늑재로 구성되었는데, 이는 12사도를 가리킨다. 돔 아래 팬던티브에는 네 명의 복음사가가 원형의 테라코타로 장식되었다. 사도들을 묘사한 내부 벽면의 원형 장식과 입구 포르티코의 장식과 함께 루카 델라 로비아(Luca della Robbia, 1400-82)의 작품이다.

파치 경당 돔 내부

〈파치 경당〉 이후 르네상스 건축에서는 중앙집중식을 선호하게 된다. 중세 때 중앙집중식은 동방 정교회를 대표하는 교회 형식이었지만, 서방에서는 로마의 황제교황주의 전통을 잇는 상징적 공간이거나 로마에 대한 독일 교회의 독자성을 강조하는 의미를 갖는 것이었다. 그러나 르네상스 때에는 신플라톤주의의 영향으로 중앙집중식이 가톨릭교회를 대표하는 공간 형식으로 등장하게 된다. 신플라톤주의는 플라톤의 '이데아(Idea)'를 '일자(一者, Hen)'에 대응시켜 일자를 만물의 근원적인 존재로 파악하였다. 가톨릭교회에서는 이러한 신플라톤주의를 받아들여 일자를 신으로 대체함으로써 신의 존재를 증명하고자 하였다. 건축에서 중앙집중식은 이러한 신의 존재를 건축적으로 표현한 것이라 할 수 있다. 그러나 당시 중앙집중식이 선호된 것은 무엇보다 중앙집중식이 르네상스의 이상인 완벽한 조화와 균형을 구현하고, 완벽한 우주의 표현이라는 상징성 때문이었다. 고전의 부활을 꿈꾸는 건축가들에게 있어 중앙집중식은 매혹의 대상이었지만, 성직자들의 입장에서는 교회 의식과의 불일치 때문에 반기지 않는 분위기였다. 이로 인해 등장한 것이 중앙집중형 공간과 전통적인 선형 공간을 결합한 절충형이었다. 그리스십자형을 기초로 한쪽 팔 부분을 길게 확장하거나 라

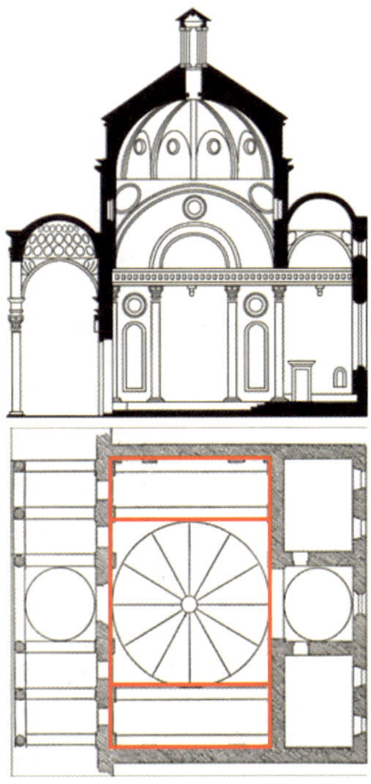

파치 경당 구조

틴십자형 교차부에 돔을 얹는 방식 등이 이 시기에 유행한 교회 형식들이다. 〈파치 경당〉의 경우는 교회 의식과는 무관해 보이지만, 직사각형 공간에 돔을 얹는 일종의 절충적 방식을 선취했다고 할 수 있다.

〈파치 경당〉에 사용된 건축 요소는 사실 새로운 것이 아니다. 기둥의 오더는 고대 로마의 것이고, 중앙에 아치를 두고 양쪽에 수평의 엔태블러처를 두는 구성은 로마 개선문에서 비롯된 것이다. 기와지붕은 로마의 민가에서 온 것이고, 원통형 궁륭은 고대 로마와 로마네스크에서 가져온 것이다. 팬던티브 돔은 비잔틴에서 왔고, 중앙의 돔을 12개의 늑재로 구성한 것은 고딕에서 비롯된 것이다. 이 경당은 과거의 전통을 이어받아 독창적인 구조로 통합하고 있는데, 이것이 브루넬레스키가 창안한 르네상스 건축의 중요한 특징이라고 할 수 있다. 이러한 건축 방식은 그 후 500년간 서양 건축에 절대적인 영향을 미쳤다.

## 성 안드레아 대성당

이탈리아 북부 만토바의 〈성 안드레아 대성당〉(1472-1800?)은 '르네상스 건축의 완성자'라 불리는 알베르티의 작품이다. 알베르티는 인문학적 소양을 바탕으로 건축과 예술에 관한 많은 이론서를 출간하였다. 그는 법학, 고전학, 수학, 시학은 물론 회화와 조각, 음악과 운동경기 등 다방면에 뛰어난 실력을 가진 이른바 '르네상스적 천재'였다. 특히 비트루비우스의 『건축 10서』를 모범으로 삼아 1450년에 출간한 『건축론』 10권은 건축가로서의 경험과 미학적인 원리를 정리한 것으로, 그의 건축 이론은 후대에까지 많은 영향을 미쳤다. 그는 만토바의 도시개발을 주도하면서 만토바의 르네상스를 이끌었을 뿐 아니라, 여러 지방을 돌아다니면서 활동한 까닭에 르네상스가 이탈리아 전역으로 확산되는 데에도 크게 기여하였다.

성 안드레아 대성당

〈성 안드레아 대성당〉은 1472년에 알베르티의 설계에 따라 베네딕토 수도회의 부지에 짓기 시작해 300여 년 후인 1800년경에 최종적으로 완공되었다. 성당 옆의 첨탑은 1414년에 세워진 수도원의 종탑이다. 이 성당은 알베르티 사후에 완공되었기 때문에 어디까지가 알베르티의 안인지에 대해서는 의견이 분분하다. 그럼에도 불구하고 이 성당은 전체적으로 보아 알베르티의 경향과 사상을 종합적으로 구현하고 있다는 평가를 받는다. 이 성당은 르네상스 고전주의의 대표작이자 15세기 교회건축의 본보기로서 17-18세기까지 많은 영향을 미쳤다.

성 안드레아 대성당

## 성 안드레아 대성당 구조와 구성

〈성 안드레아 대성당〉의 정면 파사드는 신전과 개선문 형태를 응용하고 있다. 신전 건축처럼 네 개의 기둥(사각 붙임기둥) 위에 수평의 엔태블러처를 올리고, 삼각형 페디먼트로 마감하였다. 개선문처럼 기둥과 기둥 사이에 둥근 아치를 사용하였고, 정면 좌우의 벽면은 아치형태의 장식을 통해 3층으로 구성하였다. 정면은 높이와 폭을 동일한 크기로 맞추었는데, 이는 완벽한 대칭구조를 이루도록 하기 위한 것이다.

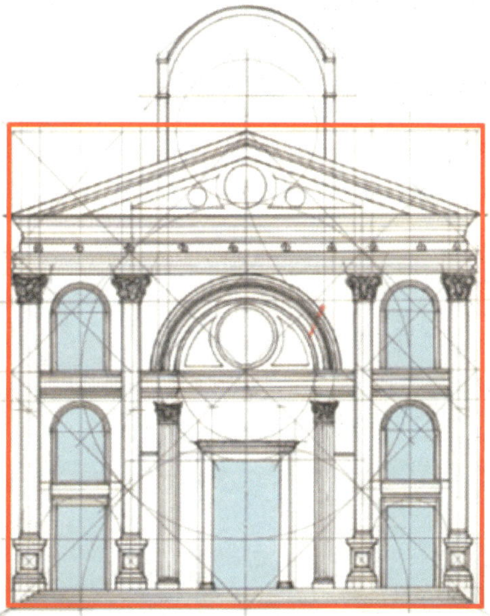

성 안드레아 대성당 정면 비례

〈성 안드레아 대성당〉의 평면은 전체적으로 라틴십자형을 취하고, 교차부에 돔을 설치한 구조이다. 기존 라틴십자형 평면과 다른 점은 성당

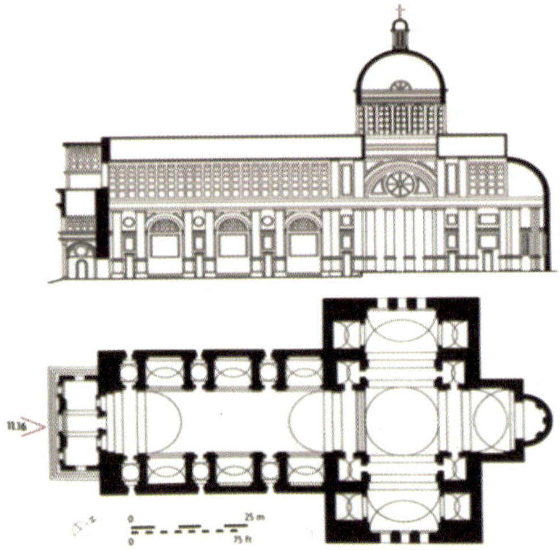

성 안드레아 대성당 구조

성 안드레아 대성당 내부

성 안드레아 대성당 돔 내부

내부의 선형 공간인 측랑을 종방향으로 길게 트지 않고, 독립 공간의 경당으로 구획했다는 것이다. 이는 선형성을 줄이고 중앙집중성을 강화하기 위한 조치이다. 주지하듯이 르네상스 시기에 중앙집중식은 완벽한 조화와 균형을 구현하고, 완벽한 우주의 표현이라는 상징성을 가졌다. 따라서 르네상스 시기에는 고전적인 비례와 조화를 중시했기 때문에 중앙집중식이 선호되었다.

〈성 안드레아 대성당〉은 르네상스가 선호하는 중앙집중식에 라틴십자형의 선형 공간이 결합된 구조이다. 중앙집중식인 그리스십자형에서 한쪽 팔 부분이 길게 확장되었다고도 볼 수 있다. 거대한 교차부 중심의 중앙집중식 구성이라는 점에서 르네상스 종교건축의 전형이지만, 행렬의식을 고려하고 신도들을 위한 공간을 확보하기 위해 중랑을 길게 확장한 것이다.

성당의 천장은 원통형 궁륭으로 처리되었다. 이는 로마의 건축가 비트루비우스의 견해를 따른 것이다. 비트루비우스는 그의 저서에서 원통형 궁륭은 종교건축의 위엄과 영속성을 나타낸다고 하면서 종교건축에서는 필수적이라고 하였다. 그의 견해에 따라 교회건축의 위엄과 영속성을 위해 원통형 궁륭이 사용되었다. 중랑벽은 벽체로 처리되었는데, 중랑의 벽체는 궁륭의 하중을 버티는 역학적 기능을 할 뿐만 아니라 장식을 위한 바탕면을 제공하기도 한다. 교차부의 거대한 돔(1732-82)은 후기 바로크 건축가 필리포 주바라(Filippo Juvarra, 1678-1736)가 설계했는데, 드럼부의 창을 통해 많은 빛이 들어온다. 중랑 벽에 창이 거의 없고, 돔을 통해서만 빛이 들어오기 때문에 성당 안에 막 들어가면 실내가 어둡게 느껴지지만, 안쪽의 돔으로부터 밝은 빛이 들어와 신비로운 느낌을 자아낸다. 알베르티의 원래 의도는 이렇게 강한 빛이 들어오는 것을 꺼려했다고 한다. 그러나 그의 의도와 달리 빛의 효과가 너무도 극적이어서 빛을 이용하고자 했던 당시 바로크 건축의 특징이 잘 구현되었다고 할 수 있다.

〈성 안드레아 대성당〉은 초기 르네상스 건축의 완성을 상징하는 건물로, 알베르티의 건축 어휘들이 집대성되어 있다. 이 성당은 신전과 개선문 형태의 정면, 라틴십자형 교차부 위의 돔, 원통형 궁륭, 중랑의 벽체 구조 등이 결합되어 통일성과 다양성, 심미성과 축조성, 인본주의적 가치와 기념비성 등을 잘 통합하고 있다. 이 성당에서 완성된 르네상스 고전주의는 전성기 르네상스를 거치며 표준형으로 정착된다. 알베르티가 이 건물에서 창출한 성당 유형은 17세기 바로크를 거쳐 이후 유럽 교회건축의 한 전형으로 자리 잡는다.

## 성 베드로 대성당

4세기 성 베드로의 무덤 위에 건립된 〈구 성 베드로 대성당〉은 15세기에 이르러 재건축 시도가 이루어졌다. 교황 니콜라스 5세는 〈콜로세움〉 철거를 통해 건축 자재를 확보하고 일부 공사에 들어갔으나 별다른 성과를 거두지는 못했다. 1503년 교황에 오른 율리우스 2세는 건축 자금을 마련하기 위해 기부자에게 면죄부를 부여하는 등 성당 건축을 적극적으로 추진하였다. 새 성당의 건축은 〈템피에토〉(1502)의 설계로 명성을 얻은 브라만테에게 맡겨졌다. 〈템피에토〉는 성 베드로의 순교지를 기리는 '작은 신전'으로 건립된 경당으로, 로마의 원형 신전 위에 드럼을 얹고 그 위에 돔을 얹은 형태로 지어졌다. 이 경당은 전성기 르네상스

템피에토

성 베드로 대성당

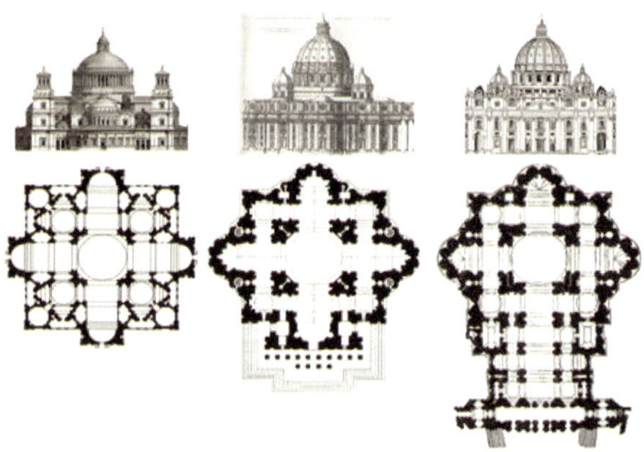

성 베드로 대성당의 설계 변화(브라만테 / 미켈란젤로 / 마데르노)

를 연 기념비적 건축이자 이후 지어지는 돔 건축의 모범이 되었다. 브라만테는 새로 건축할 〈성 베드로 대성당〉에서도 중앙집중식 교회를 구상한 것으로 보인다. 당시 만들어진 메달이나 스케치를 보면, 거대한 그리스십자형 홀 중심에 사방으로 대칭적인 건물을 배치하고 있다. 그러나 브라만테의 계획은 종교개혁의 발발로 실현되지 못했다.

〈성 베드로 대성당〉(1506-1667)은 브라만테 이후 완공되기까지 여러 명의 건축가를 거치게 된다. 150년 동안 무려 14명의 건축가와 20명의 교황을 거쳐야 했다. 브라만테는 그리스십자형의 중앙집중식 건물을 설계하고 1506년 공사에 들어갔으나 1515년 사망하는 바람에 라파엘로 산치오(Raffaelo Sanzio, 1483-1520)와 안토니오 다 상갈로(Antonio da Sangallo, 1483-1546)에게 넘어갔지만 곧 포기하였다. 1546년 71세의 미켈란젤로가 이를 이어받아 브라만테의 설계를 기본으로 구조를 단순화하고 중앙의 돔을 강조하는 방식으로 설계를 변경하였다. 미켈란젤로가 돔을 완성하지 못한 채 1564년 사망하자 자코모 델라 포르타(Giacomo della Porta, 1540susrud-1602)가 맡아 1590년 돔을 완성하였다. 그리고 한참 후인 17세기에 카를로 마데르노(Carlo Maderno, 1556-1629)가 미켈란젤로의 설계를 바탕으로 라틴십자형의 바실리카식 교회로 변경해 성당을 완공하였다.

## 성 베드로 대성당 구조와 구성

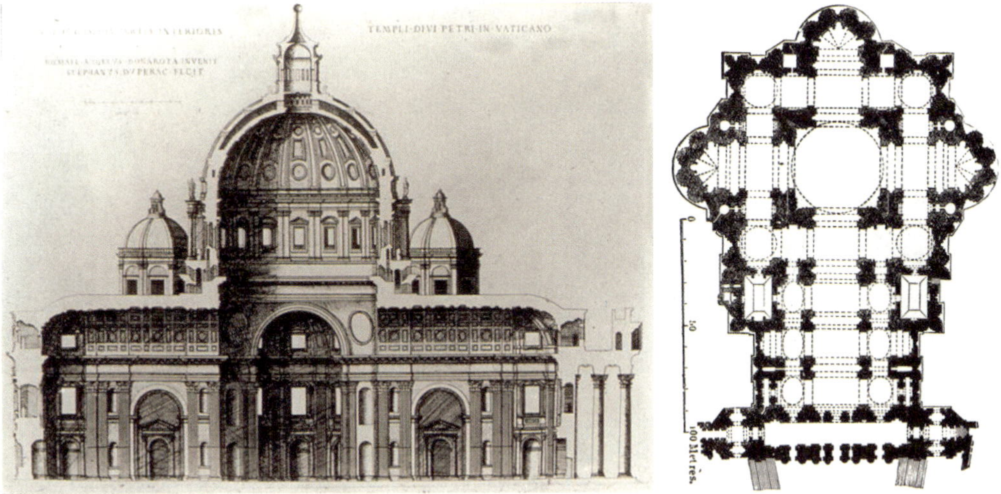


성 베드로 대성당 구조

현재 모습의 〈성 베드로 대성당〉은 대부분 미켈란젤로의 기본계획을 따른 것이라 할 수 있다. 미켈란젤로가 그리스 십자 형태의 중앙집중식 건물을 일부 완성해 놓은 상태에서 거기에 맞추어 설계를 변경한다는 것은 쉬운 일이 아니었다. 마데르노는 미켈란젤로 안을 바탕으로 라틴십자 형태의 〈구 베드로 대성당〉의 원형을 살려 중랑 부분을 길게 늘였다. 그 결과 오늘날의 라틴십자형 바실리카식 교회가 되었다. 이렇게 한 데에는 많은 신도를 수용하는 문제와 행렬의식을 중시하는 가톨릭교회의 의식 때문이었다. 그 외에도 당시 개신교 측에서 가

성 베드로 대성당

성 베드로 대성당 돔

성 베드로 대성당 돔 내부

톨릭교회와 구분하기 위해 중앙집중식 교회를 선호했기 때문에 가톨릭교회에서는 중앙집중식에 대해 부정적 입장을 취했는데, 이것이 설계변경에 결정적 영향을 미쳤을 것으로 보인다.

〈성 베드로 대성당〉의 웅장한 돔은 미켈란젤로가 설계한 것으로 브라만테 안의 반구형과 달리 좀 더 위로 솟구친 장반구형이다. 돔은 직경 42m에 이중각 구조로 〈피렌체 대성당〉의 돔에서 영향을 받은 것이라 할 수 있다. 구조적으로는 돔의 돌출 늑재가 돔의 무게를 지탱하면서 두 쌍의 원주로 이어져 무게를 분산시킨다. 아래쪽에서 보면 쌍 기둥이 만들어내는 강렬한 힘이 늑재를 타고 올라가 꼭대기 정탑까지 치솟는 느낌이 든다. 돔은 표면에 난 창문에서 보듯이 조형적 아름다움도 있지만, 반구형이 아닌 장반구형으로 만들어 우뚝 치솟는 느낌을 강조하고 있다. 지상에서 정탑까지의 높이는 140m이다. 미켈란젤로는 중앙에 우뚝 솟은 돔을 통해 가톨릭교회의 힘을 드러내 보이고자 하였다. 돔 내부의 밑 부분에는 "너는 베드로이다. 내가 이 반석 위에 교회를 세울 터인즉 ... 나는 너에게 하늘 나라의 열쇠를 주겠다."라는 마태오복음 16장 18-19절의 말씀이 새겨져 있다.

〈성 베드로 대성당〉의 내부는 로마의 〈일 제수 성당〉(1575-84년경)의 모습과 유사하지만, 길이 218m, 높이 137m에 수용 인원 6만 명, 제대 50개에 달하는 거대한 규모를 자랑한다. 천장은 원통형 궁륭을 사용했고, 중랑벽은 쌍 벽기둥처럼 보이지만 사실상 벽체이다. 중랑과 내진 사이의 루드 스크린은 설치되지 않았다. 중세 때에는 성직자의 공간과 신도들의 공간을 엄격히 구분하기 위해 중랑과 내진 사이의 루드 스크린을 설치했으나 트리엔트 공의회의 결의에 따라 루드 스크린을 없앰으로써 신도들이 제단에 더욱 가까이 접근할 수 있게 되었다. 측랑을 따라 경당들이 들어서 있는

성 베드로 대성당 내부

데, 좌우의 제법 큰 사각형의 경당은 '성체 경당(성체 조배실이라고도 한다)'과 '성가대 경당'이다. 일반적으로 기존의 개인 경당들은 부를 과시하기 하기 위해 다양하고 화려하게 꾸며졌지만, 이 성당에서는 비교적 단순화되고 획일화되었다.

돔 아래 교차부에는 '발다키노(baldacchino)'(1623-34)'가 설치되어 있다. 발다키노는 '천개'라는 뜻으로 장식 덮개, 닫집을 말하는데, 건축적으로는 '치보리움'이라고 한다. 베드로의 무덤 위에 설치된 발다키노는 교황의 제단을 천막처럼 덮고 있어 성당 내에서 시각적 초점 역할을 한다. 조각가이자 건축가인 잔 로렌초 베르니니(Gian Lorenzo Bernini, 1598-1680)가 청동으로 제작한 것인데, 당시 교황청 1년 총수입의 1/10에 달하는 제작비가 들었다고 전해진다. 대리석 기둥 위에 세워진 나선형의 청동 기둥은 꽃잎과 풀잎 조각으로 장식되었고, 처마는 문장이 새겨진 커튼 조각처럼 장식되었

성 베드로 대성당 성체 경당

성 베드로 대성당 발다키노

다. 처마 위 모퉁이에는 실물 크기보다 두 배 더 큰 네 명의 천사가 서 있고, 그 뒤에는 네 개의 큰 지지대가 두 번째 작은 처마 장식으로 이어지고, 이 처마 장식은 구체 위의 금색 십자가를 지지한다. 발다키노는 조각과 건축이 결합된 장식적이고 역동적인 바로크의 걸작으로 꼽힌다. 특히 나선형 기둥은 바로크의 상징으로 간주되어 이후의 건축이나 조각 등에서 차용되었다.

중앙 제단 뒤쪽에 자리한 '베드로 의자(Cathedra Petri)'도 베르니니의 작품이다. 베드로가 로마에서 선교 활동을 할 때 앉았던 나무의자의 조각들을 모아 5세기경 상아 장식의 의자로 만든 것을 베르니니가 그 의자 위에 청동을 입히고 금박으로 장식하였다. 교황의 권위를 상징하는 이 의자는 거대한 청동상들이 네 다리를 잡고 서 있는데, 앞쪽의 두 사람은 서방교회의 교부인 성 암브로시우스와 성 아우구스티누스이고, 뒤쪽의 두 사람은 동방교회의 교부인 성 요한 크리소스토무스와 성 아타나시우스로, 이들이 함께 한 것은 동서 교회의 통합을 의미한다. 그러나 서방교회의 교부들을 앞에 배치함으로써 주도권이 서방교회에 있음을 은근히 드러내고 있다. 의자 위쪽에서 황금빛을 내뿜고 있는 타원형 창은 대리석을 얇게 깎아서 만든 것으로, 한가운데에 새겨진 비둘기는 성령을 상징하고, 비둘기를 둘러싼 세 겹의 원은 삼위일체를 상징한다. 창이 12부분으로 나뉜 것은 예수의 12제자를 상징한다. 창 주변에는 천사들이 구름에 둘러싸여 있다.

성 베드로 대성당 베드로 의자

〈성 베드로 대성당〉의 정면 파사드는 1612년 당시 유행하던 바로크 양식으로 완성되었다. 마데르노는 바로크 성당의 표준형이라 할 수 있는 로마의 〈성 수산나 성당〉(1593-1603)의 예를 따르고 있지만, 이 성당에 비해 바로크 특유의 긴장과 활력은 떨어진다. 이는 무엇보다 돔이 중심이 되는 건축을 만들고자 했던 미켈란젤로의 의도를 살리기 위해 파사드의 높이를 낮추었기 때문이다. 그러나 성당 구조 자체가 라틴 십자형으로 바뀌는 바람에 성당 정면에서 보면 돔이 제대로 보이지 않는다는 점에서 마데르노의 노력에도 불구하고 미켈란젤로의 건축 의도가 제대로 살아나지 못했다고 할 수 있다. 또 다른 한 이유는 마데르노의 원래 안이 변경되었기 때문이었다. 마데르노의 안에 따르면 성당의 원래 모습은 가로 길이가 더 짧았는데, 교황의 요구에 따라 양옆에 종탑을 덧붙임으로써 원래의 비례와 달리 옆으로

성 베드로 대성당 정면

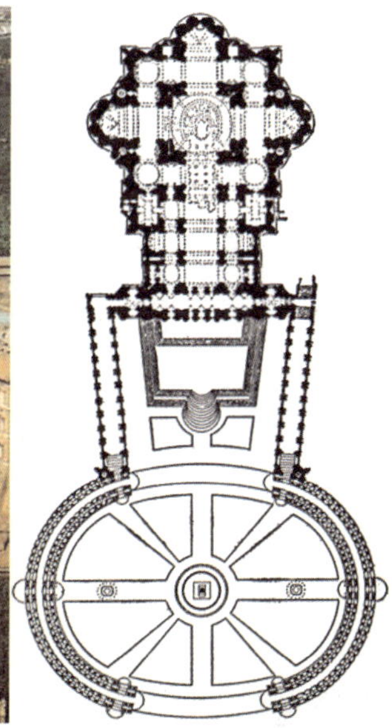

성 베드로 대광장 / 평면도

더 길어졌다. 이 바람에 바로크 특유의 집중성이 약화되고 말았다. 그러나 양쪽의 종탑도 공사 중 구조상의 문제가 발생해 높이를 낮춰 마무리되었다. 또한 바로크 성당에서는 사각 벽기둥과 반원형 벽기둥의 섬세한 음영 차이가 만들어 내는 리듬감과 짜임새 있는 균형감이 중요한데, 반원형 벽기둥을 중앙에 너무 많이 배치해 리듬감과 균형감도 약화되었다.

〈성 베드로 대성당〉 앞의 대광장은 '발다키노'를 제작한 베르니니가 설계해 12년 만에 완공하였다. 베르니니는 오랜 세월 계속된 〈성 베드로 대성당〉 건축을 최종적으로 마무리한 사람이다. '성 베드로 대광장'은 두 개의 광장으로 이루어져 있다. 성당 바로 앞쪽의 작은 광장이 '레테 광장'이고, 타원형의 큰 광장이 '오브리쿠아 광장'이다. 광장은 전체적으로 완만하게 경사지도록 설계되었는데, 이는 성당을 좀 더 부각시키는 효과와 함께 성당 앞에서 거행되는 종교의식이 잘 보이도록 하기 위한 것이었다. '레테 광장'은 대성당 정면 파사드와 광장 건축과의 비례관계를 고려해 사다리꼴 형태를 취하고 있는데, 이는 넓은 파사드를 좁게 보이게 만들고 미켈란젤로의 돔을 강조하는 효과가 있다.

타원형의 큰 광장인 '오브리쿠아 광장'은 타원과 거대한 기둥이 핵심 아이디어였다. 가로 195m, 세로 140m의 타원을 옆으로 배치해 안정적인 고전적 분위기를 연출한다. 타원형은 바로크를 대표하는 도형이라는 상징성을 갖는다. 광장에서 의식이 거행될 때 공간적 효율성을 높이기 위한 기능적 측면도 고려되었다. 어느 곳에서 보든 제단이나 교황의 발코니가 잘 보이도록 한 것인데, 사각형으로 할 경우 구석이 생겨 공간의 효율성이 떨어진다. 광장 주위에는 '콜로나데(colonnade)'라 불리는 거대한 기둥들이 4열로 늘어서 커다란 회랑을 이룬다. 18m 높이의 328개 기둥이 숲을 이루며 광장을 에워싸고 있다. 열주 회랑 위에는 142개 성인상이 설치되었다. 광장 중앙의 오벨리스크는 37년 로마의 칼리큘라 황제가 이집트에서 가져와 '칼리큘라 경기장'에 세운 것으로, 그리스도교와는 무관하다. 칼리큘라 경기장은 나중에 '네로 경기장'으로 이름이 바뀌었는데, 이곳에서 베드로가 순교했다고 전해진다. 베드로의 무덤은 경기장 밖, 지금의 대성당 자리에 있었다. 대광장은 베드로의 순교지를 상징하듯이 열쇠 구멍 모양으로 설계되었다. 팔을 벌려 성당으로 들어오는 순례자를 맞

성 베드로 대광장 콜로나데

는 것처럼 보이기도 한다. 오벨리스크 왼쪽과 오른쪽에 분수가 있는데, 분수는 바로크 광장에서 거의 필수적으로 등장하는 소재이지만, 여기서는 본당 앞 중정에 분수를 두었던 초기 바실리카식 교회의 전통을 되살린 것이라 할 수 있다.

## (4) 프랑스의 르네상스 건축

14세기 후반 이탈리아에서 시작된 르네상스는 15세기 말부터 알프스를 넘어 유럽 전역으로 퍼져 나갔다. 알프스 이북에서 전개된 르네상스를 일반적으로 '북유럽의 르네상스'라고 한다. 북유럽의 르네상스 건축은 프랑스에서부터 시작되었다. 15세기 말에서 16세기 전반기에 이르기까지 프랑스 왕들은 나폴리와 밀라노의 왕위계승 문제로 수차례에 걸쳐 이탈리아 원정에 나섰다. 그 결과 이탈리아의 발달된 문화 예술 및 생활양식들이 프랑스로 밀려 들어와 르네상스를 개화시켰다. 특히 프랑수아 1세는 이탈리아 건축가들을 초청해 건축에 열을 올림으로써 16세기 후반에는 고딕 양식에서 완전히 벗어나 프랑스 고유의 고전주의적 르네상스 양식의 건축이 활발하게 이루어졌다. 그러나 교회건축보다는 주로 궁성건축에 치중한 까닭에 프랑스 교회건축은 여전히 고딕의 영향을 벗어나지 못했다. 대부분의 성당은 고딕의 건축구조를 그대로 유지한 채 르네상스적 장식을 가미하는 정도의 과도기적 수준에 머물렀고, 딱히 르네상스 건축이라고 할 만한 성당은 나오지 않은 채 절대왕정의 시작과 함께 바로크 시대로 넘어갔다.

성 에티엔 뒤 몽 성당

### 성 에티엔 뒤 몽 성당

프랑스 파리에 있는 〈성 에티엔 뒤 몽 성당〉(1491-1624)은 같은 이름의 성인이 묻힌 성 주느비에브 수도원에서부터 유래하였다. 이 성당은 13세기 초 수도원

주변의 인구 증가에 대응하고 특히 새로운 소르본 대학의 학생들을 위해 지은 성당으로 성 에티엔에게 봉헌되었다. 현재 모습의 성당은 15세기 말 수도원으로부터 부지 일부를 지원받아 확장한 것이다. 1494년에 화려한 고딕 성당을 목표로 건축가 슈테펜 비기어(Stephen Viguier)에 의해 슈베와 종탑에서부터 공사가 시작되었고 이후 내진과 제단이 완공되었다. 그러나 1541년 이후 회중석 공사에서부터 르네상스 양식으로 변경되었고, 1624년 정면 파사드가 완성되어 1626년 봉헌되었다. 고딕과 르네상스 양식이 혼합된 이 성당은 고딕에서 르네상스로 넘어가는 전환기적 양식을 보여준다.

## 성 에티엔 뒤 몽 성당 구조와 구성

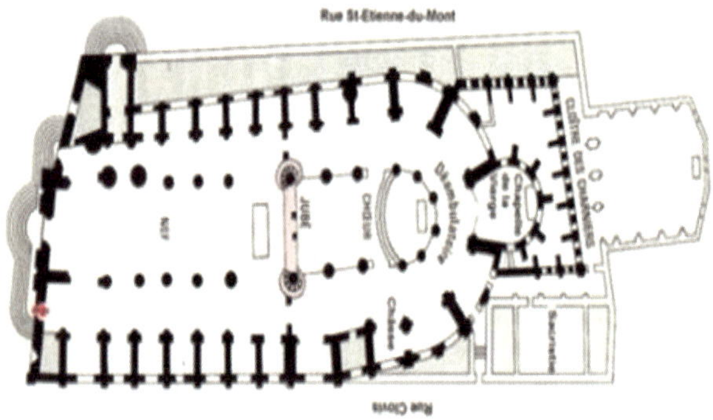


성 에티엔 뒤 몽 성당 평면도

〈성 에티엔 뒤 몽 성당〉의 평면도를 보면 익랑이 외부로 돌출되지 않았고, 내진의 축과 회중석의 축이 일치하지 않고 기울어져 있다. 대부분의 성당들이 좌우 대칭 구조인 반면 이 성당은 비대칭적인 불안정한 구조를 가진 것이 특징이다. 높게 치솟은 정면 파사드는 샤를 게린(Charles Guerin)의 계획에 따라 3층 구조로 구성되었다. 맨 아래층의 입구는 그리스 신전의 코드를 사용했는데 이는 르네상스의 전형적인 문체를 차용한 것이었다. 삼각형 페디먼트 안에는 그리스도의 부활을 소재로 한 조각으로 장식되었다. 가운데 층에는 원형아치를 사용했는데, 아래쪽이 열린 아치 또한 르네상스 건축에서 자주 사용되는 것이었다. 가운데에는 고딕식의 장미창을 설치하였다. 맨 위층은 뾰족한 박공으로 처리했는데, 이는 고딕 양식에서 흔히 사용되던 것이었다. 이곳에도 타원형의 장미창을 설치하였다. 이 성당의 파사드는 전체적으로 중세 고딕을 계승하는 동시에 당시 떠오르던 르네상스의 현대적인 장식 요소를 통합하고 있다. 성당 측면에는 고딕 성당 고유의 부벽과 부연부벽이 그대로 노출되고 있다.

성당의 내부는 길이 69m, 폭 25.5m에 달하는 대형 홀교회 형식이다. 회중석과 내진 양쪽의 측랑

성 에티엔 뒤 몽 성당

성 에티엔 뒤 몽 성당 정면(부분)

은 비정상적으로 높고 큰 창문이 있어 많은 빛이 안으로 들어온다. 성당 내부는 이맛돌이 돌출된 정교한 늑재궁륭을 포함한 화려한 고딕 양식과 고전적인 아케이드와 같은 이탈리아 르네상스 양식이 혼합되어 있다. 회중석에는 원주와 둥근 아치로 된 2층의 그랜드 아케이드가 설치되었는데, 이 아케이드에는 난간이 있는 통로가 나 있다. 내진 앞쪽에는 루드 스크린이 남아있는데, 이 루드 스크린은 파리에 남아있는 유일한 것이다. 이 루드 스크린은 1530년경에 만들어진 것으로 고딕 구조와 르네상스 장식이 결합되어 있다. 석조 레이스를 엮어 만든 난간은 석회암으로 조각되었고, 두 개의 계단이 기둥 주위를 감고 돌면서 루드 스크린 위로 이어진다. 이 스크린은 일반 신도들에게 성서를 읽어주는 독서대로 사용되었다.

성 에티엔 뒤 몽 성당 내부

이 성당 안에서 가장 눈에 띄는 장식 중 하나

는 프랑스 르네상스 조각가 저메인 필론(Germain Pillion, 1525-90)이 1651년에 만든 강론대이다. 강론대는 그리스도교의 일곱 가지 미덕을 의인화한 조각들로 둘러싸여 있고, 아래쪽에는 블레셋 사람들과 싸웠던 삼손이 사자 위에 무릎을 꿇고 앉아 강론대를 지지하고 있다.

성 에티엔 뒤 몽 성당 루드 스크린

강론대 부분

## (5) 독일의 르네상스 건축

독일의 르네상스 건축은 프랑스보다 더 늦은 16세기 후반에 시작되었지만 종교개혁과 30년 전쟁(1618-48)의 영향으로 크게 발전하지 못했다. 이미 16세기 전반에 이탈리아로부터 새로운 건축 양식이 소개되고, 이탈리아를 여행하고 돌아온 군주들이 새로운 양식을 요구했음에도 불구하고 독일의 르네상스 건축은 발전하지 못했다. 여전히 후기 고딕의 영향이 강하게 남아있었기 때문에 건물의 본체는 고딕을 그대로 유지한 채 르네상스적 요소를 가미하는 정도에 그쳤다. 더구나 종교개혁의 영향으로 르네상스가 더디게 진행되면서 별다른 발전을 보지 못했지만, 그나마 순수 르네상스 건축이라고 부를만한 것들은 남부 독일에서 찾을 수 있다. 교회건축의 경우 반종교개혁에 앞장섰던 예수회에 의해 이탈리아의 새로운 건축 이념이 전파되었지만 곧이어 들어온 바로크적 경향까지 가미되어 메너리즘적 특징을 보였다.

## 성 미하엘 성당

성 미하엘 성당

독일 남부 도시 뮌헨의 〈성 미하엘 성당〉(1583-97)은 알프스 이북에 건축된 최초의 대규모 예수회 성당이다. 바이에른 공작 빌헬름 5세는 예수회의 반종교개혁 활동에 적극 동참하기 위해 시민들의 항의를 무시하고 기존 87채의 집을 헐고 뮌헨 최고의 위치에 성당과 학교를 건립하였다. 성당은 옆에 딸린 학교와 함께 반종교개혁의 영적 중심지가 되었다.

바이에른의 궁정건축가 프리드리히 수스트리스(Friedrich Sustris, 1540-99)와 벤델 디트리히(Wendel Dietrich, 1535-1621)가 설계하고 석공 마이스터 볼프강 밀러(Wolfgang Miller, 1537-90?)가 건설 작업을 담당한 뮌헨의 〈성 미하엘 성당〉(1583-97)은 르네상스에서 바로크로 넘어가는 전환기에 만들어졌다. 그러다 보니 평면이나 공간 구성에서 예수회의 본산으로 바로크 건축의 선구인 로마의 〈일 제수 성당〉(1575-84년경)에서 많은 아이디어를 가져왔고, 부분적으로는 북유럽의 건축적 특징을 가미하고 있다. 이 때문에 메너리즘 건축으로 간주되기도 한다. 이 성당은 남부 독일 초기 바로크 양식의 건축에 많은 영향을 미쳤다.

## 성 미하엘 성당 구조와 구성

〈성 미하엘 성당〉의 정면 파사드는 각층을 수평선으로 분할해 수평 방향을 강조한 층 구성과는 별개로 각 층이 위로 올라갈수록 작아지고 맨 위에는 정삼각형 모양의 거대한 박공을 둠으로써 수직성을 강조하고 있다. 파사드는 벽기둥과 여러 가지 조각으로 장식되었는데, 이는 부분적으로 북유럽의 건축적 특징을 가미한 것이다. 파사드에는 박공 부분의 그리스도를 비롯해 그 아래쪽에 빌헬름 공작과 초기 바이에른 비텔스바흐 왕조의 통치자들 입상이 세워졌다. 맨 아래층 입

성 미하엘 성당

정면 파사드 미하엘 천사상

구 사이를 지키고 있는 '미하엘 천사상'(1588)은 후베르트 게르하르트(Hubert Gerhard, 1550-?)의 작품이다. 미하엘 천사가 악마를 응징하는 모습의 이 조각은 우아하고 아름다운 인체 표현이 돋보인다.

〈성 미하엘 성당〉은 라틴십자형 평면을 가진 단랑식 구조이다. 익랑이 외부로 돌출되지 않아 라틴십자형 평면이라는 것은 내부에서만 알 수 있다. 이 성당은 〈일 제수 성당〉의 예를 따라 측랑 부분을 경당으로 처리해 선형성을 약화시켰다. 이 때문에 이 성당은 르네상스가 선호했던 중앙집중식을 바탕으로 이를 변형시킨 것이라 할 수 있다. 원래의 그리스십자형 중앙집중식 구조에서 교차부 위아래의 두 팔 부분을 늘려 선형으로 만듦으로써 내진과 회중석의 공간을 넓게 확보한 것이다. 또한 천장도 〈일 제수 성당〉을 따라 원통형 궁륭으로 처리했지만, 바로크 특유의 화려한 장식화 대신 흰색으로 단아하게 처리하였다. 이 성당의 원통형 궁륭은 로마의 〈성 베드로 대성당〉을 제외하고 세계에서 가장 큰 것이다.

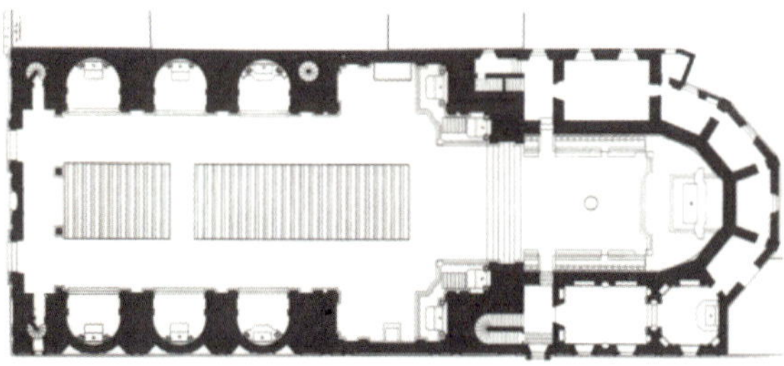

성 미하엘 성당 평면도

성당의 내부는 독일 최초의 치장벽토(스투코 stucco)로 장식되었는데, 반종교개혁 기간 동안 바이에른에서 이룩한 가톨릭교회의 승리를 표현하였다. 내진 앞쪽의 강하게 수축된 승리의 아치와 짧은 익랑, 심지어 측면 경당까지도 고대 개선문 형태를 따르고 있다.

성 미하엘 성당 내부

내진은 '부활의 방'으로, 그리스도의 부활을 통해 진리가 거짓을 이기고 자유가 폭력을 이기게 된다는 믿음을 표현하고 있다. 후진에는 미하엘 천사가 악을 물리치는 내용의 제단화가 안치되어 있는데, 이 제단화는 크리스토프 슈바르츠(Christoph Schwarz, 1545?-1592)의 1856년 작품으로 정면 파사드의 미하엘 천사 조각과 밀접한 연관성을 갖는다. 이 제단화는 독일 최초의 한폭 제단화이다. 중세 독일에서는 세폭 제단화나 날개가 여럿 달린 다폭 제단화가 유행했으나, 여기에서 처음으로 날개가 없는 한폭 제단화가 등장한 것이다. 제단화는 화려한 금색 틀로 장식되어 있다.

성 미하엘 성당 제단화

## (6) 영국의 르네상스 건축

영국은 지리적으로나 정치적 특성으로 인해 16세기까지도 르네상스 건축에 대한 인식이 없었다. 이탈리아와 지리적으로 너무 멀었고, 종교개혁으로 인해 1534년 로마교황청과 단절되었으며 적극적인 건축주도 없었기 때문이었다. 16세기 중반 프랑스를 통해 단편적으로 르네상스를 받아들이다 17세기에 스튜어트 왕조가 절대왕정을 공고히 하는 수단으로 건축을 이용하기 시작하면서 르네상스 건축이 본격화되었다. 과거 가톨릭교회의 중세권력을 상징하던 고딕 양식을 버리고 르네상스 고전주의 건축을 자신들의 양식으로 삼아 왕권을 과시하고자 한 것이었다. 약 60년 동안 압축적으로 진행된 영국의 르네상스는 프랑스나 독일처럼 전통과의 혼용을 추구하거나 자신만의 양식을 찾으려 하기보다 이탈리아 르네상스를 직설적으로 모방하고자 했다는 점이 특징이다.

### 성 바오로 성당

런던의 코벤트 가든에 위치한 〈성 바오로 성당〉(1631-33)은 영국 성공회의 교구성당이다. 1633년 코벤트 가든 북동쪽에 왕립극장이 들어선 후 배우나 가수, 무용수 등이 자주 찾으면서 '배우의 성당(The actors'church)'이라는 별명이 붙었다. 이 성당은 종교개혁 이후 런던에 세워진 최초의 개신교 성당으로 완전히 새로운 스타일의 성당이었다. 18세기까지도 영국에는 개신교 성당이 흔치 않았다는 점에서 주목을 받았다.

성 바오로 성당

1631년 4대 베드퍼드 백작 프란시스 러셀은 건축가 이니고 존스(Inigo Jones, 1573-1652)를 고용해 자신의 사유지에 런던 최초의 광장을 주거용 광장으로 건설하도록 의뢰하였다. 백작은 광장에 성당이 있어야 한다고 생각했지만 많은 돈을 들이고 싶지 않아 존스에게 "헛간보다 좋지 않은" 성당을 세우라고 했고, 이에 존스는

"유럽에서 가장 훌륭한 헛간"을 갖게 될 것이라고 응답했다. 성당은 1633년에 완성되었지만 백작과 당시 교구장 사이의 분쟁으로 인해 1638년에야 봉헌되었다.

성 바오로 성당(동쪽)

## 성 바오로 성당 구조와 구성

존스는 〈성 바오로 성당〉의 디자인에서 고대 로마 건축으로부터 영감을 받았고, 초기 형태의 로마 신전을 모델로 삼았다. 이로써 영국 최초의 진정한 고전주의적 성당이 건립되었다. 코벤트 광장을 바라보는 성당의 동쪽은 신전 모양의 포르티코가 돌출되어 있다. 네 개의 기둥 위에 프리즈를 생략하고 아키트레이브만으로 구성된 단순한 형태인데, 아키트레이브나 삼각형 박공(페디먼트) 공간은 장식 없이 단순한 평면으로 처리되었다. 박공의 처마는 서까래 같은 작은 사각형 부재를 사용해 오두막의 목구조 같은 이미지를 부여하였다. 원래는 광장 바닥에서 포르티코까지 6-7개의 계단이 있었지만 몇 년에 걸쳐 광장의 높이가 점차 높아지면서 사라졌다. 포르티코 뒤에는 세 개의 출입구가 있었으나 양쪽의 두 문은 19세기에 막혔고, 가운데 문은 그 안쪽에 제단이 들어섰기 때문에 한 번도 사용되지 않은 형식상의 문이 되었다. 원래

성 바오로 성당(서쪽)

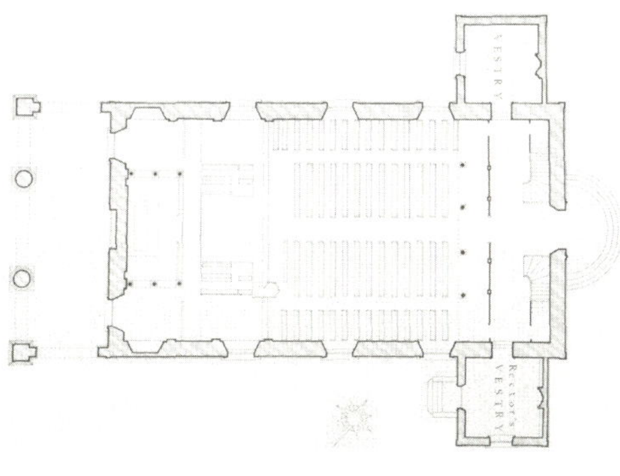

성 바오로 성당 평면도

는 서쪽 끝에 제단을 두고 이곳을 입구로 사용할 생각이었지만, 교회의 압력으로 인해 제단이 전통적인 방식대로 동쪽에 들어서게 됨으로써 성당의 출입구는 서쪽으로 변경되었다.

출입구가 있는 서쪽은 붉은 벽돌로 지어졌고, 포르티코가 없이 계단을 통해 곧바로 성당 안으로 진입하도록 되어 있어 동쪽과는 전혀 다른 분위기가 느껴진다. 서쪽 정면의 박공 위에는 원래 종탑이 있었으나 현재는 박공 안에 파인 두 개의 홈에서 종을 볼 수 있다.

성당의 내부는 벽체나 기둥으로 구분되지 않은 단일 공간이다. 동쪽 성소는 바닥을 한 계단 높여 회중석과 구분하였다. 내부 또한 장식을 절제했기 때문에 단아한 분위기가 느껴진다. 원래는 갤러리가 없이 지어졌으나 1789년에 건축가 토마스 하드윅(Thomas Hardwick, 1752-1829)에 의해 대대적인 보수가 이루어지는 과정에서 3면에 갤러리가 추가되었다. 6년 후인 1795년 화재로 인해 성당이 전소되어 1798년 재건되었는데, 그 과정에서 측면 갤러리는 사라지고 서쪽 입구 위의 갤러리만 오늘날까지 남아있다.

성 바오로 성당 내부(동쪽)

성 바오로 성당 내부(서쪽)

# 8 바로크 : 17-18세기 교회건축

14성인 순례성당, 1743-72년, 독일 바트 슈타펠슈타인

## 바로크 건축

바로크(Baroque)는 16세기 중반 종교개혁과 함께 시작되어 17세기 전유럽을 지배한 예술 양식이다. 바로크라는 말은 비뚤어지거나 찌그러진 진주라는 의미의 포루투갈어 '바호쿠(barroco)'에서 유래한 것으로, 18세기 합리주의 비평가들이 17세기 미술 경향을 보고 자연스럽지 못하고 지나치게 인위적이라는 의미에서 조롱조로 사용하기 시작했다. 그러나 실제에 있어서 바로크는 전체에 종속되는 부분들의 조화를 통한 균형을 강조한다는 점에서 르네상스 고전주의의 연속이라고 할 수 있다. 그런데 바로크는 왜 현란할 정도로 장식적이고 지나치다고 할 정도로 역동적이고 극적인가 하는 것은 바로크가 생겨난 시대적 배경과 바로크가 어떻게 해서 발전했는지를 살펴보면 알 수 있다.

종교적인 면에서 바로크는 반종교개혁의 표현수단으로 발전하였다. 바로크는 본래 가톨릭교회 국가에서 반종교개혁의 유력한 표현수단으로 발전한 미술양식이다. 루터의 종교개혁 이전부터 가톨릭교회 내에서도 종교개혁의 기운이 무르익고 있었다. 16세기 중반 코페르니쿠스에 의해 지동설이 널리 전파되면서 지구가 우주의 중심이라는 그리스도교적 우주관이 무너졌다. 이제 사람들의 의식 속에는 인간이 신의 모습으로 창조된 유일한 존재라는 믿음보다는 광대한 우주 속의 보잘것없는 고독한 존재라고 하는 인식이 자리 잡게 되었다. 여기에 종교개혁이 일어나 가톨릭교회 중심의 세계관이 무너지면서 중세를 지배해 왔던 종교적 믿음이 한 순간에 흔들리고 가치관의 혼란과 정신적 위기를 겪게 되었다. 이를 수습하기 위해 가톨릭교회에서 1545년 종교회의가 소집되었는데, 이것이 '트리엔트 공의회'이다. 이탈리아 북부 트리엔트(트렌토)에서 18년 동안 계속된 공의회는 개신교 측의 종교개혁에 맞서 가톨릭교회의 교리와 체계를 재정비하였다.

트리엔트 공의회

공의회는 일곱 가지 성사(세례성사, 견진성사, 성체성사, 고해성사, 병자성사, 성품성사, 혼인성사)의 타당성을 지지하고 '고해실'을 만들어 고해성사를 강화하였다. 또한 회중들이 성찬례에 적극적으로 참여하도록 법령화하였고, 회중들의 주의를 흐트러뜨리는 중랑과 내진 사이의 루드 스크린을 제거하도록 하였다. 제단화도 없애는 대신 성체를 모신 감실(성합)로 대체하였다. 나아가 공의회는 개신교의 성상 파괴에 대항해 이미지의 남용과 관련된 여러 항목들을 추가했지만 오히려 성상을 통한 포교활동에 적극적인 입장을 취했는데, 이런 공의회의 입장을 예술적으로 뒷받침한 것이 바로크였다.

개신교가 신앙의 단순성을 추구하면서 여러 교파로 분열되어 가던 상황에서 가톨릭교회는 다양한 예술작품과 화려하고 장엄한 교회건축을 통해 가톨릭교회의 일치된 힘과 신앙의 심오함과 웅대함을 드러내고, 가톨릭교회의 승리를 과시하고자 하였다. 이를 위해 이 시기에 시작된 바로크 건축은 역동적이고 극적인 효과를 이용해 공감을 유도함으로써 신앙심을 고취하는 선봉장 역할을 하였다. 무엇보다 빛의 작용과 장식을 통해 성당 내부를 천상의 세계와 같은 신비로운 공간으로 변화시켰다. 빛의 작용은 천장의 채광을 강조하는 방식으로 추구되었는데, 위로부터 내려오는 빛은 성스러운 분위기를 고조시키기 때문이었다. 여기에 벽체 구조가 만들어내는 넓은 벽면은 화려한 장식으로 채워졌다. 성당 안은 회화, 조각, 공예, 프레스코 등으로 가득 채워져 이들이 총체예술적으로 작용함으로써 시너지 효과를 발휘해 종교적 효과를 극대화하도록 하였다.

### (2) 이탈리아의 바로크 건축

이탈리아의 르네상스는 1527년 신성로마제국 황제 카알 5세의 침략으로 인해 로마가 약탈되면서 막을 내리고 말았다. 더구나 북유럽에서 시작된 종교개혁의 여파로 종교개혁 진영과 반종교개혁 진영 간의 투쟁을 통해 16세기 내내 어수선한 분위기가 지속되었다. 17세기에 들어와서야 종교전쟁이 잦아들고, 신구교가 각자의 세력을 확보한 상태에서 그리스도교의 분화가 정착되었다. 트리엔트 공의회 이후 반종교개혁의 영향으로 종교적 열정이 고취된 이탈리아에서는 가톨릭교회의 승리를 표현하고 신앙을 더욱 고취시키는 것이 예술적 의무가 되었다. 이러한 가톨릭교회의 종교적 열정을 극적으로 표현하기 위해서는 르네상스 같은 정통 고전주의보다는 역동적이고 표현력이 강한 새로운 건축 양식이 필요했다. 이탈리아의 바로크 건축은 이러한 가톨릭교회의 요구에 적극적으로 부응하면서 시작되었다.

## 일 제수 성당

일 제수 성당

가톨릭교회 내에서 개혁에 대한 필요성이 강력하게 대두되는 가운데 1536년 교황으로 즉위한 파울루스 3세는 교회 개혁을 위해 '개혁추기경회'를 만들고, 수도회를 중심으로 개혁교단을 구성했다. 이러한 상황에서 스페인 출신의 이그나티우스 로욜라가 설립한 예수회(제수이트 교단)는 가톨릭교회의 개혁과 포교에 선두적 역할을 담당하게 된다. 예수회는 1540년 '교회군대의 지도자'로서 교황의 승인을 받아 군대식 조직을 통해 반종교개혁의 선봉에서 활동하였다. 로마의 〈일 제수 성당〉(1575-84년경)은 반종교개혁의 선봉에 섰던 예수회의 총본산으로, 17세기 유럽 전역으로 퍼져 나간 예수회 성당의 표준형인 동시에 바로크 교회건축의 효시로 간주되는 성당이다. 〈일 제수 성당〉은 '예수 성당'이라는 의미이다.

〈일 제수 성당〉은 1554년 미켈란젤로의 설계에 따라 본격적인 공사에 들어갔다. 그러나 1564년 미켈란젤로가 사망함에 따라 자코모 바로치 다 비뇰라(Giacomo Barozzi da Vignola, 1507-73)가 성당 건축을 이어받았다. 비뇰라는 후기 메너리즘을 거쳐 바로크 건축의 문을 연 건축가로 1568년에는 〈성 베드로 대성당〉의 총감독을 맡기도 한 사람이다. 비뇰라는 교단의 요구에 따라 라틴십자 형태의 평면을 설계하고 1569년 공사에 들어갔지만, 그가 설계한 정면 파사드는 건물 높이가 주는 시각적 효과를 살리지 못하고, 건물 위의 입상들이 비례관계를 훼손시켜 파사드의 질서를 어지럽힌다는 이유

일 제수 성당

로 거절되었다. 그 후 공모를 거쳐 1571년 포르타의 안이 선정되었다. 포르타는 비뇰라의 후배이자 제자로서 이후 그는 미켈란젤로와 비뇰라가 완성하지 못한 많은 건물을 맡아 완공하게 되는데, 〈성 베드로 대성당〉의 총감독을 맡아 마무리한 것도 포르타였다. 〈일 제수 성당〉은 강력한 정서적 체험을 중시했던 반종교개혁의 정신을 건축적으로 구현함으로써 17세기 가톨릭교회는 물론 서양의 교회건축 전반에 커다란 영향을 미쳤다.

일 제수 정면 파사드 안(비뇰라 / 포르타)

## 일 제수 성당 구조와 구성

〈일 제수 성당〉의 바로크적 특징은 포르타가 설계한 정면 파사드에서 잘 드러난다. 이 성당의

성 안드레아 대성당 / 일 제수 성당

바로크적 특징은 르네상스 건축을 대표하는 〈성 안드레아 대성당〉과 비교해 보면 분명해진다. 바로크 건축의 첫 번째 특징은 역동성이다. 〈일 제수 성당〉의 정면 파사드는 이중으로 된 쌍 기둥들이 강한 액센트를 부여함으로써 르네상스 양식과는 전혀 다른 리듬감을 만들어낸다. 이러한 양식은 완전히 새로운 방식의 설계라기보다 고전주의 양식의 여러 요소들을 비고전적인 방식으로 배열한 것으로, 이를 통해 극적인 효과를 만들어내고 있다. 이러한 극적인 효과는 빛에 의해 극대화된다. 살짝 옆에서 보면 벽기둥들이 만들어내는 섬세한 음영 차이가 리듬감과 함께 짜임새 있는 균형감을 만들어낸다.

바로크 건축의 두 번째 특징은 중심을 향한 집중과 통합이다. 〈일 제수 성당〉의 파사드는 기둥이 모두 이중으로 되어 전체 구조를 보다 호화롭고 다채롭게 보이도록 했지만, 모든 구성요소가 중앙부를 중심으로 하나의 전체로 통합되고 있다. 기둥과 기둥 사이의 벽면을 아무런 장식 없이 여백으로 처리해 단순화한 반면 중앙부는 오더의 위계를 이용해 강조하였다. 파사드에는 반원형 벽기둥과 사각 벽기둥이 같이 쓰이고 있다. 고전 건축에서는 반원형 벽기둥이 사각 벽기둥보다 위계가 높은 어휘라는 점에서, 중앙 출입구 양쪽에 반원형 벽기둥을 사용한 것은 중앙부를 강조한다는 의미를 지닌다. 성당의 중앙부에 초점을 맞추기 위해 중앙 출입구를 반원형 벽기둥으로 강조해 돌출시키고, 장식도 중앙으로 갈수록 크게 강화하는 등 중앙 출입구를 중심으로 모든 요소들이 세심하게 배치되었다. 이로써 시각적으로 중앙이 점점 강화되는 효과뿐만 아니라 건물에 질서를 부여해 모든 요소가 하나의 전체적인 형태로 융합되는 효과를 발휘한다. 이러한 특징은 마데르노가 설계한 로마의 〈성 수산나 성당〉(1593-1603)에서 더욱 분명해진다. 〈일 제수 성당〉이 바로크 건축의 시작으로 간주되는 반면 〈성 수산나 성당〉은 초기 바로크의 완성이라 불린다. 중앙의 출입구를 강조한 것은 출입구가 성스러운 곳으로 들어가는 입구라는 점에서 세속의 세계와 성스러운 세계를 구분함으로써 가톨릭교회의 건재함을 과시하고 신앙의 열정을 불러일으키기 위한 목적이었다.

성 수산나 성당

바로크 건축의 또 다른 특징은 조형적 예술성이다.

〈일 제수 성당〉의 2층 양옆의 소용돌이 모양의 장식이 좋은 예이다. 파사드는 위아래로 나뉘었는데, 각층의 하단에 기둥 받침대(pedestal)를 두고 그 위에 기둥들을 올려놓아 건물에 높이감과 상승감을 부여하는 시각적 효과를 창출하고 있다. 그러나 문제는 위아래층을 자연스럽게 연결하는 것인데, 여기서는 소용돌이 문양(volute)의 조각을 통해 연결하였다. 소용돌이 모양의 장식은 이후 바로크 시대 내내 선호되었다. 소용돌이 문양뿐 아니라 창틀, 박공, 조각 등 건물 전반에 걸쳐 조형적 예술성이 나타나는 것도 특징이다. 이는 석재에 대한 기본 태도가 르네상스 때 축조에 충실했던 것에서 벗어나 조형적이고 탄력적으로 응용하는 쪽으로 바뀌었다는 것을 말해준다. 포르타가 완공한 파사드는 이후 바로크 성당에서 가장 많이 사용되는 표준형이 되었다.

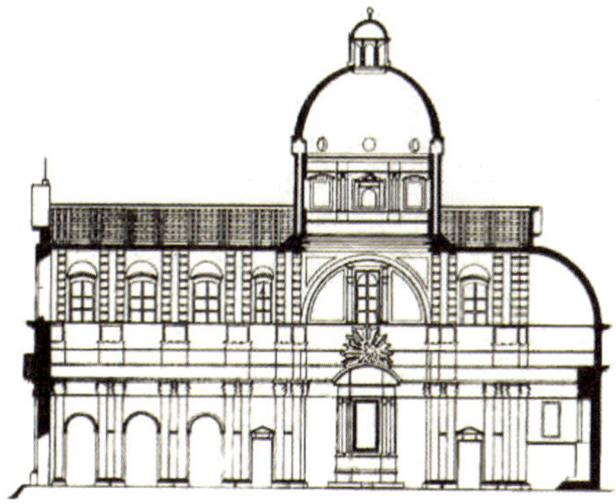

일 제수 성당 구조

비놀라는 〈일 제수 성당〉에서 가톨릭교회의 부활과 예수회 등장에 따른 새로운 교회건축의 유형을 창출하였다. 특별히 새로운 것은 없지만 르네상스 이래 유행하던 중앙집중식에서 탈피해 라틴십자 형태의 평면을 되살린 것이 핵심이었다. 트리엔트 공의회에서 교회건축에 대한 특별한 언급은 없었지만, 당시에는 가톨릭교회의 성당은 라틴십자형 평면이고, 개신교의 교회는 그리스십자형 평면이라는 인식이 널리 통용되고 있었다. 이미 15세기에 교황 피우스 2세가 고대 신전과 바실리카를 융합시키고자 한 르네상스 건축을 부정적으로 평가했는데, 16세기 당시에는 이러한 경향이 확대되어 그리스십자형 평면의 중앙집중식을 이교적인 것으로 치부하고 그리스도교 전통에 의한 건축 설계를 따라야 한다는 입장이 일반화되었다. 이에 따라 예수회는 중세 성당들의 라틴십자 형태의 평면을 선호하였다. 예수회는 선교 차원에서 유럽 전역에 수많은 성당을 공격적으로 건립했는데, 이 성당들 역시 라틴십자형 평면이 주를 이루면서 가톨릭교회의 성당에서는 라틴십자형이 표준유형으로 자리 잡게 되었다.

〈일 제수 성당〉은 라틴십자형 평면에 익랑이 거의 없는 3랑식 바실리카식 교회이고, 교차부에는 돔을 얹었다. 이 성당은 알베르티의 〈성 안드레아 대성당〉을 선례로 삼았지만 차이점도 분명했다.

일 제수 성당 내부

전체적인 윤곽은 두 성당 모두 라틴십자형 평면이지만, 〈성 안드레아 대성당〉에서는 전반적으로 선형성을 약화시키고 있다. 즉 측랑을 경당을 위한 독립된 공간으로 처리해 측랑의 축선을 막아 선형 구성을 약화시킨 것이다. 반면 〈일 제수 성당〉에서는 측랑을 경당으로 처리했지만 종방향으로 서로 뚫려있어 별도의 축선을 형성한다. 이로써 전체적으로 3랑식 바실리카가 갖는 세 개의 선형 축을 되살리고 있다. 그러나 측랑을 경당으로 처리함으로써 사실상 넓은 중랑만 있는 단랑식이라고도 볼 수 있는데, 성당 전체를 이렇게 구성한 것은 더 많은 회중들을 수용하기 위한 목적 외에도 종교개혁 이후 강론의 중요성이 강조되면서 툭트인 단일 공간이 필요했기 때문이었다. 예수회 수도사들이 목재 평천장을 선호했지만, 원통형 궁륭으로 만든 것도 강론 시 음성이 잘 전달되기 때문이었다.

〈일 제수 성당〉의 내부는 중랑 폭 18m, 길이 75m로, 대형 공간이 필요했던 예수회의 요구를 충족시켰다. 실내 공간의 골격은 벽체 구조이다. 벽체 구조는 바탕면을 넓게 확보함으로써 장식 처리에 유리했다. 그러나 벽체는 화려한 장식과 달리 기본 골격의 돌출 없이 단순하게 처리되어 통일성을 부여한다. 또한 천장의 채광을 강조해 바실리카에서 비롯된 가톨릭교회 교회건축의 상징성을 되살렸다. 교차부 돔에는 드럼을 도입해 인위적으로 높게 만드는 동시에 커다란 창을 내어 풍부한 빛이 들어오도록 하였다. 돔에서 들어오는 밝은 빛과 중랑 위쪽 창에서 들어오는 은은한 빛이 화려한 장식과 어우러지며 성당 내부가 전체적으

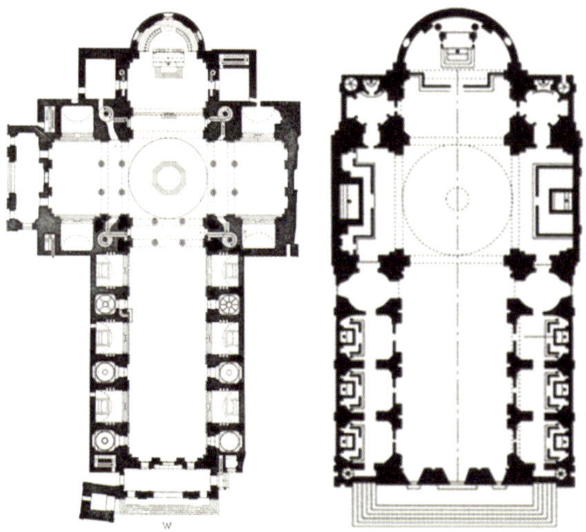

성 안드레아 대성당 / 일 제수 성당 평면도

로 신비로운 분위기를 자아낸다. 또한 밝은 천장이 천상세계를 상징한다면 어두운 벽체부는 지상세계를 상징하는데, 이들이 서로 대비를 이루며 빛의 세계, 천상의 세계를 향한 열망을 배가시킨다.

일 제수 성당 천장

〈일 제수 성당〉의 내부는 가난과 겸손을 중시하는 예수회의 강령에 따라 애초에는 회반죽으로 검소하게 처리되었다. 현재의 장식은 비뇰라 사후 17세기 후반에 덧붙여진 것이다. 천장화는 지오반니 바티스타 가울리(Giovanni Battista Gaulli, 1639-1709)가 제작한 것으로 천상의 지배자이신 그리스도를 그리고 있다. 천장화는 프레스코로 그림을 그린 후 조각과 석고세공으로 장식했는데, 착시효과로 인해 조각과 그림의 경계가 불분명하고 석고로 장식된 인물들이 마치 튀어나올 듯 생생하게 묘사되었다. 이로써 건축과 회화, 조각이 어우러진 바로크식 총체예술작품을 만들어내고 있다. 웅대하면서도 역동적인 장관을 연출하는 바로크 성당의 천장화는 바로크 미술에서 연극적 효과와 시각적 체험이 얼마나 중요한지, 그리고 당시 교회가 이러한 바로크 미술을 얼마나 적극적으로 활용했는지를 잘 보여준다.

일 제수 성당 천장화

## 콰트로 폰타네 성당

콰트로 폰타네 성당

바로크 건축의 특징을 더욱 잘 보여주는 성당이 프란체스코 보로미니(Francesco Borromini, 1599-1667)가 설계한 로마의 〈성 카를로 알레 콰트로 폰타네 성당〉(1638-67)이다. 보로미니는 베르니니와 쌍벽을 이뤘던 건축가로 마데르노에게서 건축을 배웠다. 보로미니와 베르니니는 전성기 바로크를 이끈 라이벌 관계였다. 두 사람은 〈성 베드로 대성당〉 공사 현장에서 처음 만났는데, 당시 베르니니는 이미 제도권에서 성공한 건축가였지만, 보로미니는 까다로운 성격 탓에 후원자를 찾기 어려운 형편이었다. 베르니니가 정통 고전주의를 고수했다면, 보로미니는 자유로운 비정형주의 건축을 추구했다. 두 사람은 성향은 달랐지만 서로를 의식하고 경쟁하는 가운데 바로크 건축을 발전시켰다. 로마 퀴리날레 거리 남쪽에 나란히 자리 잡고 있는 〈성 안드레아 알 퀴리날레 성당〉(1658-70)과 〈성 카를로 알레 콰트로 폰타네〉는 각각 베르니니와 보로미니의 재능을 비교하며 감상할 수 있는 대표적인 교회건축이다.

〈성 카를로 알레 콰트로 폰타네 성당〉은 보로미니가 건축가로 독립하면서 지은 첫 번째 작품으로,

성 안드레아 알 퀴리날레 성당

바로크 건축의 걸작으로 평가받는다. 이 성당은 그리스도교인 노예들을 이슬람으로부터 다시 사들이는 목적으로 설립된 '맨발의 삼위일체 수도회'의 부속 성당이다. 성당 이름이 너무 길기 때문에 줄여서 '산 카를리노'라 부르기도 하고 콰트로 폰타네 교차로에 위치해 있어 '콰트로 폰타네 성당'이라 부르기도 한다. 이 성당은 특이하게도 두개의 정면이 맞대어 있다. 분수가 있는 한쪽은 건물 위에 바로크 특유의 작은 탑이 있고, 성당 입구가 있는 다른 한쪽은 강하게 돌출된 입체적 기둥과 굽이치는 곡선으로 이루어져 있다. 콰트로 폰타네 교차로에 접한 정면 쪽에는 길 건너 다른 건물들과 맞추어 분수대가 설치되어 있다. 이 분수대에는 바다의 신 넵튠(여기서는 아르노 강을 상징한다)이 비스듬히 앉아 있는 모습으로 장식되어 있는데, 로마의 많은 분수대에는 넵튠이 단골 소재로 등장한다.

콰트로 폰타네 성당 돔과 종탑

## 콰트로 폰타네 성당 구조와 구성

〈콰트로 폰타네 성당〉은 규모는 작지만 바로크 건축의 특징이 잘 구현된 성당이다. 특히 인상적인 것은 입구쪽 정면인데, 이 정면 파사드는 1630년대 후반에 설계되어 1665년 이후에야 건축이 시작되었다. 그러나 절반 정도 진행된 상황에서 그해 보로미니가 죽자 그의 조카 베르나르도 카스텔리(Bernardo Castelli)에 의해 1677년 완성되었다. 정면 파사드는 강한 직선과 부드러운 곡선이 연출하는 상호작용에 초점을 맞추고 있다. 기둥들은 한편으로는 비례의 척도로 쓰이고, 또 한편으로는

콰트로 폰타네 성당 입구쪽 정면

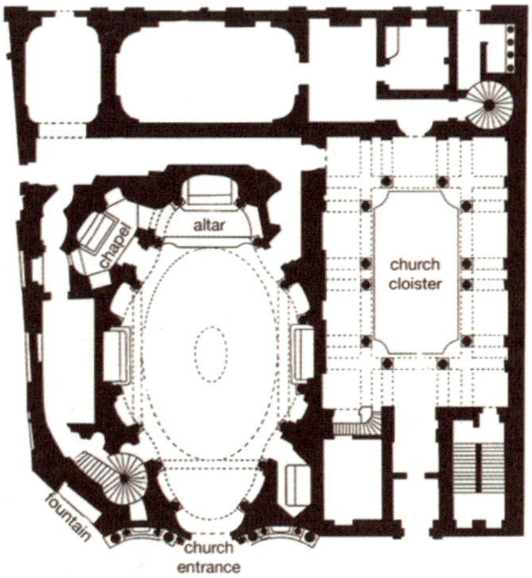


콰드로 폰타네 성당 평면도

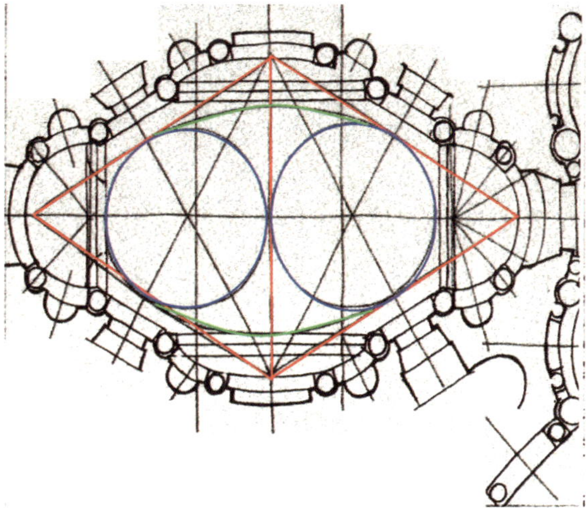

콰트로 폰타네 성당 평면 구성

수직적인 분할 기능을 담당한다. 기둥 위의 엔태블러처는 수평적인 분할 기능을 담당하는 한편 파사드 표면을 따라 부드럽게 휘어지면서 역동성을 강조한다. 맨 위쪽 돌림띠 역시 파사드의 요철 형태를 더욱 두드러지게 한다. 요철이 만들어내는 강한 명암 대비는 활기찬 율동감을 배가시킨다. 파사드는 마치 부드러운 막처럼 굽이치며 진동하는 것처럼 느껴진다. 위층은 비대칭적으로 배치된 천사들이 떠받치고 있는 타원형 메달리온으로 장식되었는데, 이는 보로미니 조카의 작품이다. 보로미니의 건축은 정면 파사드를 요철 형태로 만들어 생동감을 부여하고, 고전적인 요소들을 탄력 있게 배치함으로써 전체적인 통일감을 유지하도록 하는 것이 특징이다.

〈콰트로 폰타네 성당〉은 평면이 복잡해 보이지만 보로미니는 건축의 구조를 분명히 하기 위해 수학과 기하학을 이용하였다. 평면 구성을 보면 나란히 있는 두 개의 원이 모여 타원형 형태를 이루고 있고, 이 타원형은 마름모꼴 속에 들어가 있는데, 이 마름모꼴에 의해 기둥을 세우는 위치가 정확하게 정해졌다. 평면의 주를 이루는 타원형은 중앙집중식 평면을 변형한 것, 또는 그리스십자형이 타원형으로 늘어난 것이라 할 수 있다. 타원형의 양 끝은 두 개의 반구 형태로 되어 있는데, 그 한쪽은 성소가 되고, 다른 한쪽은 출입구 부분이 되었다. 보르미니는 약 1000제곱미터의 길모퉁이 부지에 수도원, 도서관, 수사들의 공간, 성당을 같이 지어야 했기 때문에 모퉁이의 자투리땅까지도 효율적으로 이용해 설계하였다. 평면도의 오른쪽에 있는 수도원 건물과 클로이스터(회랑)가 먼저 지어졌고, 이후 성당이 지어졌다. 수도원의 클로이스터는 대지의 많은 부분을 차지하고 있어 그 중요성을 짐작하게 한다.

이 성당에서 보로미니는 르네상스의 공간 개념을 완전히 파괴하였다. 그는 개별 공간 부분들이 명료한 순서에 따라 정적으로 배열된 교회 공간을 역동적인 공간 결합으로 변화시켰다. 내부 공간은 강하게 돌출된 기둥들로 분절되어 있고, 타원형 평면을 따라 엔태블러처가 에워싸고 있다. 천장은 타원형과 원형을 번갈아 사용하면서 위로 솟구치고 있는데, 위쪽의 돔은 타원형이다. 돔 안쪽에는 십자형, 육각형, 팔각형 등의 장식이 서로 조합되어 있는데, 위로 올라갈수록 그 크기가 작아져 돔 천장이 실제보다 높게 보이도록 해준다. 돔 중앙은 원형창을 통해 위쪽의 정탑으로 이어지는데, 정탑의 천장에는 삼위일체를 상징하는 형상이 그려져 있고, 그곳으로부터 '영광의 불꽃'이 퍼져나오고 있다. 빛은 건물의 계층적 구조에 따라 위로 올라갈수록 밝아지도록 구성되었다. 돔의 아래 부분보다 돔 내부가 더 밝고, 삼위일체 형상이 그려진 정탑 부분이 가장 밝게 빛나도록 해 하늘을 향한 열망을 극적으로 표현하였다. 성당의 내부는 좁은 공간이 가능한 한 넓고 환하게 보이도록 전체를 흰색으로 처리하였다.

콰트로 폰타네 성당 내부

콰트로 폰타네 성당 천장

콰트로 폰타네 성당 정탑 천장

## (3) 프랑스의 바로크 건축

프랑스의 바로크는 17세기 절대왕정에 의해 주도되었다. 루이 13세에 이르러 절대왕정이 주요 건축주로 등장하면서 바로크 건축이 본격적으로 시작되었고, 이후 루이 14세에 이르러 절대왕정이 최전성기를 이루면서 바로크 건축 또한 절정을 이루었다. 프랑스는 이탈리아의 바로크를 받아들이되 프랑스의 고딕 전통과 르네상스 고전주의를 혼합해 자신만의 고유양식을 창출하였다. 이로써 프랑스가 르네상스를 받아들인 이래 자신만의 고전주의를 창출하고자 시도했던 노력이 바로크에 와서 완성된 것이다. 프랑스의 바로크 교회건축은 고전 어휘를 바탕으로 고딕의 수직성을 가미한 것이 특징이다. 고딕의 수직성은 오더의 층쌓기와 수직성을 강화한 돔을 통해 표현되었다. 프랑스 바로크는 고전과 고딕이라는 상반된 전통을 혼합했지만, 정통 고전주의를 바탕으로 하고 있다는 점에서 '바로크 고전주의'라 불리기도 한다.

이 때문에 프랑스 교회건축은 장식을 절제하면서 차분하고 엄격한 분위기가 지배적인데, 이는 프랑스 가톨릭교회의 보수주의로부터 영향을 받은 것이라 할 수 있다. 프랑스에서는 1598년 낭트칙령과 함께 종교갈등이 마무리되면서 가톨릭교회가 국교로서의 권력을 회복했다. 이로 인해 프랑스 교회건축은 반종교개혁의 선전수단으로 등장한 이탈리아의 바로크 양식을 받아들이면서 규범에 의존한 합리주의적 해석과 장식을 절제한 이성주의를 바탕으로 한 보수주의적 경향을 보이게 된다. 따라서 프랑스 교회건축은 차분한 고전주의적 분위기가 지배적인 것이 특징이다.

소르본 경당(서쪽 정면)

### 소르본 경당

파리의 〈소르본 경당〉(1635-48)은 프랑스 바로크를 정착시킨 자크 르메르시에(Jacques Lemercier, 1590-1660)의 작품이다. 르메르시에는 궁전건축에서 르네상스의 전통을 이어받아 프랑스 지역 양식을 창출하고자 하였고, 교회건축에서는 고전 어휘를 이용해 수직성을 표현하고자 하였다. 〈소르본 경당〉은 파리 라틴 지역 소르본 유적지에 위치한 경당으로 소르본 대학의 종교의식이 행해지던 곳이다. 이 경당은 리슐리외 추기경이 소르본 대학 총장으로 있을 때 소르본 복합단지를 재건하는 과정에서 기존 경당을 허는 대신 칼비 대학 부지로 옮겨 재건되었다. 이 경당은 리슐리외 추기경 사후 그의 영묘가 되었지만, 프랑스 혁명 기간 동안 경당이 폐쇄되고 무덤이 훼손되기도 하였다.

소르본 경당(북쪽 정면)

## 소르본 경당 구조와 구성

〈소르본 경당〉은 입구가 둘인데, 경당의 서쪽은 소르본 광장과 빅토르 쿠생 거리를 향하고 있고, 북쪽은 소르본 건물 내부의 쿠르 도뇌르를 향하고 있다. 각 입구 맞은편에는 제단을 두고 있는데, 서쪽 입구 반대편에는 주 제단이 있고, 북쪽 입구 맞은편에는 리슐리외 추기경에게 헌정된 기념비적인 제단이 있다. 서쪽 정면 파사드는 오더를 이용한 고전주의로 처리되었다. 1층의 엔태블러처와 2층의 기단을 별도로 두어 건물을 높게 처리한 것은 수직성을 강화하기 위한 것이라 할 수 있다. 2층 지붕을 신전 박공으로 처리하고 그 위에 돔을 돌출시켜 건물의 전체 높이를 높인 것도 수직성을 강조한 것이다. 위아래 벽감에는

소르본 경당 내부

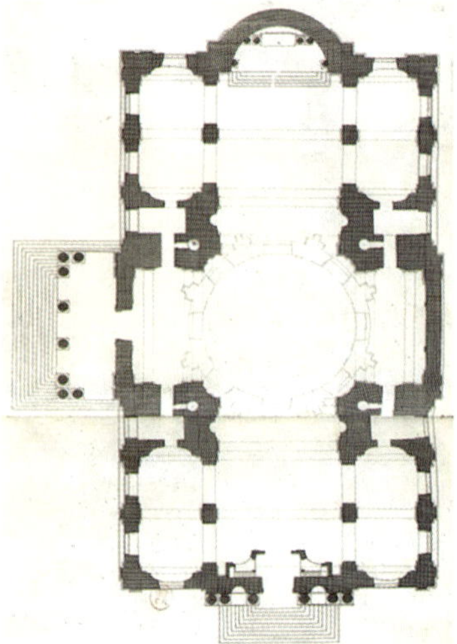

소르본 경당 구조

각각 조각상을 세워 장식하였다. 북쪽 정면 파사드는 모임 지붕, 부벽, 장식 디테일 등에서 프랑스의 전통 요소가 두드러지고 수직성도 훨씬 강화되었다. 이 경당은 정통 고전주의를 받아들여 프랑스 지역 전통에 맞게 각색했다는 점에서 프랑스 바로크 고유의 그리스도교 고전주의의 발전 과정에서 중요한 위치를 차지하고 있다.

〈소르본 경당〉의 평면은 그리스십자형을 기본으로 삼아 중앙집중형과 선형을 혼합하고 있다. 중앙집중형인 그리스십자 평면의 동서 방향으로 팔을 늘림으로써 선형성을 확보했는데, 중랑과 내진의 길이가 동일한 것이 특징이다. 중랑과 내진 양옆 공간에는 소 경당을 두었는데, 이 소 경당이 동서 방향으로 뚫려있어 마치 측랑처럼 보이기도 한다. 가운데 교차부에는 여덟 개의 창이 있는 드럼 위에 이중돔을 올렸는데, 이 경당은 파리에 지어진 최초의 돔형 건축물에 해당한다.

## 앵발리드 왕실 경당

파리의 〈앵발리드 성당〉(1676-91)은 루이 14세가 상이군인과 퇴역군인들을 위해 지은 국가 요양 시설인 앵발리드 호텔의 부속 성당이었다. 성당은 바실리카식 건물과 돔으로 구성되어 있는데, 바실리카식 건물은 상이군인들을 위한 '성 루이 성당'이고 돔은 왕을 위한 개인 경당이었다. 〈앵발리드 왕실 경당〉은 처음에 부르봉 왕조의 새로운 매장지로 계획되었지만 그 프로젝트는 실행되지 않았고, 그 대신 왕의 개인 경당으로 지정되었으나 거의 이용되지 않았다. '성 루이 성당'은 1676년에 시작해 1679년에 완공되었지만, 왕실 경당은 1679년에 시작해 1691년 골격이 완성되었고, 최종적으로는 1710년에 완공되었다. 현재 앵발리드 건물 대부분은 '군사박물관'이 들어서 있다. '성 루이 성당'이 누구의 작품인지에 대해서는 이견이 있지만, 왕실 경당은 왕실 건축가인 쥘 아르두앙-망사르(Jules Hardouin-Mansart, 1646-1708)의 작품이다. 그는 루이 14세 통치 후반기에 왕실 수석건축가로서 프랑스 바로크의 최전성기를 주도했다. 그는 프랑스 바로크 전성기의 기틀을 마련한 사람으로 평가되는 프랑수아 망사르(François Mansart, 1598-1666)의 조카손자로 그의 영향을 받아 프랑스 고유의 바로크 양식을 창출하였다.

앵발리드 왕실 경당

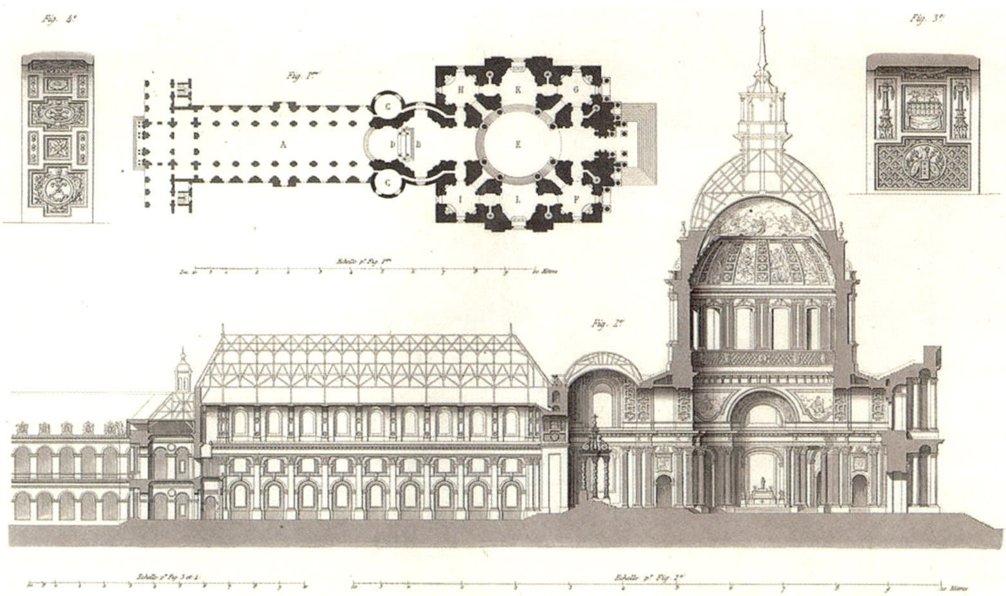

앵발리드 성당 구조

## 앵발리드 왕실 경당 구조와 구성

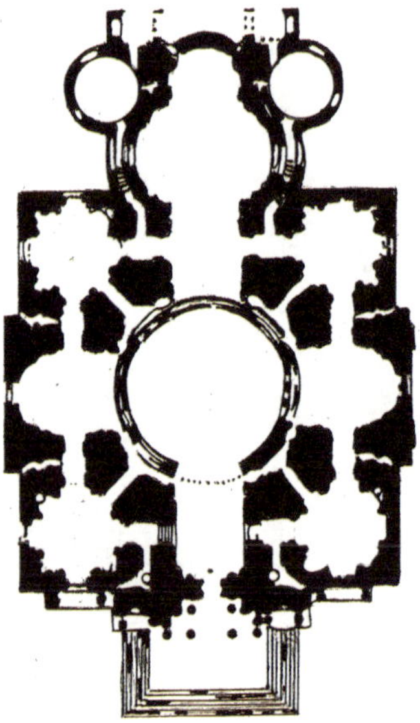

앵발리드 왕실 경당 평면도

〈앵발리드 왕실 경당〉은 베르사유 궁전과 더불어 아르두앙-망사르가 확립한 왕실 고전주의를 대표하는 건물이다. 그의 왕실 고전주의는 절대왕정의 권위를 기념비적으로 과시하기 위해 건물을 웅장하고 위엄있게 보이도록 고전주의 건축과 미학 규범을 따랐는데, 〈앵발리드 왕실 경당〉에서는 방사형 구도와 수평-수직 양방향으로의 확장을 통해 왕실 고전주의가 잘 드러나고 있다.

'성 루이 성당'이 선형의 3랑식 바실리카 형식인 반면 〈앵발리드 왕실 경당〉은 그리스십자형 평면에 팬던티브 돔을 얹은 중앙집중식이다. 돔의 평면은 그리스십자를 기본형으로 삼고, 네 측면은 타원형의 소 경당과 제단으로 처리하였다. 네 모서리 공간에는 원형의 소 경당을 두고 중앙의 돔에서 네 모서리 공간에 이르는 통로를 만들었다. 이로써 중앙의 돔을 중심으로 공간이 방사형 방향으로 퍼져 나가는 것 같은 구도를 띠게 되는데, 이는 중앙집중성을 강조함과 동시에 사방팔방으로의 확산성을 강조한 것이라 할 수 있다. 완벽한 중앙집중성은 절대왕정을 향한 세속권력의 집중을 상징하고, 여러 방향으로의 확산성은 세상을 향해 뻗어나가는 절대왕정의 위력을 상징한다. 이것은 곧 절대왕정이 세상의 중심이라는 의미를 갖는다. 돔의 천장은 팬던티브 돔으로 처리되었다. 중앙의 돔 공간과 모서리 소 경당 사이에는 두께 7-8m에 달하는 벽체를 세웠는데, 이 벽체가 돔의 하중을 대부

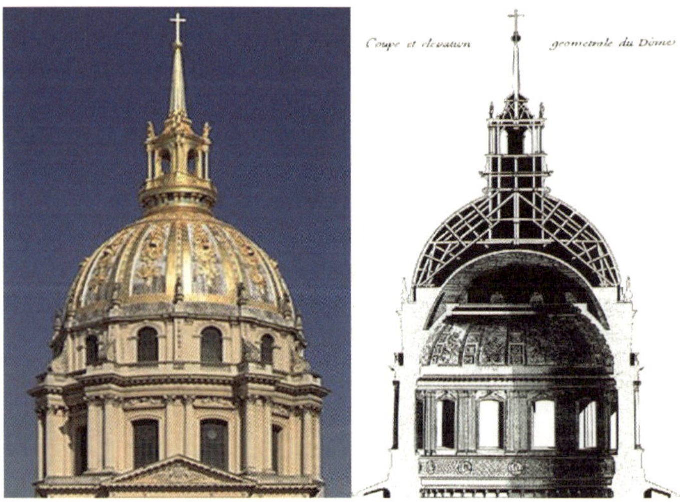


앵발리드 왕실 경당 돔 구조

분 담당한다. 벽체 앞에는 코린트식 원주를 세워 고전적 어휘를 강조하였다.

〈앵발리드 왕실 경당〉의 평면 구조가 수평 확장을 추구했다면, 그 외관은 수직 확장을 추구하였다. 수직 확장은 우선 돔을 복층으로 구성하는 방식으로 추구되었다. 돔은 3단 높이와 3중 구조로 만들어 인위적으로 수직성을 강조하였다. 내부에서 보면 팬던티브 돔과 원형창으로 구성된 전형적인 돔 구조이지만, 외부에서 보면 드럼을 2단으로 하고 그 위에 돔을 얹은 뒤 정탑으로 마무리했다. 돔 표면은 55만 개 황금잎 조각으로 장식되었다. 돔은 3중돔으로 구성되었는데, 내부 돔은 반구가 완성되지 않은 상태에서 2/3 높이에서 잘리면서 커다란 원형창을 형성한다. 외부 돔은 가운데 돔 위에 목조 구조물로 골격을 짜서 더했다. 가운데 돔은 프레스코화로 장식되어 있는데, 실내에서 내부 돔 중앙에 뚫린 원형창을 통해 가운데 돔의 그림을 볼 수 있다. 돔의 프레스코화는 샤를 드 라 포스(Charles de La Fosse, 1636-1716)의 작품이다. 돔 아래 지하에는 1840년 나폴레옹의 관이 안치되었다.

앵발리드 왕실 경당 내부

앵발리드 왕실 경당

〈앵발리드 왕실 경당〉의 정면 파사드에서는 수직 확장과 수평 확장이 동시에 나타났다. 수직 확장은 무엇보다도 돔을 복층 구조로 구성하고, 정탑도 표준형보다 높으며 그 위에 첨탑을 하나 더 얹어 높이를 강조한 데에서 잘 나타난다. 로마의 〈성 베드로 대성당〉 돔처럼 겉으로 늑재가 드러나도록 해 이 황금빛 늑재가 하늘을 향해 치솟는 것처럼 처리함으로써 수직성을 배가시켰다. 돔을 받치는 건물 본체도 2층으로 처리해 '2단 본체-2단 드럼-돔-정탑'으로 이어지면서 건물 전체가 수직 복층으로 구성되었다. 이에 따라 건물 높이가 높아져 100여 미터에 이르고, 폭과 높이의 비례가 1:3의 비율로 수직성이 강조되었다. 파사드의 수평 확장은 각 층을 명확히 분리하는 방식으로 이루어졌다. 건물 본체를 두 개 층으로 나누고, 돔을 세 개 층으로 구분했는데, 각층 마다 엔태블러처를 통해 수평띠를 강조하는 방식으로 처리되었다. 건물 전면을 장식하고 있는 원주들은 수직 확장과 수평 확장을 하나로 통합하는 역할을 한다. 가늘고 긴 원주는 그 자체로 수직성을 상징하지만, 여러 원주들이 각 층의 영역을 구분하고 있다는 점에서 수평적 독립성을 상징하기도 한다. 수직 확장과 수평 확장의 통합은 중세 고딕 전통과 프랑스에 자리잡은 르네상스 전통을 통합하고자 하는 것으로 프랑스 바로크가 추구하는 이상적인 모델의 완성을 의미하였다.

### (4) 영국의 바로크 건축

영국은 1642년 청교도 혁명이 발발하고 1649년 찰스 1세의 처형으로 왕정이 폐지되는 등 사회적 혼란에 빠졌다. 그 결과 바로크 건축은 1660년 크롬웰의 전제정치가 막을 내리고 왕정복고가 이루어진 후에야 비로소 시작되었다. 영국 바로크 건축을 촉발시킨 직접적인 사건은 1666년 런던의 대화재였다. 〈구 성 바오로 대성당〉을 비롯한 많은 건물이 소실되었고, 런던의 3/4이 화마를 입었다. 이후 재건위원회가 구성되어 성당 51개를 새로 짓는 등 재건작업이 이루어졌는데, 이 과정에서 영국의 바로크가 시작되었다. 51개의 성당 가운데 〈성 바오로 대성당〉 등 45개의 성당 건축을 도맡으며 영국 바로크의 문을 연 사람이 수학자이자 천문학자인 크리스토퍼 렌(Sir Christopher Wren, 1632-1723)이었다. 이탈리아 바로크가 가톨릭교회의 부활을 드러내고, 프랑스 바로크가 절대왕권을 과시하고자 했다면, 렌은 영국 바로크를 통해 새로운 과학정신을 반영하고자 하였다. 당시 영국은 과학혁명에 접어들어 실험과 관찰 중심의 방법론이 발전하고 있었는데, 렌은 교회건축을 통해 이러한 시대정신을 담고자 하였다. 영국의 바로크는 고전주의적 특징을 보인다. 국민성도 냉정하고 실제적인 편이며, 개신교의 영향으로 차분하고 평이한 형식을 선호한 반면, 이탈리아식의 화려한 바로크는 가톨릭교회 양식으로 여겨져 기피되었다.

## 성 바오로 대성당

성 바오로 대성당

런던의 〈성 바오로 대성당〉(1675-1710)은 영국의 바로크를 대표하는 건축이다. 이 성당은 원래 11세기에 로마네스크 양식으로 지어지기 시작해 고딕 양식으로 완성된 성당이었다. 찰스 2세는 1666년 대화재 이전부터 그리스도교에 대한 자신의 믿음을 드러내고 왕권을 과시하기 위해 이 성당의 대대적인 증축을 계획하였다. 그러다 대화재가 나면서 전면적인 개축에 나서게 된다. 그러나 문제는 성당 건축을 둘러싼 신구교 간의 대립이었다. 당시는 왕정복고 후 찰스 2세의 지원으로 가톨릭교회가 부활하면서 가톨릭교회와 성공회가 경쟁하는 상황이 되었다. 영국은 16세기에 이어 17세기에도 종교 간 대립이 계속되었는데, 이러한 대립은 영국 사회의 분열만 가져온 것이 아니라 선의의 경쟁을 통해 사회 전반의 변화와 발전을 촉발하기도 하였다. 교회건축 또한 이러한 신구교 간의 경쟁을 통해 발전하였다.

영국 국교회인 성공회는 표면적으로는 개신교를 표방했지만, 실제 내용에 있어서는 가톨릭교회와 연대하는 등 사실상 가톨릭교회와 구별이 안 될 정도였다. 영국의 종교개혁은 대륙의 종교개혁과 달리 교리상의 문제가 아니라 헨리 8세의 결혼 문제로 촉발되었기 때문이었다. 신구교를 구별하기 어려운 상황에서 영국 국교회는 자신만의 정체성 확립을 위해 어느 나라보다 개신교 교회건축의 이상적 유형을 창출하고자 노력하였다. 그러나 그러면 그럴수록 큰 교회가 지어질 때마다 신구교 양쪽의 요구가 충돌했다. 〈성 바오로 대성당〉 건립 당시에도 영국 성공회는 개신교의 개혁정신에 맞게 중앙집중형을 원했지만, 가톨릭교회 측에서는 중세 전통의 라틴십자형을 요구했다. 렌 역시 〈성 바오로 대성당〉을 구상하면서 그리스십자형 중앙집중식을 바탕으로 한 '그레이트 모델(Great Model)'이라는 제안서를 제출했지만, 가톨릭교회의 요구를 수용해 설계를 변경하였다. 그 결과 라틴십자형과 그리스십자형을 혼합한 절충형 평면과 교차부의 돔을 가진 총 길이 145m의 거대한 성당이 건립되었다. 이 성당은 당시 영국 사회의 권력 주체 간의 갈등과 타협의 산물로서 규모 면에서부터 찰스 2세의 야망을 충족시키는 것이었다.

## 성 바오로 대성당 구조와 구성

〈성 바오로 대성당〉의 정면 파사드는 로마의 〈성 베드로 대성당〉을 기본구성으로 프랑스 바로크와 영국의 전통을 혼합하였다. 중랑의 폭에 비해 정면 파사드의 폭을 넓게 한 점, 신전 모양의 입구나 양옆에 첨탑을 두고 그 뒤로 돔을 돌출시킨 점 등은 〈성 베드로 대성당〉을 차용한 것이고, 돔을 인위적으로 높여 수직성을 추구한 점은 프랑스 바로크를 차용한 것이라 할 수 있다. 총 높이 111m의 돔과 68m의 첨탑 못지않게 파사드의 폭을 54m로 한 것은 수직성과 수평성을 혼합하는 영국의 전통을 반영한 것이었다.

성 바오로 대성당

〈성 바오로 대성당〉의 외관은 고전주의 건물처럼 처리되었다. 파사드는 신전 모양의 입구, 창틀 등이 고전 어휘를 사용해 장식되었고, 수평선을 통해 분절되고 있다. 파사드 좌우에는 65m의 종탑을 세웠다. 성당의 측면 외관은 두 개 층으로 되어 있는데, 2층은 실제 벽이 아니라 단순한 가림벽이고, 가림벽의 창은 실제 창이 아니라 창처럼 조각된 것이

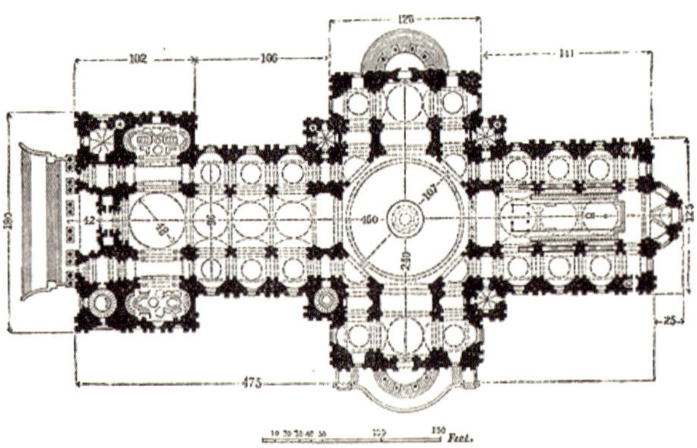


성 바오로 대성당 평면도

다. 렌은 고전주의적 건축을 추구했지만, 기술상의 한계로 인해 중랑벽 바깥에 부연부벽을 사용할 수밖에 없었다. 가림벽은 중세 성당의 특징이라 할 수 있는 부연부벽이 측랑 위로 뻗어 있는 것을 가리기 위해 측랑의 외벽을 2층 높이로 올린 것이었다.

성 바오로 대성당 돔 내부

성당의 평면은 3랑식 라틴십자형을 기본으로 삼았으나 많이 변형시켰다. 동쪽의 내진을 중랑과 같은 크기로 늘려 선형을 강화했는데, 이런 구성은 영국 중세 건축의 특징이었다. 또한 익랑을 많이 돌출시켜 그리스십자형의 느낌을 보강하고, 교차부에 지름 34m의 돔을 설치해 중앙집중성을 강화하였다. 교차부의 네 모서리에는 작은 정사각형의 제의실을 두었다. 이로써 전체적인 평면은 그리스십자형에서 두 팔 부분을 늘린 것 같은 형태가 되었다.

교차부의 돔은 교차부의 팔각형 평면 위에 여덟 개의 아치를 세우고, 그 위에 돔을 얹은 구조이다. 이 때문에 교차부 중앙에 서면 여덟 개의 방향으로 아케이드가 뚫리며 길이 나 있는 것을 볼 수 있는데, 이는 방사형 구도를 만들며 중앙집중성을 더욱 강화시킨다. 돔은 로마의 〈성 베드로 대성당〉의 돔을 모델로 열주식 드럼 위에 올린 것이다. 드럼 부분은 2단으로 구성되었다. 렌은 성당 지반이 약한 점을 고려해 거대한 돔의 무게를 줄이기 위해 〈앵발리드 왕실 경당〉과 유

성 바오로 대성당 돔 구조

사한 방식으로 돔 건축에 3중돔 구조를 도입하였다. 내부 돔은 반구 형태이고, 가운데 돔은 원추형으로 된 벽돌구조물로 정탑과 외부 돔을 지지하는 역할을 한다. 외부 돔은 목구조로 틀을 짜 무게를 줄이고 그 위에 납을 씌워 마감하였다.

성당 내부는 코린트식 벽기둥이 부착된 교각 아케이드에 의해 중랑과 측랑을 분리시켰는데, 천장은 돔을 연속으로 잇대는 방식으로 처리하였다. 중랑과 측랑의 9베이, 익랑의 6베이, 내진의 9베이, 전실의 1베이를 합쳐 모두 25개의 돔이 천장을 덮고 있다. 이런 구성은 중앙집중식을 무한히 증식시킨 것으로 볼 수도 있고, 돔식 바실리카를 차용한 것으로 볼 수도 있다. 성당의 내부는 화려하긴 하지만, 다른 나라의 바로크 성당에 비하면 상대적으로 장식이 절제된 느낌을 준다. 프랑스와 이탈리아의 경우 바로크 양식의 장식은 회화, 조각, 건축이 일체화된 화려함을 보이는 반면, 영국의 경우 다소 수수하고 절제된 경향을 보인다. 돔 내부의 프레스코화와 모자이크 장식은 제임스 손힐(James Thornhill, 1675/1676-1734)의 작품이고, 내진 궁륭의 모자이크 장식은 윌리엄 블레이크 리치먼드(SWilliam Blake Richmond, 1842-91)의 작품이다.

성 바오로 대성당 천장

성 바오로 대성당 내부

## (5) 독일의 바로크와 로코코 건축

독일의 바로크는 30년 전쟁(1618-1648)의 영향으로 비교적 늦게 시작되었다. 독일은 유럽의 신교권과 구교권 사이에 벌어진 30년 전쟁의 각축장이 되어 전 지역이 황폐화되었다. 그러던 중 1683년에 터키가 유럽을 침공해 두 달 동안 빈을 포위하고 위협하는 상황이 벌어졌는데, 오스트리아는 기적적으로 터키군을 물리칠 수 있었다. 그 후 오스트리아는 자신들이 유럽을 지켜냈다는 자부심을 바탕으로 신성로마제국의 황제국으로서의 자신감을 회복하고, 반종교개혁의 선봉장으로 나서게 된다. 이후 반종교개혁의 열정이 확대되면서 오스트리아를 중심으로 새로운 양식의 많은 성당들이 지어졌고, 이어서 바이에른을 비롯한 남부 독일에서도 바로크 건축이 활발하게 전개되었다.

독일을 비롯한 중부유럽의 교회건축에서는 라틴십자형이나 바실리카식보다는 타원형이 주로 사용되었다. 타원형을 직접 사용하지 않을 경우 원형을 나열해 공간 전체를 타원형으로 만들었고, 단일 타원형보다는 크고 작은 원형과 타원형의 조합을 통해 이중 골격의 타원형 윤곽을 만드는 경향이 두드러졌다. 벽체는 굴곡을 심하게 해 파도치는 듯한 율동이 만들어졌는데, 제단을 향한 방향성을 약화시키는 벽감이나 경당 같은 공간은 두지 않았다. 성당 내부는 그 자체가 하나의 천상세계로 간주되어 치장벽토와 프레스코, 조각과 공예 등으로 화려하게 장식되었다.

독일의 바로크는 늦게 시작되었기 때문에 로코코와 병존하는 경향을 보였다. 독일의 바로크는 웅장하면서도 화려한 시각적 효과를 추구하기 위해 당시 새롭게 대두된 화려하고 자유분방한 로코코 장식을 적극적으로 받아들였다. 로코코(Rococo)는 18세기에 프랑스를 중심으로 대두된 화려하고 자유분방한 장식적 경향의 양식을 말한다. 바로크적 운동감은 그대로 지속되었지만 규모는 더 작아지고, 우아한 색채와 섬세한 장식으로 인해 분위기는 감각적이고 유쾌해졌다. 로코코라는 말은 조약돌이나 자갈을 의미하는 프랑스어 '로카유(rocaille)'에서 유래한 것으로, 원래 조약돌이나 조개껍데기, 석고장식 등을 이용한 실내장식품의 양식을 의미했다. 미술사가들이 프랑스 루이 15세 치하(1715-1774)의 상류사회에서 볼 수 있었던 가볍고 진지하지 못한 취향을 가리켜 조롱조로 '로코코'라고 부르기 시작했고, 오늘날에는 하나의 양식 명칭으로 자리 잡게 되었다.

독일의 바로크는 로코코와 병존하는 특이한 경향을 보이고 있어 양식적으로 보나 시대적으로 보나 바로크와 로코코를 명확하게 구분하기란 쉽지 않다. 또한 독일의 바로크는 특히 총체예술적 특성이 두드러졌다. 건축이라는 큰 테두리 안에서 건물의 내 외부를 조각이나 그림 등으로 장식해 시각적 효과를 추구함으로써 건축 안에 조각과 회화가 융합되어 있다. 대체로 건축은 바로크의 웅장함을 유지하고 있고, 조각과 회화 등을 통해 로코코 양식으로 화려하게 장식함으로써 총체 예술적 특성을 보였다.

## 카알 성당

오스트리아 빈의 〈카알 성당〉(1716-37)은 요한 베른하르트 피셔 폰 에어라하(Johann Bernhard Fischer von Erlach, 1656-1723)가 설계한 것으로, 독일어권 바로크를 대표하는 성당이다. 이 성당은 에어라하가 완공을 보지 못하고 죽자 역시 뛰어난 건축가였던 그의 아들 요셉 엠마누엘 피셔(Joseph Emmanuel Fischer von Erlach, 1693-1742)의 감독하에 완공되었다. 요한 베른하르트 피셔 폰 에어라하는 근 20년 동안 이탈리아에서 건축을 공부하고 돌아와 1687년에 레오폴트 1세의 궁정 건축가가 되었다. 당시 오스트리아는 터키군을 격퇴한 자신감을 바탕으로 유럽의 강대국으로 부상하고 있었다. 황제는 라이벌인 프랑스를 의식하면서 장대한 궁전건축을 통해 권력을 과시하고자 하였고, 성직자들은 교회건축을 통해 가톨릭교회의 승리를 표현하고자 하였다. 이러 환경 속에서 에어라하는 빈과 잘츠부르크 등에서 성당을 비롯한 여러 건축을 의뢰받아 도시의 면모를 일신시키는데 기여하였다.

카알 성당

빈의 〈카알 성당〉은 신성로마제국의 황제 카알 6세가 흑사병을 물리친 기념으로 성 카알 보로메우스에게 봉헌한 성당이다. 1713년 빈을 휩쓴 전염병은 8천 명의 희생자를 냈는데, 황제는 자신의 수호성인이자 흑사병의 치유성인인 성 카알 보로메우스에게 전염병이 종식되기만 하면 성당을 지어 바치겠다고 약속했다. 〈카알 성당〉은 이러한 황제의 약속을 실현한 것이었다.

## 카알 성당의 구조와 구성

카알 성당

〈카알 성당〉은 바로크 건축의 특징을 잘 보여준다. 바로크 건축은 벽체가 들쭉날쭉하면서 이루어내는 역동성과 함께, 다양한 요소들이 하나의 중심점으로 집결되면서 조화를 이루는 것이 특징이다. 이 성당 역시 우선 벽체가 들쭉날쭉하면서 역동적이고, 돔, 원주, 신전 입구 등 서로 어울리지 않을 것 같은 다양한 요소들이 중앙 현관을 중심으로 집결되면서 묘한 조화를 이루고 있다. 특히 중앙에 우뚝 솟은 높이 72m의 돔은 인상적이다. 중앙에 타원형의 넓은 중랑을 두고 그 위에 커다란 돔을 올림으로써 그리스도교 신앙의 힘을 보여줌과 동시에 합스부르크 제국이 세상의 중심임을 인상적으로 구현하고 있다. 중앙의 돔은 미켈란젤로가 설계한 로마의 〈성 베드로 대성당〉의 돔을 차용한 것이지만, 드럼을 유난히 높여 수직성을 강조했고, 드럼 위쪽에 타원형의 창을 두어 장식하였다. 정면 중앙에는 로마 〈판테온〉의 현관을 연상시키는 그리스 신전 형식의 현관이 돌출해 있어 건물의 역동성을 살리고 있다. 성당 좌우의 종탑은 3단으로 구성되었는데, 아래에서부터 쌍 벽기둥 아치, 반원형의 박공, 소용돌이 문양의 박공 순서로 장식되었고, 그 위에 작은 지붕을 얹었다.

카알 성당 원주

성당 현관 좌우에는 로마의 〈트리야누스 기념주〉를 모방한 33m 높이의 원주를 배치하고 있는데, 성당 본체의 돔이 너무 커서 자칫 균형을 잃을 뻔

카알 성당 내부

카알 성당 제단

했는데 이 원주가 설치됨으로써 전체적으로 안정감을 주고 있다. 원주는 마치 이슬람 모스크 주위에 세워진 '미나렛'을 연상시킨다. 나선형으로 감고 올라가는 원주면에는 반종교개혁에 앞장섰던 성 카알 보로메우스의 일대기와 사후의 기적 및 신성로마제국의 여러 통치자들의 업적을 기리는 부조가 새겨져 있다. 원주 맨 윗부분은 왕관으로 장식하고, 그 아래에는 제국을 상징하는 독수리를 배치함으로써 신성로마제국의 왕권을 구체적으로 표현하고 있다. 이로써 이 성당은 고전적 요소과 종교적, 정치적 상징과 황제를 상징하는 표현들을 이용한 이른바 '합스부르크 황제양식'을 발전시켰다. 이러한 건축을 통해 황제는 제국의 권력을 대외적으로 과시함과 동시에 가톨릭교회의 수호자임을 자처하였다.

성당의 내부는 웅장한 분위기를 풍긴다. 평면 자체가 타원형으로 되어 있어 차분한 느낌보다는 역동적인 움직임이 느껴진다. 돔과 드럼에 난 창으로부터 풍부한 빛이 들어와 내부를 밝게 비춰준다. 돔 내부의 프레스코화는 요한 로트마이어(Johann M. Rottmayr, 1654-1730)의 작품으로 성 카알 보로메우스가 성모의 도움을 받아 전염병을 막아달라고 성 삼위일체에게 기도하는 모습이 담겨 있다.

뒤쪽 제단은 에어라하가 고안하고 페르디난트 브로코프(Ferdinand M. Brokoff, 1688-31)가 완성한 것으로, 성 카알 보로메우스가 구름 속에서 승천하는 모습이 묘사되어 있다. 제단 위쪽의 둥근 창문에 히브리어로 '야훼(יהוה)'라고 새겨진 삼각형은 신의 전능함을 상징하고, 거기서 쏟아지는 황금색 빛줄기는 신의 은총을 나타낸다. 제단은 마치 연극무대처럼 꾸며져 있고 따뜻한 기운이 감도는 부드러운 톤은 신의 사랑을 상기시키며 극적인 감동을 자아내는데, 여기서 극적인 효과를 통해 공감을 자아내는 가톨릭교회의 교화방식을 읽을 수 있다.

카알 성당 돔 내부

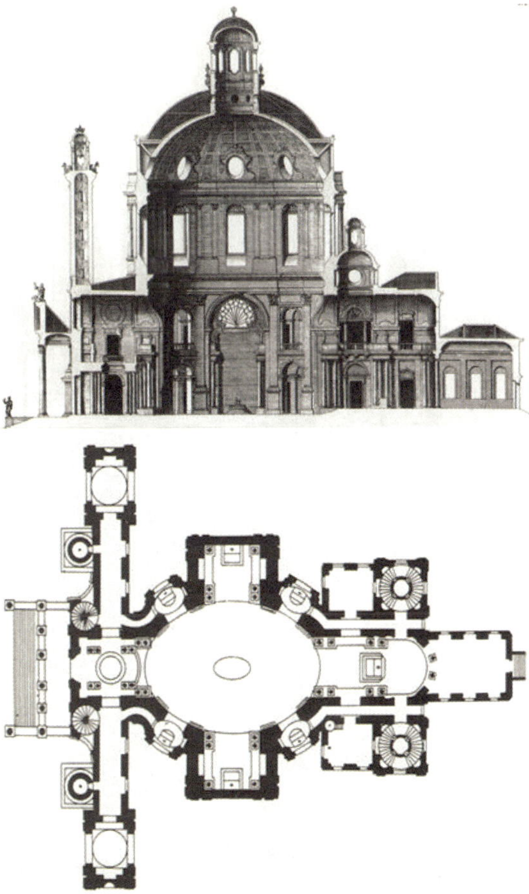

카알 성당 구조

〈카알 성당〉은 중앙집중성과 선형성의 혼합 구성을 특징으로 한다. 우선 타원형의 공간을 중심에 배치해 중앙집중성을 높였고, 여기에 여러 방향으로 축 구성을 더하고 있다. 우선 성당 입구에서 전실을 거쳐 뒤쪽 내진과 후진에 이르는 기본 축이 형성되었다. 특히 중심 공간이 타원형인데다 그 앞 뒤의 공간들을 모두 긴 직사각형으로 처리해 선형성을 강화했는데, 이러한 선형성의 강조는 가톨릭교회의 행렬의식과 밀접하게 연관된다. 이에 반해 횡방향으로 네 개의 축을 통해 기본축의 선형성을 약화시키고 있다. 우선 전실 양옆에 긴 직사각형 통로를 만들어 그 끝에 종탑이 있는 정사각형 공간으로 마무리하였다. 이 부분은 정면 파사드에 해당된다. 다음으로 타원형의 중심 공간 좌우로 각각 경당을 두어 횡방향으로 축을 만들었다. 또 내진 양쪽에 정사각형의 제의실을 두어 횡단축을 만들었고, 후진 양쪽에도 정사각형의 계단실을 두어 횡단축을 만들었다. 이런 횡방향의 축은 기본축으로 인한 강한 선형성 때문에 약해진 중앙집중성을 보강하기 위한 것이라 할 수 있다. 그중에서도 특히 타원형의 중심 공간을 가로지르는 횡단축으로 인해 결과적으로 성당의 중심이 그리스십자 형태의 십자축 구성을 띠게 되었다. 십자축 구성은 중앙집중성을 강화하는 역할을 했는데, 이는 합스부르크 제국이 세상의 중심이라는 상징성으로 읽을 수 있다. 선형성을 강조하는 기본축은 종교적인 세계를 상징하고, 중앙집중성을 보강하는 횡방향의 축은 세속적인 세계를 상징한다고 할 때 이 둘이 마주치는 중심 공간을 강조한 것은 합스부르크 제국이 성과 속 두 세계를 모두 통제하고 있다는 상징적 의미를 지닌다.

## 14성인 순례성당

14성인 순례성당

〈14성인 순례성당〉(1743-72)은 독일 바이에른주 리히텐펠스 지역 바트 슈타펠슈타인에 위치한 순례성당이다. 이 성당은 독일 바로크를 대표하는 건축가 발타사르 노이만(Balthasar Neumann, 1687-1753)의 작품이다. 노이만은 주물 기술자로 활동하다 포병 장교가 된 후 군대에서 건축교육을 받고 영주주교의 주임건축가가 되었다. 그는 뷔르츠부르크를 중심으로 활동하면서 남부 독일의 바로크를 이끌었다. 그의 건축은 궁전과 성당 등 다양한 방면에서 이루어졌는데, 예술성뿐만 아니라 실용적인 면에서도 뛰어나다는 평가를 받았다.

〈14성인 순례성당〉의 기원은 한 어린아이로부터 시작되었다. 1445년 9월 헤르만 라이히트라는 양치기가 시토회 수도원 근처에서 울고 있는 어린아이를 발견하고 그를 안으려 하자 홀연히 사라졌다. 잠시 후 아이가 다시 나타났는데 이번에는 두 개의 촛불이 그 옆에 같이 있었다. 다음 해 6월 세 번째 만남에서는 아이가 가슴에 빨간 십자가를 품고 다른 아이들과 함께 나타나 "우리는 구난성인들인데 이곳에 우리가 쉴 수 있는 경당을 세우길 원한다. 만일 네가 우리의 뜻을 따른다면 우리는 네 수호자가 되겠다."라고 약속했다. 그로부터 18일 후 중병을 앓던 여인이 이곳에서 구난성인의 도움으로 기적적인 치유를 받게 되었다. 이 일을 계기로 시토회 수도원이 1448년 이곳에 경당을 세웠다. 그 후 순례자들이 몰려들자 1743년부터 29년에 걸친 공사 끝에 현재 모습의 성당이 들어서게 되었다.

14명의 구난성인, 이른바 '14명의 거룩한 조력자들(Quattuordecim auxiliatores)'에 대한 숭배는 14세기 흑사병이 유행하던 때 독일 라인란트 지역에서 처음 시작되었다. 14명의 구난성인은 사람들이 긴급한 질병이나 불행 등 각종 재난에 처했을 때 그들에게 기도를 드리면 구제해 준다고 믿었던 일련의 수호성인들을 말한다. 예를 들어 바르바라 성녀는 가축이 병에 걸렸을 때, 폭풍이나 건조기후, 화재 위험이 있을 때, 영혼이 어려움에 처하거나 의지할 곳이 없을 때 도와주는 수호성인이다. 크리스토포로 성인은 목과 후두에 병이 났을 때, 질식의 위험에 처했을 때 그리고 여행자를 지켜주는 수호성인이다. 마르가리타 성녀는 풍성한 수확과 출산을 도와주는 수호성인이다. 이와 같이 각 성인들은 각자의 구제 영역이 있는데, 오늘날에도 가톨릭교회에서는 14명의 구난성인들을 '그리스도교적 치유의 모델'로서 공경한다.

〈14성인 순례성당〉은 1897년에 교황 레오 13세로부터 '소 바실리카(Basilica Minor)'라는 영예로운 칭호를 부여받았다. 오늘날에도 5월과 10월 사이에 순례가 진행되는데 연간 약 50만 명이 이 성당을 찾는다고 한다.

14성인 순례성당

## 14성인 순례성당 구조와 구성

14성인 순례성당 내부

〈14성인 순례성당〉은 남부 독일 바로크 성당의 한 정점으로 간주된다. 그러나 화려한 내부 장식으로 인해 로코코 성당으로 보기도 한다. 이 성당의 정면 파사드는 세 개의 축을 중심으로 들쭉날쭉 율동감을 주면서 수직분할되었다. 장식을 절제한 가운데 출입구를 비롯한 중앙을 볼록하게 처리한 곡면이 전체적인 분위기를 부드럽게 보이도록 한다. 곡면은 이탈리아 건축가 보로미니 특유의 가소성을 차용해 물결치는 듯한 율동감을 부여한다. 파사드의 양옆에는 첨탑을 세워 수직성을 강조하였다. 반면 수평적인 돌림띠를 사용해 파사드를 두 개의 층으로 수평분할하고 있는데, 아래층은 사각 벽기둥만으로 장식했지만, 위층은 원주를 사용해 중앙부를 장식하였다. 파사드에는 수많은 창을 내어 내부 공간에 밝은 빛을 제공한다.

성당의 내부는 단순해 보이는 외관과는 완전히 다른 모습으로 설계되었다. 성당의 평면은 3랑식 라틴십자를 기본으로 한 선형에 중앙집중형을 가미하고 있다. 중랑은 6베이로 이루어졌는데, 두 개의 크고 작은 타원형으로 분할되어 선형성이 약화되었다. 중랑 중간 부분의 큰 타원형은 3베이로 이루어졌고, 전실 부분의 작은 타원형은 2베이로 이루어졌다. 내진과 후진 부분에는 또 하나의 타원형이 배치되어 총 세 개의 타원형이 장축(동서) 방향으로 늘어서 선형을 이룸으로써 돔식 바실리카에 가까운 형태를 만들고 있다. 익랑은 돌출 정도가 크지 않지만 측랑까지 포함해 원형 공간으로 처리되었다. 타원형과 원형의 공간 단위는 모두 천장을 돔으로 처리한 것이 특징이다. 평면은 다섯 개의 타원형과 두 개의 원형이 겹쳐지면서 역동적이고 활기찬 아름다움을 보여준다.

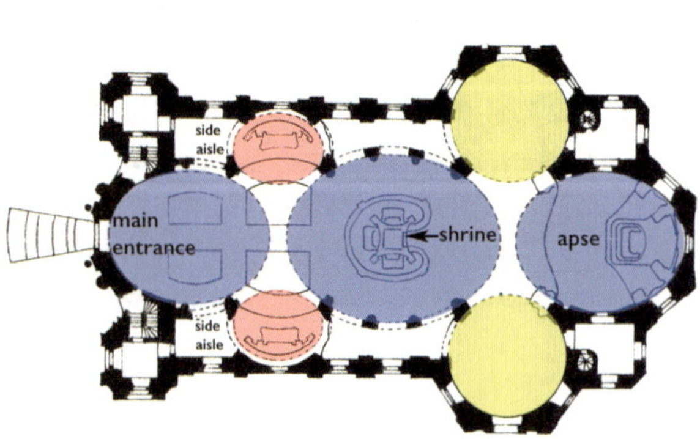


14성인 순례성당 평면도

성당의 궁륭은 '구아리니 스타일(Guarini style)'이 적용되었다. 구아리니 스타일은 테아틴 수도회의 수사이자 건축가인 카밀로 구아리니(Camillo Guarino Guarini, 1624-83)가 개발한 궁륭 시스템으로 궁륭끼리 서로 지지하게 만들어 서로에게 작용하는 하중을 줄이는 방식이다. 이렇게 하면 궁륭의 하중을 받치는 수직 기둥의 수를 줄이고 툭트인 공간을 만들 수 있다. 후기 바로크와 로코코의 몇몇 건축가들은 이러한 구조를 궁륭면들의 접합형태로 적용했는데, 특히 노이만은 이러한 구아리니 스타일에 몰두한 건축가였다. 〈14성인 순례성당〉은 구아리니 스타일의 정점을 보여준다. 궁륭의 횡단아치들을 아치 꼭대기의 이맛돌에서 만나게 함으로써 5개의 원형 건축이 서로 열린 채 연결될 수 있었다. 이 때문에 세로로 길게 놓인 건축이 서로 맞붙어 공간의 통일성을 형성하고 전체적으로 마치 중앙집중형 건축처럼 보이게 한다.

14성인 순례성당 천장

〈14성인 순례성당〉은 얼핏 라틴십자 형태의 바실리카식 교회를 연상시킨다. 그러나 노이만은 이 성당에서 전통적인 바실리카식 교회건축의 구조를 깨뜨리고 있다. 기존 바실리카식 교회에서 중요시되던 십자형 교차부는 존재하지 않는다. 기존의 측랑 개념도 바뀌어, 2층 회랑과 함께 중앙집중형 공간을 둘러싼 복도 같은 역할만 할 뿐이다. 이 성당의 핵심은 성당의 한 가운데에 자리한 '은총의 제단'이다. 이 제단은 어린아이가 출현했던 기적의 장소에 세워진 것으로, 성당의 내부 공간에서 중심이 되는 가운데 타원형 안에 자리하고 있다. 다른 공간은

14성인 순례성당 은총의 제단

벽에 붙은 기둥들로만 나뉘어 있지만, 이 공간은 3/4 원주들에 둘러싸여 강조되고 있다. 제단이 성당의 중앙으로 옮겨왔기 때문에 기존 성당에서 가장 중요시 되었던 내진 공간의 중요성이 약화되었다. 이 성당을 찾는 순례자들의 최종 목적지도 성당 중앙에 자리한 은총의 제단이다.

은총의 제단은 화려한 로코코 양식으로 하트 모양의 곡선형 격자로 둘러싸여 있다. 널찍하게 펼쳐지는 소용돌이 모양의 받침대 위에 로카이유로 만든 치보리움이 서 있고, 그 아래 대리석 재단이 놓였다. 치보리움은 네 개의 지지대를 통해 차양을 받치고 있는데, 성당 입구 쪽에서 보면 지지대 사이로 내진 쪽의 제단화가 건너다 보인다. 치보리움 맨 위에는 어린아이(아기 예수)가 십자가를 가슴에 새긴 채 지구를 상징하는 황금색 공 위에 서 있다. 재단 주위로는 14명의 성인상이 방향을 달리하며 서 있는데, 성인상은 위로 올라갈수록 작아지는 형태로 균형 있게 배열되었다. 이 제단은 남부 독일에서 가장 대담한 로코코 조각 작품에 속한다.

노이만이 완공을 보지 못하고 1753년 사망한 후 요한 토마스 니슬러((Johann Thomas Nissler, 1713-69)가 맡아 성당을 완공하였다. 당시에는 아직 정확한 건축 도면에 대한 개념이 부족했기 때문에 노이만이 죽자 니슬러는 도면도 없는 상태에서 전적으로 자신의 경험에 의존해 궁륭을 마무리하였다. 성당의 내부는 바이에른의 스투코 장인인 요한 미하엘 포이히트마이어(Johann Michael Feuchtmayer, 1709-72)와 요한 게오르크 위블회르(Johann Georg Üblhör, 1700-63)가 맡아 로코코 양식으로 화려하면서도 우아하게 장식하였다. 천장의 프레스코화는 마인츠의 궁정화가 쥬세페 아피아노(Giuseppe Appiano, 1706-85)의 작품으로 14성인의 이야기를 담고 있다. 많은 창을 통해 간접적으로 떨어지는 빛은 내부 장식과 어우러져 특별한 분위기를 만들어낸다.

비스 순례성당

## 비스 순례성당

〈비스 순례성당〉(1746-54)은 독일 최남단 슈타인가덴 근교의 작은 마을 비스에 위치하고 있다. 이 성당은 1740년대 후반에 침머만 형제(Johan Baptist Zimmermann, 1680-1758 / Dominikus Zimmermann, 1685-1758)가 설계한 로코코 양식의 대표적인 교회

건축이다. 이 성당은 '채찍을 맞은 예수상'을 모신 순례성당이다. 1730년에 슈타인가덴 수도원의 두 수도사가 성금요일의 행렬을 위해 '채찍을 맞은 예수'의 목조상을 만들었다. 이 조각상은 예수의 상처가 너무 생생하게 표현되어 많은 사람이 충격을 받았기 때문에 행사가 끝나자 슈타인가덴에 있는 한 여관 다락방에 버려졌다. 그로부터 몇 년이 지난 어느 날 슈타인가덴 근교의 비스에 사는 마리아 로리라는 여인이 이 조각상을 발견하고 자기 방으로 가져왔다. 그러자 1738년 6월 14일, 예수상의 눈에서 눈물이 떨어지는 '비스의 기적'이 일어났다. 로리가 이 사건을 슈타인가덴 수도원에 알리자 수도원 쪽에서는 이 이야기를 비밀로 해 달라고 요청했다. 그러나 비스의 예수상에 관한 소문은 순식간에 퍼졌고, 로리의 집은 순례자들이 찾아오기 시작했다. 그러자 아우구스부르크의 주교는 사건의 진상을 확인하기 위해 조사단을 파견했다. 조사단은 기적을 인정하지 않았지만 사람들의 신앙심을 고취하기 위한 은총의 표현으로서 받아들였다. 그 후 유럽 각지의 순례자들이 몰려들자 비스 마을의 언덕 위에 작은 경당과 예수상을 위한 목조 건물이 만들어졌다. 순례자들의 행렬이 끊이지 않자 수도회는 좀 더 많은 사람을 수용할 수 있는 큰 성당을 짓기에 이르렀다. 새 성당은 '채찍을 맞은 예수의 순례성당'으로 명명되었지만, 일반 사람들에게는 '비스 성당'으로 알려졌다. 중앙 제단 뒤 벽감 속에 당시의 예수상이 보관되어 있다. 근래에도 매년 100만 명 이상의 방문객이 찾는다고 한다.

채찍을 맞는 예수상

## 비스 순례성당 구조와 구성

〈비스 순례성당〉은 소박한 외관과 달리 내부 공간은 아담하지만 무척 화려하다. 건축적 골격이나 실내 장식은 동생인 도미니쿠스의 작품이고, 프레스코는 형인 요한 밥티스트의 작품이다. 평면 자체는 타원형의 단순한 집중식 구조이다. 중랑은 길이 29m, 폭 25m의 타원형이고, 내진은 직사

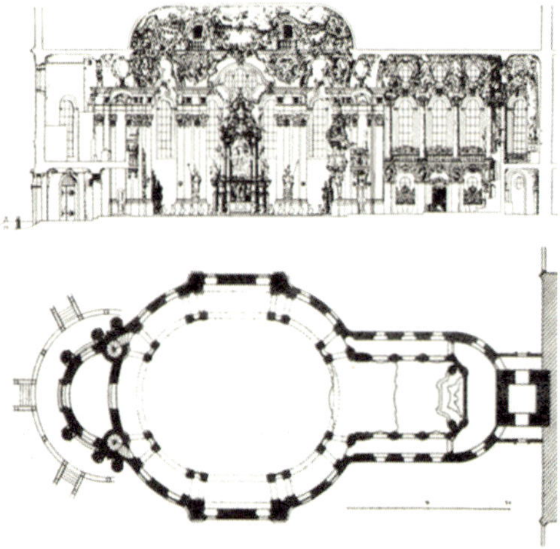

비스 순례성당 구조

각형이다. 타원형의 평면을 가진 중랑은 여덟 쌍의 쌍기둥에 둘러싸여 있는데, 이 기둥들은 한쪽으로는 부드럽게 휘어진 궁륭을 지지하고 있고 뒤쪽으로는 아치를 통해 벽면과 연결되어 회랑을 형성한다. 주두는 정교하고 화려한 장식으로 꾸며져 있고, 기둥 위쪽의 장식틀 안에는 예수가 '산상수훈'(마태오 5-7)에서 설파한 여덟 가지 행복을 그려 넣었다. 성당 내부는 전체적으로 하나의 홀처럼 보이는데, 이는 중세의 '할렌키르헤'를 연상시킨다.

내부 장식은 기둥마저도 모두 스투코 방식으로 제작되었고, 금색이나 은색 칠을 해 장식하였다. 스투코 방식은 소석회(또는 석고)를 주재료로 대리석 가루, 점토분 등을 섞어 만드는데, 특정 재료를 준비하지 않고도 화려한 장식을 구사할 수 있다는 점에서 로코코 양식에서 즐겨 사용되었다. 화려한 장식들은 40개의 커다란 창을 통해 쏟아져 들어오는 빛에 의해 더욱 밝고 신선하게 느껴진다. 또한 늘어선 기둥들 사이로 들어오는 빛은 굴절되면서 변화무쌍하고 다양한 분위기를 만들어 낸다. 로코코에서 자연광은 무엇보다 풍부한 조명효과를 증대시킨다. 바로크에서도 이미 빛의 효과를 이용했지만, 로코코에서는 더욱 강화된 연극적인 목표를 위해 조명이 강조되었다.

비스 순례성당 내부

비스 성당은 로코코가 요구하는 공간 형상의 총체예술적 통일성을 달성하고 있다. 건축과 균형 잡힌 우아한 석고 장식, 그림들과 조각 작품이 함께 조화를 이루고 있다. 이러한 조화는 특히 강론대에서 잘 나타난다. 비스 성당에서 가장 호화로운 최고의 걸작 중 하나가 강론대이다. 천사가 받치고 있는 강론대는 쌍기둥 앞에 떠 있는 것처럼 보인다. 강론대는 직선을 찾아보기 어려울 정도로 화려하게 장식되었고, 울림판이 들어 있는 강론대 위의 덮개는 전통적인 형태를 찾아볼 수 없을 정도로 환상적으로 꾸며졌다. 로코코 성당에서는 강론대를 특별히 예술적으로 공을 들여 형상화했는데, 이는 회중들로 하여금 강론에 주의를 집중하게 하려는 의도였다. 반종교개혁 시기에 가톨릭교회는 교리를 최대한 인상적으로 전달함으로써 말씀을 통한 하느님의 현존을 강조하고자 하였다. 이를 위해 강론자를 회중석에서 쉽게 볼 수 있고 강론도 잘 들리도록 제단 쪽에 있던 강론대를 다시 회중석 쪽으로 옮겼다. 이는 교회의 갱신과 더불어 다시 견고해진 가톨릭교회의 신앙을 확고하게 전파하기 위한 노력의 일환이라고 할 수 있다.

내부 천장화는 형인 요한 밥티스트의 작품으로, 마치 천장이 없이 하늘 쪽으로 열려 있는 것 같은 환상을 만들어낸다. 하느님의 자비와 예수의 속죄, 예수의 재림을 표현하고 있다. 중앙에 걸린 무지개 위에 앉아 있는 예수 그리스도는 부활의 희망을 전하고 있고, 천사들은 죽음에 대한 승리를 상징

비스 순례성당 강론대

비스 순례성당 천장화

하는 십자가를 안고 있다. 그림 한쪽에는 최후의 심판 날에 그리스도가 앉게 될 빈 왕좌가 보이고, 왕좌 반대쪽에 그려진 '천국의 문' 위에는 "이제 시간이 없다"라는 글귀가 새겨져 있다. 문 밑에는 시간의 신 크로노스가 쓰러져 있는 모습도 보인다. 밝고 경쾌하게 묘사된 천장화는 공간의 한계를 뛰어넘어 무한히 열려 있는 듯한 착각을 주면서 보는 이를 천국의 세계로 인도하는 듯한 환상적 분위기를 자아낸다. 궁륭에 뚫린 창들에서 들어오는 자연광은 화사하고 밝은 분위기를 배가시킨다.

## (6) 종교개혁과 개신교의 교회건축

16세기에 일어난 종교개혁의 영향으로 인해 개신교 진영에서는 이미지 사용에 대해 대체로 부정적인 입장을 표명하였다. 특히 울리히 츠빙글리(Ulrich Zwingli)와 장 칼뱅(Jean Calvin)은 급진적인 복음주의에 기반을 두고 이미지 숭배를 철저히 배격했는데, 이들의 영향을 받은 스위스, 네덜란드, 프랑스 등에서 격심한 성상 파괴행위가 일어났다. 개신교 진영이 이미지에 대한 부정적인 견해를 갖게 된 것은 구약의 모세 율법(십계명 1조)과 신약에 기록된 바오로의 발언(로마서 1,23 등)에 근거한 것이었다. 그러나 종교개혁 당시 개신교 진영에서 시민들의 성상 파괴행위를 선동하는데 결정적 역할을 한 것은 교회가 성상을 위해 지불하는 막대한 돈이 가난한 자에게 자선을 베푸는 데에 쓰여야 한다는 주장이었다. 따라서 개신교 진영의 성상 거부는 순수한 신학적 문제에 국한되지 않고 당시 지배층에 대한 저항의 성격도 띄고 있었다고 할 수 있다. 마르틴 루터(Martin Luther) 역시 초기에는 종교미술에 대해 비판적이고 부정적인 견해를 가지고 있었으나 점차 긍정적인 평가를 하게 된다. 그는 도상파괴의 폭력성이 가져올 여파를 우려해 무차별적 폭력에 대한 신앙적 책임을 호소하고, 교회에서 도상을 걷어내는 것보다 더 중요한 것은 "하느님의 말씀으로 우리 마음 안의 도상을 제거하는 것이 더 효율적이다."라고 강조하였다. 또한 1524-25년에 발표한 글에서 모세 율법에서 금지하고 있는 것은 단지 하느님을 대신하는 이미지에만 해당된다고 지적하고, 따라서 우상 숭배와 관련되지 않은 그림이나 조각은 허용될 수 있다고 보았다. 그리고 나중에는 교육적 목

마르틴 루터

적에서 종교미술을 적극 이용하기도 하였다.

그러나 독일은 종교개혁과 반종교개혁을 거치는 동안 가톨릭교회와 루터파 교회, 칼뱅의 전통에 선 개혁파 교회 등 세 개의 종파가 공존하면서 크고 작은 영방국가와 도시국가로 분열되어 종교뿐만 아니라 정치적 성향과 문화까지도 달라지게 되었다. 각 지역 간의 이러한 이질성은 특히 건축 분야에서 두드러졌다. 가톨릭교회 지역에서는 도시 전체를 가톨릭교회의 부흥을 상징하는 화려한 바로크 양식으로 개조한 반면, 개신교 지역, 특히 개혁파가 우세한 지역에서는 금욕주의와 경건함으로 인해 지극히 단순한 양식의 교회들이 건축되었다. 개신교 지역에서 교회는 '신의 집'이 아니며 따라서 예배용 건축물이 아니었다. 교회는 그 자체로 성스러운 곳이 아니라, 복음을 설교하고 공동체가 기도를 올리며 성찬을 축하하는 성스러운 일이 그곳에서 일어나기 때문에 성스러운 곳이었다. 교회 건물은 신전이 아니라 신도들을 위한 '교구회관'에 불과했다. 이러한 교회의 성격은 특히 내부 공간에서 잘 나타났다. 교회는 신도들이 함께 들어갈 하나의 공간만 있으면 되었지 부제단이나 개인 경당은 필요하지 않았다. 모두가 공동으로 행하는 하나의 예배만 행해질 뿐 사적인 예배나 개인적인 의식은 더 이상 제공되지 않았다. 따라서 개신교의 교회는 항상 열려 있는 가톨릭교회의 성당과 달리 예배가 없는 평일에는 문을 닫았다.

가톨릭교회에서는 인간 삶의 고비마다 하느님께서 함께하신다는 의미로 일곱 가지 성사를 거행한다. 12세기에 이르러 성사가 세례성사, 견진성사, 성체성사, 고해성사, 병자성사, 성품성사, 혼인성사 등 일곱 가지로 고정되었고, 트리엔트 공의회(1545-1563)에서 교리로 선포되었다. 이 가운데

가톨릭교회 강론대 / 개신교 설교대

예수 그리스도와 밀접하게 관련된 성사는 '세례성사'와 '성체성사'로, 대부분의 개신교에서는 이 두 가지 성사만 수용하였다. 그중에서도 세례성사의 중요성은 강조되었지만 성체성사인 성찬례(성찬식)를 두고는 의견이 갈렸다. 루터가 성찬례를 '그리스도의 실제 출현'이라는 관점에서 이해한 반면, 츠빙글리는 성찬례를 그리스도의 희생을 기억하는 상징적 행위로 보았다. 따라서 츠빙글리에게 있어 제단은 불필요하고 탁자 하나면 족했다. 그리고 성직자가 인간을 구제할 어떤 권한도 없으며 오직 설교와 지침만을 내릴 수 있을 뿐이라고 생각했다. 따라서 성사에서 설교가 가장 중요한 부분이 되었다. 개신교에서 '설교'는 교회력에 구애받지 않고 교리나 신앙에 관련된 주제를 자유롭게 이야기한다는 점에서 전례의 흐름에 맞춰 진행되는 가톨릭교회의 '강론'과 차이가 있다.

개신교의 교회건축에 가장 큰 영향을 미친 것은 성체성사를 중심으로 한 기존의 미사 개념을 거부하고 예배 중 말씀의 전례, 즉 설교를 중요하게 생각했다는 점이다. 따라서 교회건축을 통해 예배와 교회에 대한 새로운 개념을 표현하기 위해 우선 출입구 반대편의 성소를 없애고 이 부분을 단순한 공간으로 만들어 그곳에서 주요 예배행위가 이루어지도록 하였다. 개신교 교회 건물의 공간 활용은 특히 설교대를 중심으로 구성되었다. 가톨릭교회에서는 전례에서 무엇보다 성찬례가 중요한 반면, 강론은 부차적이었기 때문에 강론대는 제단과 별도로 회중석이 있는 중랑벽 쪽에 설치되는 경우가 많았으나, 개신교에서는 설교의 중요성 때문에 설교대가 제대(또는 성찬 탁자)와 가까이 배치되었다. 그리고 성찬례보다 설교를 더 중시하게 됨으로써 설교대를 높게 만들고 그 밑에 제대를 두어 회중석에서 설교대와 제대가 동시에 잘 보이도록 하였다. 설교가 중시되면서 교회의 크기 또한 설교자의 목소리가 정상적으로 들리는 범위에 의해 결정되었다. 나아가 설교시간이 길어짐에 따라 회중들을 위한 의자가 놓이게 되었는데, 의자는 편안함을 제공할 뿐만 아니라 모두가 공동체 구성원으로서 동등한 지위를 갖는다는 의미도 부여하였다. 회중석에 의자가 놓임으로써 같은 크기의 가톨릭교회 성당에 비해 많은 수의 인원을 수용하기가 어렵게 되자 이를 보완하기 위해 회중석 주위에 갤러리가 설치되었다.

크리스티안 교회 오르간과 설교대

또한 예배에서 음악이 중요한 자리를 차지하게 되었다. 루터는 음악이 "신학 다음으로 가장 큰 영예와 위치를 차지해야 한다."라고 할 정도로 예배 음악을 강력히 지지하였다. 그는 자신이 직접 독일어로 수많은 찬송가를 작곡하기도 하고, 회중들이 단순히 성가를 듣는 데에서 나아가 성가를 함께 부르면서 하느님을 찬양하고 기도하도록 독려하였다. 이렇게 해서 도입된 것이 '회중 찬송(Congregational Hymns)'이었다. 회중 찬송은 이미 초기 그리스도교에서도 있었지만 이를 본격적으로 도입한 사람은 루터였다. 회중 찬송의 도입으로 특히 루터파 교회에서는 오르간이 교회의 주요 비품 중 하나로 등장하였다. 회중 찬송이 중요해지면서 나중에는 오르간이 설교대 뒤의 윗부분에 놓이는 경우도 많았다(18세기에 제작된 덴마크 코펜하겐의 〈크리스티안 교회〉의 오르간은 설교대 및 제단과 일체를 이루고 있다). 예배에 참석한 모든 사람이 함께 성가를 부른다는 사실은 교회 공동체로서의 소속감을 높여줄 뿐만 아니라 보다 능동적으로 예배에 참여하도록 하는 효과도 있었다.

## 성모 마리아 교회

성모 마리아 교회

같은 개신교 지역이라도 루터파 지역에서는 교회건축에서 별다른 변화가 일어나지 않았다. 이 지역에서는 종교적 문화적 사회적 정치적 혁명에도 불구하고 건축적 혁명은 일어나지 않았기 때문이다. 루터파 교회는 옛 교회를 넘겨받아 새로운 교리에 맞게 정리했을 뿐 교회건축의 혁명은 지체되었다. 특히 16세기 말부터 17세기 초에 이르러서는 다시 교회 내 종교미술에 관심을 갖기 시작하면서 성상을 특별히 금지하지 않았고, 자신들의 교리에 맞는 새로운 그림을 추가하기도 하는 등 얼핏 보아 기존 성당의 모습과 크게 다르지 않았다. 그러나 총체예술적으로 환상의 세계를 표현하는 대신 설교대나 오르간, 제단이나 갤러리 난간 등에 부분적으로 장식적 문양을 사용함으로써 장식이 예술적으로 승화되지는 못했다.

17세기 초에 건립된 독일 볼펜뷔텔의 〈성모 마리아 교회〉(1608-24)는 개신교 최초의 대형 교회이다. 16세기 중반 독일 북부도시 볼펜뷔텔은 하인리히 율리우스 공작의 주도하에 이웃 도시인 브라운슈

성모 마리아 교회 남쪽 외관

바이크에 대항하는 도시 재건에 나섰는데, 〈성모 마리아 교회〉는 이 도시의 가장 큰 건설 프로젝트였다. 이 교회는 궁정 건축가 파울 프랑케(Paul Francke, 1537-1615)에 의해 1608년에 시작되어 30년 전쟁에도 불구하고 1624년에 대부분의 공사가 완료되었고, 1643년에 축성식을 가졌다. 이 교회의 정식 이름은 '복되신 동정 마리아 중앙교회(Hauptkirche Beatae Mariae Virginis)'로서 개신교 교회의 명칭에 가톨릭교회의 언어를 그대로 사용하고 있다는 점에서 루터파 교회건축의 성격을 잘 말해준다.

## 성모 마리아 교회 구조와 구성

〈성모 마리아 교회〉는 독일 전통의 3랑식 할렌키르헤로서 고딕과 르네상스, 바로크 양식이 혼합되어 있지만, 기본적으로 기존 교회건축의 규범을 따르고 있다. 서쪽 정문은 1645년에 바로크

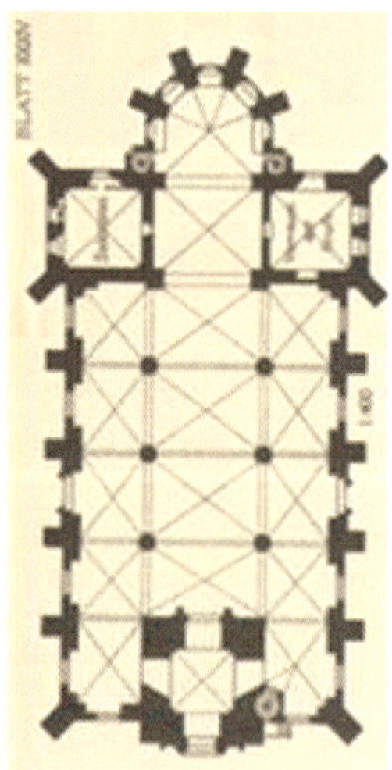

성모 마리아 교회 내부 / 평면도

성모 마리아 교회 내진 / 제단화

양식으로 완성되었고, 탑의 지붕은 임시로 마무리되었다가 1751년에야 오늘날과 같은 바로크 탑 헬멧으로 교체되었다. 교회 측면은 측랑의 각 베이마다 지붕을 달리해 북유럽 고유의 높은 박공으로 처리되었다. 박공의 섬세한 장식이 이국적인 분위기를 자아낸다.

교회 내부는 전체적으로 여전히 고딕 양식을 따르고 있지만, 장식에서 르네상스 양식을 가미함으로써 일종의 독일식 메너리즘을 보여준다. 회중들을 위한 설교와 친교를 위한 공간이 되는 동시에 왕실의 기대를 충족시키기 위해 어느 정도 장식을 가미했다고 할 수 있다. 제단 뒤 내진 안쪽에는 바로크 양식의 제단화가 설치되었다. 이 제단화는 원래 1612년 베른하르트 디테리히(Bernhard Ditterich)가 프라하의 개신교 교회인 〈삼위일체 교회〉를 위해 만든 것인데, 1623년 볼펜뷔텔로 옮겨와 확장 설치되었다. 3층 구조의 제단화는 아래쪽 프레델라(predella)에 최후의 만찬이 묘사되었고, 가운데 중앙 패널에는 십자가 책형이, 그 위에는 십자가에서 내려지는 그리스도와 부활하신 그리스도의 모습이 묘사되었다. 설

성모 마리아 교회 오르간

교대는 제단 가까이 설치되었다. 가톨릭교회에서 강론대는 특별한 위치가 정해지지는 않았지만 대체로 회중석이 있는 중랑벽 쪽에 설치되었다. 이곳 〈성모 마리아 교회〉에서는 설교의 중요성 때문에 설교대를 제단 가까이 가져왔지만, 제단 뒤쪽에 설치한 제단화를 가리지 않도록 내진 앞쪽 모서리에 설치하였다. 설교대는 그리스도의 생애와 사도들을 묘사한 조각들로 장식되었다. 오르간은 드레스덴의 악기 제작자 고트프리트 프리체(Gottfried Fritzsche)에 의해 1620-24년에 입구 위쪽 베란다에 설치되었다. 현재의 오르간은 1959년에 제작된 것이다. 〈성모 마리아 교회〉는 단순하지만 아름다운 분위기로 인해 루터파 교회건축 중 가장 뛰어난 건축으로 평가된다.

## 신 교회

네덜란드와 인접해 있는 독일 북부 지역에서는 종교개혁 이후 최초로 단순한 양식에 약간의 우아함을 가미한 교회가 지어졌다. 그 한 예가 독일 북서부 니더작센 주에 위치한 엠덴의 〈신 교회〉(1643-48)이다. 이 교회는 암스테르담의 서민층을 대상으로 지어진 〈북 교회(Noorderkerk)〉(1620-23)를 모델로 한 것이지만, 칼뱅주의 정신이 훨씬 더 일관되게 적용된 건물이라는 점에서 주목된다. 이 교회는 엠덴의 시의원인 건축가 마르틴 파버(Martin Faber, 1586-1648)의 관리하에 시민들의 기금으로만

신 교회 / 정탑

암스테르담 북 교회 / 내부

건립되었다. 〈신 교회〉는 초기 바로크 양식으로 지어졌고, 네덜란드의 영향을 받아 정면 파사드의 삼각 박공이 위로 솟는 느낌을 준다. 지붕 위에는 갤러리와 개방적인 랜턴이 있는 육각형 정탑이 솟아 있다. 이 정탑은 신성로마제국 황제인 합스부르크가의 루돌프 2세의 왕관을 복제한 것으로 이를 통해 엠덴이 황제에게만 종속되는 제국 자유도시로서 자치권을 가진 도시임을 강조하고 있다. 정탑 꼭대기에 앉아있는 수탉은 개혁교회의 상징이다. 이 교회는 1944년 9월 제2차 세계 대전 중 폭격으로 파괴되었고, 1947년에서 1950년 사이에 재건되었다. 이때 내부 천장은 원래의 원통형 궁륭 대신 평천장으로 처리되었다.

## 신 교회 구조와 구성

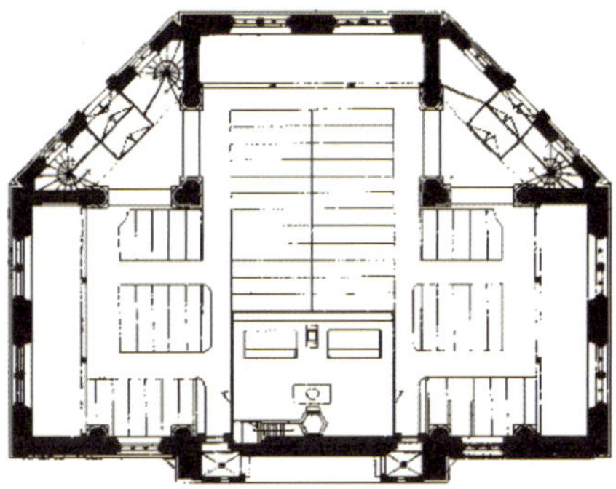

신 교회 평면도

〈신 교회〉의 평면은 그리스십자형 평면을 약간 수정했다고 할 수 있다. 그리스십자의 네 팔 중 남쪽 팔을 생략하고 약간만 돌출시켜 처리한 것이다. 한쪽 팔을 생략한 것은 가톨릭교회의 성당과 달리 성가대를 위한 별도의 공간이 필요치 않았기 때문이다. 나머지 세 팔은 동일한 구조로 되어 있는데, 각각 두 개의 둥근 아치형 창문과 트레이서리로 장식된 원형창을 크게 설치해 많은 빛이 들어오도록 하였다. 팔과 팔 사이의 공간은 낮은 지붕으로 처리해 T자형 평면을 연결시켰다.

교회의 외관은 가벼운 석조 구조의 붉은 벽돌 건물로 단순하지만 우아함이 느껴진다. 교회 내부는 개혁파 특유의 금욕주의적 분위기가 느껴질 정도로 단순하고 소박하다. 내부 공간은 백색으로 마감된 중층 구조의 하나의 홀로 되어 있고 평천장이다. 내부에는 어떠한 장식도 보이지 않는다. 처음에는 신도들이 바닥에 서서 예배를 진행하다가 1818년에 최초의 붙박이 나무의자와 오르간이 설치되었다. 현재의 모습은 제2차 세계 대전 후 복원과 개조를 거친 것이지만 건축 초기의 분위기를 그대로 느낄 수 있다.

〈신 교회〉는 제단 대신에 단순한 성찬 탁자를 놓았고, 그 위에는 성서를 펼쳐 놓아 복음의 중요성을 강조하였다. 제단이 없는 것은 그리스도의 최후의 만찬에 대한 개혁주의적 이해에 따라 제단에서 의식을 행하지 않기 때문이다. 성찬 탁자는 회중석과 같은 바닥에 놓였는데, 이는 만인사제주의에 따라 성찬례를 집전하는 성직자의 권위가 특별하다고 보지 않았기 때문이다. 성찬 탁자 뒤쪽 벽에는 설교대를 높게 설치해 회중석 어디에서도 설교자를 잘 볼 수 있게 했는데, 이는 말씀의 전례를 중시한다는 의미를 갖는다. 설교대 역시 아무런 장식도 없는 목재로 만들어졌다. 설교대 맞은편의 북쪽 갤러리에는 1818년 오르간 제작자 요한네스 팀페(Johannes Wilhelmus Timpe)에 의해 오르간이 설치되었다. 그러나 이 오르간은 1944년에 교회와 함께 파괴되었고, 교회 재건 후 1958년 현재의 오르간이 설치되었다.

신 교회 내부

신 교회 설교대와 성찬 탁자

성찬 탁자 옆에 놓인 세례반은 이웃 도시에 있는 〈예넬트 성당〉을 위해 13세기 후반에 제작되어 1902년 이후 엠덴의 박물관에 있던 것을 빌려온 것이다. 중세 이래 세례 의식이 머리 위에 물을 뿌리는 방식으로 간소화되면서 세례반의 크기도 작아지고 실내에서 의식을 행하게 되었다. 세례반은 보통 교회 입구 근처에 놓여졌는데, 이는 세례가 교회로 들어오는 공식적이고 의식적인 환영이자 죄를 정화하는 것이라 생각했기 때문이었다. 그러나 세례행위의 중요성을 강조하기 위해 세례반을 교회 중앙에 배치하기도 하였다.

## 성모 교회

성모 교회

30년 전쟁 후 독일 도처에서 새로운 교회가 지어지기 시작해 마침내 18세기 초에는 개신교 고유의 교회건축 프로그램이 본격적으로 시도되었다. 이 시기에 지어진 수많은 교회들은 나름의 특색을 가지고 있지만, 그중 대다수는 중앙집중식 건물로서 전체적으로 형태가 단순하고 내부는 홀과 같은 성격을 가지고 있었다. 많은 교회에서 기존의 화려하게 꾸민 강론대가 사라지고 성가대석이 줄어들거나 없어지는 대신 회중들을 위한 공간이 확대되었다. 또한 보다 많은 사람이 설교자의 목소리를 들을 수 있도록 하기 위해 발코니가 만들어졌다.

드레스덴의 〈성모 교회〉(1726-43)는 이 시기에 지어진 대표적인 개신교 교회이다. 이 교회는 1712년 함부르크 시장이자 건축사가인 레온하르트 슈투름(Leonhard Christoph Sturm, 1669-1719)이 교회건축에 대한 프로그램을 제시하면서 시작되었다. 그는 개신교 예배의식의 세 가지 주요 부분, 즉 설교, 성찬례, 회중 찬송으로부터 개신교 교회건축의 공간이념을 발전시켰다. 그의 의하면 중심 공간에서는 전체 회중이 자리를 잡고 공동으로 예배를 드릴 수 있어야 하는데, 이러한 유대는 모두가 동등하게 잘 볼 수 있고 들을 수 있을 때에만 성립할 수 있다고 여겼다. 이 때문에 무엇보다 모든 사람이 하나의 공간에서 설교대 위의 설교자를 볼 수 있도록 하는 것이 중요하다고 강조하였다. 그러나 루터파 교회는 슈투름의 원칙을 과도하게 고수하지는 않았다. 루터파 교회는 교회를 기능적으로 파악하고자 했고, 무엇보다 설교에 초점을 맞추는 가운데 단순하고 자연스러운 표현을 추구하였다. 그러나 동

성모의 도움 순례성당 / 구원의 성모 성당

시에 교회가 특별한 영적 장소로 인식되기를 바랐고, 나아가 아름다워야 한다고 보았다. 이 때문에 교구의 크기를 계산하고, 인간적이고 조망할 수 있는 크기 관계 등이 고려되어야 했다.

1722년 드레스덴 시의회는 기존 중세 성당 자리에 새 교회를 짓기로 결정하고 목수이자 건축가인 게오르게 베르(George Bähr, 1666-1738)에게 교회건축을 의뢰하였다. 베르는 교회가 들어설 부지가 너무 협소했기 때문에 중앙집중식의 높은 건물이 적합하다고 판단했고, 바이에른 오버팔츠의 노이마르크트 근처에 있는 〈성모의 도움 순례성당〉(1700-10)을 모델로 삼았다. 이 성당은 이탈리아 건축가 조반니 안토니오 비스카디(Giovanni Antonio Viscardi, 1645-1713)가 설계한 것으로 정탑이 있는 돔을 중심으로 네 개의 작은 탑이 둘러싸고 있는 중앙집중식 교회이다. 이 성당을 모델로 1726년 초석이 놓여졌지만, 베르는 베네치아의 〈구원의 성모 성당〉(1631-87)이 도시 경관을 지배하는 것에 매료되어 계획을 변경하였다. 베르는 애초에 교회의 외부 돔을 나무로 만들어 겉을 구리로 덮는 것이었으나 계획을 변경해 반구형의 석조 돔을 올리기로 하고 드레스덴 아카데미에 변경안을 제시하였다. 그러자 아카데미에서 반구형 돔에 이의를 제기하며 돔을 타원형으로 바꾸고 위로 더 솟구치는 장반구형의 돔을 요구하였다. 베르는 아카데미의 제안을 참조해 1728-29년에 계획을 다시 발표했고 1733년 돔 공사가 시작되었다. 베르가 1738년에 사망하자 게오르게 빙클러(George Friedrich Winckler, 1704-62)가 이어받아 1743년 완성하였다. 교회의 건설 비용은 대부분 드레스덴 시민들의 기부로 충당되었는데, 그중 많은 돈이 신앙문제로 잘츠부르크에서 추방되어 작센에 정착한 개신교인들이 기부한 것이었다.

〈성모 교회〉는 완전히 새로운 교회로 지어졌지만 '성모 교회(Frauenkirche)'라는 가톨릭교회 성당의 명칭을 그대로 유지하고 있다. 이는 그 자리에 있던 이전 교회가 '성모 성당'이었기 때문만은 아니었다. 유럽 개신교에서는 기본적으로 반신격화된 성모 마리아 신앙을 부정하지만, 예수의 어머니 마리아를 신앙의 모범으로 간주한다. 그녀는 천사로부터 예수의 수태를 고지하는 이야기를 전해 듣고 온전한 믿음으로 하느님의 말씀에 순응했고, 일생을 통해 그 믿음을 실천했다. 개신교인들 또한 성모 마리아처럼 하느님의 말씀을 듣고 그 말씀 안에 살아야 한다는 점에서 그녀를 신앙의 모범으로 간주하고 있는 것이다. 그러나 개신교에서는 성모 마리아상을 모시는 대신 마리아처럼 복음을 듣는 것에 집중한다. 이 때문에 가톨릭교회가 '보는 교회'라면 개신교는 '듣는 교회'라고 말하기도 한다.

파괴된 성모 교회

〈성모 교회〉는 1743년 완공된 후 '종교개혁의 성 베드로 대성당'으로서 개신교의 바로크를 대표하는 건축이 되었다. 그러나 이 교회는 루터의 그리스도교 정신에 대한 기념물일 뿐 반가톨릭교회나 독일 민족주의의 성채는 아니었다. 그럼에도 불구하고 나치 시절에는 국가 사회주의 유형의 독일 개신교의 중심지로 선언되어 그 중요성이 강조되었고, 그 위상에 걸맞게 '대성당(Dom)'이라 불리기도 하였다. 교회는 제2차 세계 대전이 끝날 무렵인 1945년 2월 드레스덴에 대한 연합군의 공습으로 인해 소실되고 말았다. 교회 유적은 동독 시절 동안 '전쟁과 파괴에 대한 기념관'으로 보존되었다. 그러다 독일 통일 후 드레스덴 시의회의 결정에 따라 1994년부터 교회 건물의 재건작업이 시작되었다. 거대한 잔해더미를 치우는 데 거의 1년 반이 걸렸는데, 8400개의 사암 블록이 회수되어 목록화되었고 그중 3600개 이상이 복원 작업에 사용되었다. 잔해 중에는 100톤이 넘는 것들도 있었다. 12년에 걸친 복원 작업은 미국의 '드레스덴의 친구들(Friends of Dresden)'을 비롯한 전 세계의 지원 협회와 기부자들의 자금 지원을 받아 2005년에 마무리되었다. 교회 앞에는 1885년 조각가 아돌프 폰 돈도르프(Adolf von Donndorf, 1835-1916년)가 제작한 루터의 동상이 복원되어 다시 세워졌다. 이제 〈성모 교회〉는 전쟁과 파괴의 상징물에서 벗어나 평화와 화해의 상징이 되었다.

성모 교회 복원 공사

## 성모 교회 구조와 구성

성모 교회 돔 / 돔 내부

〈성모 교회〉는 완공 당시 알프스 북쪽에서 가장 큰 석조 돔 교회건축 중 하나이자 세계에서 가장 큰 사암 건물 중 하나였다. 총 높이는 91.23m이고, 폭 41.9m, 길이 50.02m에 달했다. 24개의 늑재로 보강된 돔의 외부 지름은 하단이 26.15m, 상단이 약 10m이고, 벽 두께는 하단 2.30m, 상단 1.30m였다(새로 복원된 돔의 최대 벽 두께는 현재 1.75m에 불과하다). 이 교회는 로마의 〈성 베드로 대성당〉의 돔에 비견되는 거대한 돔으로 인해 건설 초기부터 구조적 취약성이 거론되었지만, 7년 전쟁(1756-63) 동안 프로이센군의 포격에도 구조적 손상 없이 견뎌냄으로써 구조적 안전성이 입증되었다. 그러나 사암으로 이루어진 까닭에 여러 차례의 보수와 강철 구조물 및 시멘트로 보강하는 조치가 이루어졌다.

이 성당의 돔은 아래쪽이 오목한 모양을 하고 있어 종을 연상시키기 때문에 '돌 종(die Steinerne Glocke)'이라고 불렸다. 돔의 하중은 주로 내부에 있는 여덟 개의 기둥에 전달되는데, 이 기둥은 방사형으로 배치되어 돔의 압력을 모서리 탑으로 전달한다. 돔 내부에 그려진 여덟 개의 그림은 원래 이탈리아 화가이자 건축가인 지오반니 바티스타 그로네(Giovanni Battista Grone, 1682-1748)가 1734년에 제작한 것이다. 복음사가인 루가, 마태오, 마르코, 요한과 더불어 믿음, 소망, 사랑, 자비라는 그리스도교의 미덕을 이미지로 표현하였다. 현재의 그림은 뮌헨의 미술사 박물관에 남아있던 자료를 바탕으로 원래 모습에 가깝게 복원된 것이다.

〈성모 교회〉의 평면도를 보면 외벽은 돔의 무게를 고려해 두텁게 처리되었는데, 입구 반대쪽의 반원형 내진 부분이 약간 돌출되어 있지만 대략 정사각형 평면을 형성하고 있다. 사각형 평면 중앙에는 하나의 원형 홀이 들어서 있는데, 원형 홀은 공간의 효율성을 높일 뿐 아니라 내부의 통일성을 제공한다. 그 안에는 벽감이나 별도의 경당, 개인 제단은 존재하지 않으며 예배를 위한 하나의 공간만 존재한다. 사각형 평면 모서리의 계단탑은 석조 돔의 지주 역할을 하며 갤러리로 이어진다. 교회 내부는 설교가 예배의 가장 중요한 부분이라는 개신교 신앙의 주요 원칙을 따르고 있다. 가장 중요

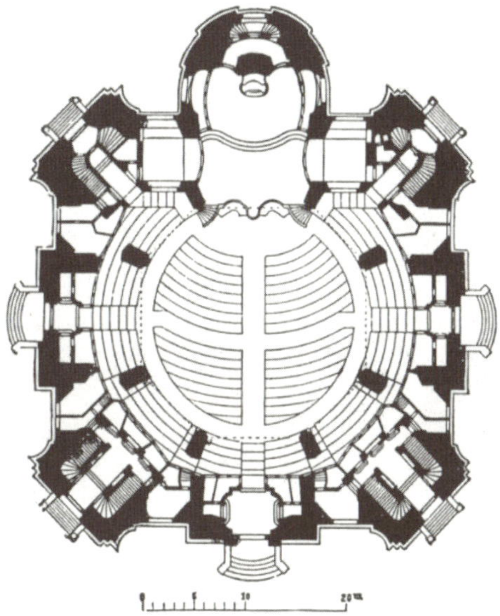

성모 교회 평면도

성모 교회 내부 / 제단

성모 교회 내부

한 곳은 설교대가 있는 내진이다. 입구 반대편 이중 곡선 계단 위에 내진이 자리하고 있는데, 내진 벽에는 바로크 양식의 제단이 놓였고, 그 위에 오르간이 설치되었다. 제단 앞에는 세례반이 놓였고, 그 앞에 설교대가 놓였다. 설교대, 세례반, 제단, 오르간이 중심축을 이루고 있는 것이다. 내진은 엄격한 의미에서 성소는 아니지만 그렇다고 세속적인 공간도 아니다. 이곳은 난간을 통해 구분되고 회중석과는 달리 약간 높게 만들어져 특별한 위치를 차지하고 있으나, 가톨릭교회의 제단과는 다른 곳이다. 가톨릭교회에서 제단은 성찬례가 행해지는 곳이고 따라서 모든 것이 제대가 놓인 제단을 향해 집중되어 있다. 그에 비해 강론은 부차적인 것이기에 강론대는 한쪽에 설치되었다. 반면 개혁파 교회에서는 무엇보다 설교가 중요했기 때문에 설교대가 중시되었고, 제대는 단순한 탁자로 축소되어 큰 의미를 부여하지 않았다. 그러나 타협적 성향의 루터파 교회에서는 설교와 성찬례를 동시에 중요하게 생각했기 때문에 설교대와 제단을 같은 비중으로 내진에 함께 배치하였다. 그리고 나중에는 이 둘을 합쳐 아래쪽에 제단을 두고 바로 그 위에 설교대를 두는 이른바 '설교대 제단(Kanzelaltar)'도 등장하게 되었다.

제단 위쪽의 오르간은 유명한 오르간 제작자인 고트프리트 질버만(Gottfried Silbermann)이 제작해 1736년 11월 25일에 헌납되었고, 12월 1일에 작센의 궁정 작곡가로 있던 요한 세바스티안 바흐가 이 오르간으로 음악회를 열었다. 현재의 오르간은 프랑스의 오르간 제조업체 다니엘 컨이 2005년에 복원한 것이다.

회중석은 방사형으로 놓인 여덟 개의 기둥으로 둘러싸여 있고, 회중석의 좌석은 내진을 축으로 동심원으로 배열되었다. 이는 회중석의 모든 신도들이 설교대와 제단을 쉽게 볼 수 있도록 배려한 것이었다. 회중석 밖으로는 세 개 층의 갤러리를 두어 더 많은 사람을 수용할 수 있게 하였는데, 이때에도 회중들이 잘 보고 들을 수 있도록 고려되었다. 교회 내부는 큰 창을 통해 들어오는 풍부한 빛이 섬세한 파스텔 색상과 어우러져 전체적으로 웅장하고 화려하면서도 부드러운 분위기를 연출한다.

# 9 역사주의와 아르누보 : 19-20세기 초 교회건축

슈타인호프 성당, 1903-07년, 오스트리아 빈

## (1) 역사주의 건축

19세기에는 프랑스혁명과 산업혁명이라는 이중의 혁명을 거치면서 이에 적응하기 위한 예술적 노력의 일환으로 수많은 양식들이 등장하게 되는데, 이 시기를 역사주의(Historicism) 시대라 부른다. 역사주의는 한마디로 과거 양식의 리바이벌을 의미하는 것으로, 건축에서의 역사적 양식의 수용은 19세기를 거치면서 유럽 건축사의 모든 시기로 확대되었다. 18세기에는 그리스 로마의 건축을 이상으로 삼아 고전적 전범의 연속성을 중시했던 '신고전주의(Neo–Classicism)'가 주류를 이루었다면, 19세기에는 중세 고딕이나 르네상스에 대한 재평가가 이루어짐으로써 과거 건축양식의 리바이벌 운동이 일어나게 되었다. 낭만주의의 영향으로 중세에 대한 관심이 증대되면서 '신고딕(Neo-Gothic)'이 출현했고, 전성기 르네상스에 대한 객관적 인식은 '신르네상스(Neo-Renaissance)'를 탄생시켰다. 시민계급들의 과거 전통에 대한 관심과 기능적 합리성의 추구라는 모순적인 요구는 '신바로크(Neo-Baroque)'의 출현으로 이어졌다.

역사주의 건축은 새로이 도래한 산업기술 시대의 현실 속에서 과거의 형식을 현재의 용도에 맞

빈의 링 거리 역사주의 건축(보티프 성당, 의사당, 시청, 미술사박물관, 빈 대학, 부르크 극장)

게 인용하고자 하였다. 건물의 용도와 추구하는 이념에 따라 특정 양식을 채택함으로써 그 건물에 정당성을 부여했는데, 이는 과거와 현재의 관계를 인위적으로 재설정해 문화적 일체성을 이룸으로써 거센 변화의 흐름에 대처하려는 노력의 일환이라고 할 수 있다. 이를테면 교회는 중세 고딕 양식으로 지었는데, 이는 중세 신앙의 시대를 꿈꾸었기 때문이다. 의회 건물은 그리스 고전주의 양식으로 지었는데, 이는 고대 그리스의 민주주의를 모범으로 삼고자 했기 때문이다. 시청은 중세 고딕 양식으로 지었는데, 이는 시민계급이 자치적으로 운영했던 중세 자유도시의 이상을 구현하고자 했기 때문이다. 대학이나 박물관 등은 주로 르네상스 양식으로 지었는데, 이는 르네상스의 인간 이성에 바탕을 둔 시민교육을 지향하고자 했기 때문이다. 극장은 바로크 양식으로 지었는데, 이는 바로크 시대 귀족들의 화려한 사교활동을 이어받고자 했기 때문이다. 이러한 건축방식은 역사주의 건축의 전시장이라고 할 수 있는 오스트리아 빈의 링 거리(Ring-Straße)에서 잘 나타나고 있다.

역사주의 건축은 기능과 형식, 현재와 과거를 조화시키려는 역사주의의 근본이념을 다양한 건축적 형태 언어를 통해 변주했던 '심미적 역사주의'의 백미라고 할 수 있다. 또한 역사주의 건축은 19세기를 주도했던 시민계급들이 자신들의 성과를 과시하고 동시에 자기 정체성을 확인하기 위한 양식이기도 했다는 점에서 중요한 의미를 갖는다. 역사주의 건축을 때로는 '절충주의'라고 부르기도 하는데, 역사주의가 과거 건축양식의 리바이벌을 본류로 삼은 것과 달리 절충주의는 특정한 양식에 구애되지 않고 과거 양식에서 좋은 점을 가져와 절충한다는 의미에서 양식의 조합이라는 차이가 있다. 그러나 역사주의가 어느 정도 절충주의적 성격을 갖는 것도 사실이다.

역사주의는 가톨릭교회뿐만 아니라 개신교의 교회건축에도 영향을 미쳤다. 일부 교회건축이 신고전주의의 영향을 받아 고대의 신전 양식을 도입하기도 했지만, 대부분의 교회건축은 신구교 가릴 것 없이 신고딕 양식이 주를 이루었다. 중세를 본받아 신앙의 시대를 다시 열고자 하는 열망은 고딕 양식의 교회를 가장 이상적인 것으로 받아들였다.

## 보티프 성당

〈보티프 성당〉(1856-79)은 오스트리아 빈의 링 거리에  위치한 신고딕 양식의 성당이다. 성당의 건립은 1853년 프란츠 요제프 황제에 대한 헝가리 민족주의자 야노스 리베니의 암살 시도에서 비롯

보티프 성당

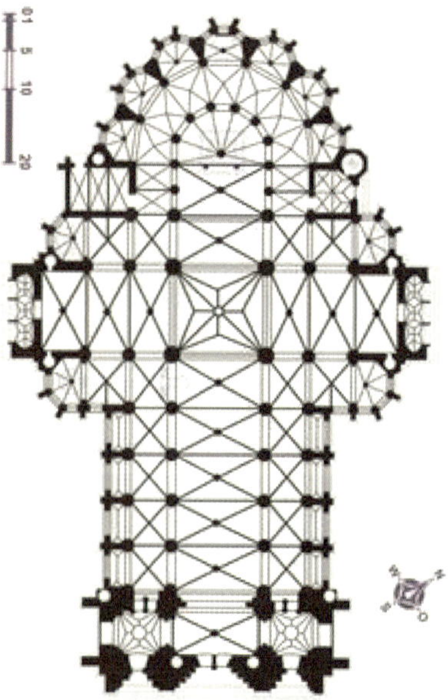

보티프 성당 평면도

되었다. 암살 시도 이후 황제의 형제인 페르디난트 막시밀리안 대공이 황제의 생명을 구해준 하느님께 감사하는 의미에서 교회를 세우자고 캠페인을 시작해 제국 전역에서 건설 자금이 모아졌다. 1854년 4월 건축 공모가 시행되었고, 하인리히 폰 페스텔(Heinrich von Ferstel, 1828–83)의 안이 채택되었다. 1856년 공사가 시작되어 1879년 프란츠 요제프 황제와 그의 아내 엘리자베스 황후의 은혼 기념일에 헌납되었다. 이 성당은 황제의 목숨을 구해준 하느님께 바치는 봉헌물이자 황실에 대한 애국심과 백성의 헌신에 대한 기념비적 성격을 가졌다.

〈보티프 성당〉은 링 거리에 지어진 최초의 건물 중 하나이다. 당시 빈은 1950년대 이후 급격한 인구 증가로 도시를 확장해야 했다. 이를 위해 구 도심을 둘러싸고 있던 성벽을 허물어 그 자리에 환상형의 순환도로(링 거리)를 내고, 도로를 따라 공공건물을 건설하고자 하였다. 그러나 〈보티프 성당〉이 건립될 당시에는 아직 성벽이 헐리지 않은 상태였기 때문에 성당을 찾는 신도들이 거의 없었다. 따라서 1918년까지는 1848년 혁명 이후 빈 외곽에 주둔하던 군인들을 위해 '수비대 교회'로 사용되었다.

## 보티프 성당 구조와 구성

〈보티프 성당〉은 얼핏 프랑스식 고딕처럼 보

이지만, 고딕 양식을 모델로 새롭고 개별적인 디자인 개념을 구현한 신고딕 양식을 취하고 있다. 또한 중세 성당이 여러 세대에 걸쳐 지어졌다면, 이 성당은 전체 건축을 감독한 한 명의 건축가에 의해 지어졌다는 것도 시대적 흐름을 반영한 것이라 할 수 있다. 성당은 전체적으로 3랑식 바실리카 형식을 취하고 있지만, 내진쪽 공간의 크기가 익랑쪽과 비슷하기 때문에 중앙집중식 같은 인상을 주기도 한다. 중랑과 익랑의 높이와 폭은 동일한 반면, 중랑과 측랑의 높이와 폭은 모두 2:1의 비율로 처리되었다. 익랑 옆에는 사방으로 네 개의 측면 경당(묵주 경당, 십자가 경당, 주교 경당, 세례당)을 두었고, 내진 바깥쪽에는 후진 보조 경당(absidioles)과 성모 경당을 설치하였다. 후진 뒤쪽으로는 주보랑과 방사형 경당을 두었다. 정면 파사드는 고딕 표준형인 3문식을 채택하고 있고, 전체적으로 보아 세 부분으로 수직 분할하고 있는데, 이는 3랑식으로 이루어진 내부 구조를 반영한 것이다. 정면 파사드를 이루고 있는 99m 높이의 쌍탑이 인상적이다. 건축 요소들의 비례와 공간 배치 및 통일성 등을 통해 전체적인 조화를 이루고 있다.

보티프 성당 내부

이 성당의 제단은 조각가 요세프 글라서(Joseph Glasser, 1816-1900)가 로마의 〈라테라노의 성 요한 대성당〉과 〈성 바오로 대성당〉의 치보리움에서 영감을 받아 치보리움과 제단화

보티프 성당 제단

보티프 성당 강론대

를 조합해 고딕 양식으로 만든 것이다. 치보리움은 4개의 거대한 붉은 화강암 기둥으로 지지되고 있는데, 정면의 박공은 원죄 없이 잉태한 성모 마리아가 뱀을 짓밟고 있는 모자이크화로 장식되었고, 첨탑에는 4명의 천사들에게 둘러싸인 그리스도가 서 있다. 치보리움에는 4m 길이의 제단화가 놓였는데, 제단화 아래쪽은 금박을 입힌 청동에 에나멜 그림으로 장식되었고 위쪽은 가운데 십자가상을 중심으로 성인들의 입상이 서 있다.

강론대는 전통에 따라 중랑벽 기둥 앞에 세워졌다. 여섯 개의 대리석 기둥 위에 서 있는 강론대는 육각형의 신고딕 양식으로 만들어졌다. 강론대 전면 패널에는 중앙에 금박의 모자이크를 배경으로 그리스도가 그려졌고, 그 양쪽에는 교부들인 성 아우구스티누스와 성 그레고리우스, 성 히에로니무스, 성 암브로시우스 등이 그려졌다. 나무 공명판 위쪽의 첨탑에는 세례자 요한의 동상이 서 있다.

## (2) 아르누보 건축

1900년경 세기전환기에 이르러 유럽에서는 기술문명의 발달로 미래의 황금시대에 대한 기대가 충만해 있는 반면, 사회 전반에 위선적인 병폐가 만연해 있었다. 이에 반발해 새로운 질서와 가치를 정립하려는 일련의 운동들이 일어나게 되는데, 특히 예술 분야에서는 19세기를 통해 지속되었던 역사주의를 극복하고자 하는 여러 가지 시도가 이루어짐으로써 이른바 '양식 다원주의' 시대가 도래하였다. 아르누보(Art Nouveau)는 역사주의로 지칭되는 지난 100년간의 진부한 예술관에서 벗어나 모든 분야의 일상 장식에서 포괄적이고 통일된 양식을 추구하고자 하는 새로운 예술운동이었다. 아르누보는 프랑스어로 '새로운 예술'이라는 의미로, 독일에서는 '유겐트슈틸(Jugendstil, 청년양식)'이라 불렸고, 오스트리아에서는 '분리파 양식(Sezessionstil)'이라 불리면서 전 유럽의 예술양식으로 발전하였다. 아르누보는 기존의 양식을 모방하고 반복하는 데에 열중했던 역사적 진부함에 대항해 새로운 예술을 표명하였다. 우선 산업사회의 제 문제들이 심각해져 가는 시점에서 현대 사회의 생활 조건을 예술적 감각으로 고상하게 변화시키고자 하였다. 그리하여 산업시대의 미적 감각을 적극적으로 수용하고 생활 속에 직접 개입함으로써 예술 분야를 생활 필수품, 가구, 건축 등 모든 장식 예술로까지 확대하였다. 나아가 생활과 예술이 어우러지고, 모든 예술이 구분 없이 삶을 위해 봉사하는 '총체예술작품'을 열광적으로 추구하였다. 아르누보 예술가들은 장식이나 공예를 회화와 조각의 하위 장르로 보지 않았고, 공예가나 디자이너를 단순한 장인으로 취급하지도 않았다. 그들은 건축을 중심으로 다른 모든 예술이 평등하게 자신의 개성을 발휘하는 가운데 하나의 총체예술작품을 구현하고자 하였다.

아르누보는 무엇보다도 장식적인 것과 결부되었고, 모든 장식예술에서 통일된 양식을 창조하고자 하였다. 그들은 조화롭고 유기적인 전체성을 확립하기 위해 일상적 삶의 모든 요소를 통일적 장식으로 엮어매고자 하였다. 아르누보는 산업화와 대도시의 팽창에 대한 반발로서 자연에 대한 그리움을 반영하고 있지만 자연 소재들을 그대로 표현하지는 않았다. 아르누보는 자연의 유기적 역동성과 원초적 생명력을 끊임없이 이어지는 선을 통해 표현해냈다. 부드럽게 감기면서 끊어질 듯 이어지는 선의 유희는 인간과 사물이 유기적이고 조화롭게 공존하는 삶의 통일성에 대한 체험을 표현하면서 자연의 유기적 연관성, 삶의 온전한 전체성을 지시하였다.

건축에서 아르누보라는 말은 애초에 1889년 파리만국박람회의 에펠탑과 기계관을 지칭하는 말이었다. 당시 새로운 재료인 철재와 첨단 기술을 이용해 거대한 높이와 웅장한 대공간을 창출한 에펠탑과 기계관은 '새로운 예술'이라 지칭하는데 가장 어울리는 말이었다. 그러나 본격적인 아르누보 건축의 창시자는 빅토르 오르타(Victor Horta, 1861-1947)였다. 그는 철과 유리를 사용해 새로운 형태의 구조체와 조형적인 장식을 개발했는데, 그가 벨기에 브뤼셀에 건축한 〈타셀 하우스〉(1892-93)는 아르누보 건축의 효시로 간주된다. 이 건물에서 그는 처음으로 철을 사용해 역동적인 실내 공간을 만들어냈고, 유연한 곡선형의 장식을 통해 신자연주의적 장식어휘를 창조하였다.

타셀 하우스

## 슈타인호프 성당

오스트리아 빈 외곽의 슈타인호프에 위치한 〈슈타인호프 성당〉(1903-07)은 아르누보 양식을 대표하는 교회건축이다. '성 레오폴트 성당'으로도 불리는 이 성당은 슈타인호프 정신병원의 부속 성당으로 오스트리아 건축가 오토 바그너(Otto Wagner, 1848-1918)의 작품이다. 바그너는 빈의 지하철 역사를 설계하고, 여러 채의 연립주택과 〈우편 저축 은행〉(1906) 등을 설계하는 등 세기전환기 빈의 근대화에 앞장섰던 건축가로서 1902년 슈타인호프 정신병원의 설계를 위한 공모에서 당선된다. 이 병원은 60여 개 동으로 구성된 초대형 정신병원 겸 재활병원이었는데, 이 병원 언덕에 자리한 〈슈타인호프 성당〉은 오스트리아와 빈의 수호성인인 성 레오폴트에게 헌정된 것으로, 바그너가 가장 심혈을 기울인 건물이었다.

바그너는 공모에 당선된 후 병원의 전체 구도를 구상하면서 특히 성당의 역할에 높은 비중을 두고 설계하였다. 이는 이 성당이 정신병원 환자들이 마음의 평안을 얻기 위해 예배를 보는 곳이었기 때문이었다. 바그너는 환자 중심의 성당을 세우기 위해 의사와 간호사를 포함한 의료진들과 여러 차례 회의를 갖기도 하였다. 1907년에 성당이 완공되었을 때 너무나 현대적이었기 때문에 사람들의 반응은 호의적이지 못했고, 심지어 철근과 콘크리트를 사용한 것은 신을 모독하는 일이라는 비난도 받았다. 성당 봉헌식에는 프란츠 요제프 황제가 참석하기로 되어 있었지만, 아르누보 양식의 건축에 거부감을 보였던 그는 몸이 불편하다는 이유로 불참하였다. 대신 황태자인 프란츠 페르디난트 대공이 참석했지만, 대공 또한 설계에서부터 아르누보 양식에 반대했기 때문에 축사에서 바그너의 이름은 언급조차 하지 않았다. 이후 바그너는 제국이 주관하는 어떠한 건축공사에도 참여하지 못했다.

슈타인호프 성당

## 슈타이호프 성당 구조와 구성

〈슈타인호프 성당〉은 그리스십자형 평면의 교차부 위에 돔을 얹는 중앙집중식 구조이다. 황금빛으로 빛나는 돔은 도금한 수천 개의 구리판을 모자이크처럼 연결해 만든 것이다. 성당의 외부는 대리석 판으로 장식하고 놋쇠 핀으로 연결시켰다. 처마 아래의 벽면은 황금색 십자가와 월계관을 번갈아가며 장식하였다. 성당의 정문은 네 개의 금속 기둥으로 처리되었고, 그 위의 네 명의 천사상은 오트마르 쉼코비츠(Othmar Schimkowitz, 1864-1947)의 작품이다. 건물 위쪽 양편의 종탑에는 리하르트 룩쉬(Richard Luksch, 1872-1936)가 조각한 성 레오폴트와 성 세베린의 좌상이 세워졌는데, 성 세베린은 니더외스터라이히주의 수호성인이다.

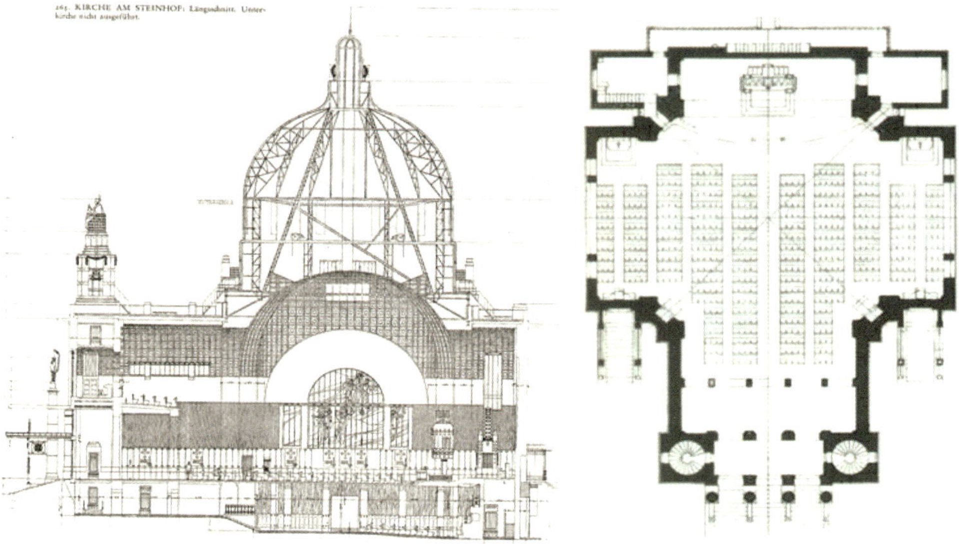

슈타인호프 성당 구조

슈타인호프 성당 정면 천사상

바그너는 '아름다운 것은 실용적이어야 한다'는 모토 아래 성당의 내부 또한 아름다움과 실용성이

슈타인호프 성당 내부 / 성수반

조화를 이루도록 하였다. 성당 밖에서 보이는 거대한 돔과 달리 안에서 보이는 돔의 내부는 그리 깊지 않기 때문에 차분하고 아늑한 분위기가 연출된다. 돔의 바로 아래쪽 천장에는 네 개의 길다란 창이 나있는데, 여기에는 네 명의 복음사가들의 모습이 상징적으로 그려져 있다. 성당의 내부는 각진 모습의 성당 외관과 달리 각이 진 모퉁이가 거의 없다. 성당이 정신병원의 부속 성당이라는 것을 고려해 환자들이 부딪칠 경우 다치지 않도록 모서리의 각을 없애고 둥글게 처리하였다. 환자들을 재빨리 대피시켜야 할 경우를 대비해 측면 벽에 비상구도 설치하였다. 입구의 성수반에는 감염 위험을 없애기 위해 물을 담아놓은 일반 성수반이 아니라 성수반 안으로 물이 떨어지도록 고안되었다. 고해성사를 하는 장소는 다른 성당과 달리 칸을 막지 않고 개방시켰고, 성당 안에 화장실을 두어 환자들이 필요하다면 쉽고 신속하게 이용할 수 있도록 하였다.

회중들을 위한 의자는 용도에 따라 넓이를 다르게 만들었는데, 서로 다른 유형의 환자들을 고려한 것이었다. 즉 안정적인 환자들을 위한 의자가 따로 있고 정신적으로 불안정한 환자들을 위한 의자가 따로 있었는데, 정신적으로 불안정한 환자들을 위해서는 더 넓은 의자가 마련되었다. 중랑은 입구 쪽에서부터 제단 쪽까지 경사가 져 있어 뒤쪽에서도 방해받지 않고 제단을 볼 수 있도록 하였다. 바닥을 계단식으로 만들지 않고 완만하게 경사지도록 처리한 것은 환자들이 제단에 안전하게 접근할 수 있도록 하기 위함이고, 바닥을 매끄럽게 하고 배수로를 낸 것은 청소를 더 용이하게 할 수 있도록 한 것이었다. 성직자의 영역과 환자의 영역은 난간을 통해 완전히 분리되었고, 성직자들은 제단 쪽을 통해서만 들어갈 수 있었다. 환자들은 남자와 여자의 출입문을 구분해 놓았는데, 당시 정신병원에서는 남녀 분리가 의무사항이었기 때문이었다. 일반 성당에서 흔히 볼 수 있는 '십자가의 길(빌라도 법정에서 골고다 언덕에 이르는 예수의 십자가 수난의 길을 묘사해 예수의 고난을 묵상하도록 하는 조각이나 그림)'은 폭력적인 묘사가 환자들의 공격성을 유발할 수 있다는 우려 때문에 설치되지 않았다.

바그너는 〈슈타인호프 성당〉에서 성당 자체를 하나의 '총체예술작품'으로 만들기 위해 제단, 조명 기구, 좌석, 심지어 성직자의 예복과 사제들을 위한 성작 등과 같은 종교 도구까지 디자인하였다. 그는 특히 성당 내부에 가능한 한 많은 빛이 들어오도록 스테인드글라스 창문의 배열에 신경을 썼다. 스테인드글라스 창은 콜로만 모저(Koloman Moser, 1868-1918)가 디자인하고 레오폴트 포르스트너(Leopold Forstner, 1878-1936)가 제작한 것으로 선과 평면으로 이루어진 아르누보의 장식적 특징을 잘 보여준다. 동서 양쪽에 설치된 스테인드글라스에는 각각 성서의 말씀과 일곱 명의 성인들의 모습이 묘사되어 있다. 동쪽 창은 '영적인 덕'을 보여주고, 서쪽 창은 '육신의 덕'을 보여준다. 영적인 덕을 보여주는 동쪽 창에는 비둘기로 묘사된 성령을 올려다보는 천사들 아래에 "자비를 베푸는 사람은 행복하다. 그들은 자비를 입을 것이다."(마태오 5,7)라는 글귀가 새겨져 있다. 그 아래 일곱 명의 성인과 그들을 통해 전하는 그리스도의 당부 말씀이 새겨져 있다. 육신의 덕을 보여주는 서쪽 창에는 위쪽에 예수의 수의를 들고 있는 천사들 아래에 "분명히 말한다. 너희가 여기 있는 형제 중에 가장 보잘 것 없는 사람 하나에게 해준 것이 바로 나에게 해준 것이다."(마태오 25,40)라는 글귀가 새겨져 있다. 동쪽 창과 마찬가지로 그 아래 일곱 명의 또 다른 성인과 그들을 통해 전하는 그리스도의 당부 말씀이 새겨져 있다.

슈타인호프 성당 동쪽 창

황금 돔으로 이루어진 중앙 제단의 뒤쪽에 병풍처럼 묘사된 모자이크화 '하늘의 약속'은 세상을 떠난 성인들이 천국에서 영접을 받는 장면을 그리고 있다. 성인들은 구름을 타고 있는데, 천국의 계단 맨 위에 예수 그리스도를 중심으로 좌우에 성모 마리아와 성 요셉을 비롯한 여러 성인들이 도열해 있다. 그중에는 나병환자들과 정신병자들의 수호성인 성 딤프나도 있고, 병자들의 위엄있

슈타인호프 성당 '하늘의 약속'

슈타인호프 성당 중앙 제단

는 매장을 돌보는 성 암브로시우스의 모습도 보인다. 계단 앞에는 성 레오폴트가 무릎을 꿇고 〈슈타인호프 성당〉을 그리스도에게 바치고 있다. 그 옆면에는 성 베드로와 성 바오로가 서 있는데, 이 두 성인은 가톨릭교회의 두 기둥에 해당한다.

〈슈타인호프 성당〉은 두 번의 전쟁을 거치면서 황폐해졌다. 나치 시대에는 정신병원에 수용된 수많은 환자들이 희생되기도 하였다. 성당은 종전 후 거의 방치되다가 2000년 외부 돔에서부터 복구작업이 시작되어 2006년까지 성당 벽에 붙어 있는 촛대에 이르기까지 내외부의 모든 것이 새로 보수되고 복원되었다.

성 가정 성당

## 성 가정 성당

아르누보 건축에서 가장 괄목할 만한 성과로 안토니 가우디(Antoni Gaudi, 1852-1926)가 스페인 바르셀로나에 세운 일련의 건축물을 들 수 있다. 그중 〈성 가정 대성당〉(1882- )은 가우디가 설계한 아르누보 양식의 독특한 교회건축이다. 이 성당은 '사그라다 파밀리아(La Sagrada Familia)'라고 하는데, 이는 '성 가정(Holy Family)'이란 뜻으로 가톨릭교회에서 모든 가정의 모범이 되는 예수, 성모 마리아, 나자렛의 성 요셉의 가정을 의미한다. 흔히 '성 가족 성당'이라 부르기도 한다. 이 성당은 원래 1882년 건축가 프란시스코 데 파울라 델 빌라르(Francisco de Paula del Villar, 1828-1901)에 의해 시작되었으나 1883년 그가 사임하자 가우디가 수석 건축가로 취임해 빌라르가 의도했던 신고딕 양식의 성당을 이어받아 아르누보 양식을 결합한 독특한 스타일의 성당 프로젝트를 진행시켰다. 가우디는 이 프로젝트에 여생을 바쳤지만, 1926년 그가 사망할 당시에는 프로젝트의 1/4도 완료되지 못한 상태였다. 건설 비용이 개인의 기부에만 의존했기 때문에 성당의 건설은 천천히 진행되었으며 1936년 스페인 내전으로 중단되기도 하였다. 1950년대에 공사가 재개되어 간헐적으로 진행되다 최근에는 최신 과학기술을 이용해 더 빠른 공사가 가능하게 되었다. 중앙 본당의 궁륭은 2000년에 완료되었으나 18개의 거대한 첨탑(높이의 오름차순으로 12사도, 성모 마리아, 네 명의 복음사가, 예수 그리스도를 상징한다)을 포함해 프로젝트의 가장 중요한 부분들이 아직 마무리되지 않았다. 예수 그리스도를 상징하는 중앙 첨탑은 172.5m로서 완공되면 현재 세계에서 가장 높은 〈울름 대성당〉의 첨탑(161.5m)을 능가하게 된다. 그동안 '무허가'로 건설되던 이 성당은 1882년 착공된

성 가정 성당

성 가정 성당 성모 마리아 첨탑

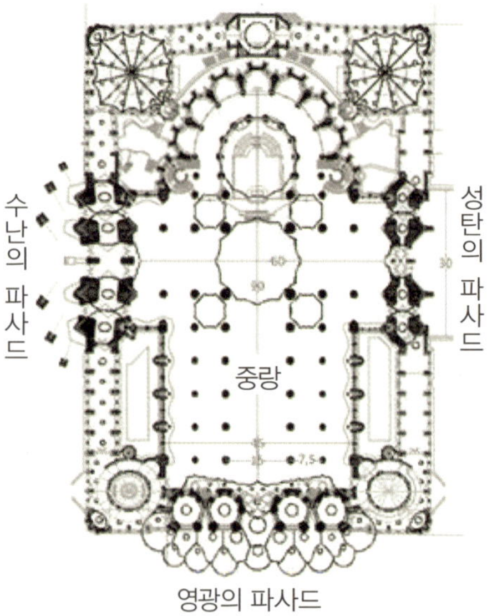


성 가정 성당 평면도

지 137년 만인 2019년 마침내 바로셀로나시로부터 정식 건축허가를 받았고, 가우디 사망 100주기인 2026년에 첨탑과 교회 구조의 대부분이 완공될 예정이다. 2021년 11월에는 성모 마리아에게 헌정된 첨탑 위에 7m의 12조각 조명 크리스탈로 만들어진 별이 설치되었다.

## 성 가정 성당 구조와 구성

〈성 가정 성당〉은 기본적으로 라틴십자형 평면을 가진 5랑식의 바실리카식 교회이다. 성당은 남북축으로 되어 있고, 동, 서, 남 세 쪽에 정문을 두고 있다. 동쪽은 '성탄의 파사드', 서쪽은 '수난의 파사드', 남쪽은 '영광의 파사드'라 불린다.

1894년과 1930년 사이에 건설된 동쪽의 '성탄의 파사드'는 예수 그리스도의 탄생을 기리기 위한 것으로 성모 마리아의 엘리자베스(세례자 요한의 어머니) 방문, 예수 탄생, 성전 봉헌 등 환희의 신비를 표현하는 조각들로 장식되었다. 가우디의 자연주의적 스타일을 보여주는 이 조각들은 각각 고유한 방식으로 자연을 상징하는 장면과 이미지들로 화려하게 장식되었다. 이 파사드는 예수의 탄생을 상징하기 위해 떠오르는 태양을 향하고 있다. 세 개의 현관은 각각 소망, 믿음, 사랑이라는 신학적 미

성 가정 성당 '성탄의 파사드'

덕을 나타낸다. 파사드의 외관을 완성하는 네 개의 첨탑은 각각 마티아스, 바나바, 유다, 시몬에게 헌정되었다.

성 가정 성당 '수난의 파사드'

서쪽의 '수난의 파사드'는 화려하게 장식된 '성탄의 파사드'와 대조적으로 엄숙하고 단순하며 해골의 뼈를 닮은 거친 직선으로 이루어져 있다. 이 파사드는 십자가에 못 박힌 예수의 고통에 헌정된 것으로 수난의 신비를 표현하고 있다. 이 파사드는 가우디 사후 그가 남긴 도면과 지침에 따라 완성되었는데, 파사드를 장식하는 조각은 그리스도의 희생을 적나라하게 묘사해 보는 이로 하여금 두려움을 느끼도록 극적인 명암대조 효과를 이용하고 있다. 이 파사드는 그리스도의 죽음을 상징하는 석양을 마주하고 있는데, 세쿼이아 나무줄기처럼 설계된 여섯 개의 크고 기울어진 기둥으로 지지된다. 위에는 18개의 뼈 모양의 기둥으로 구성된 갤러리 형태의 페디먼트가 있고, 가시관이 있는 큰 십자가로 정점을 이룬다. 네 개의 첨탑은 각각 야고보,

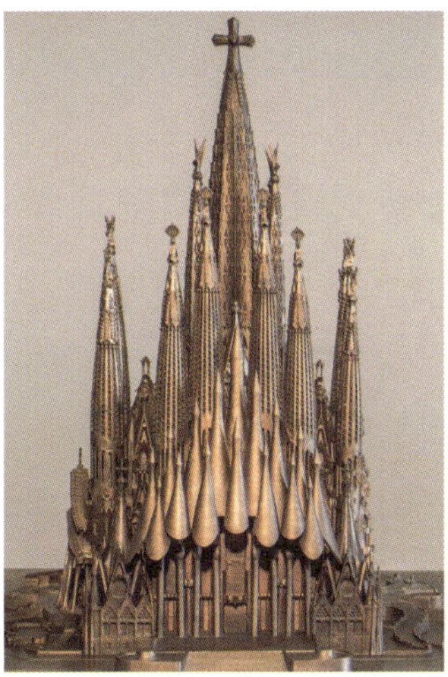

영광의 파사드(모델)

성 가정 성당 외관 장식

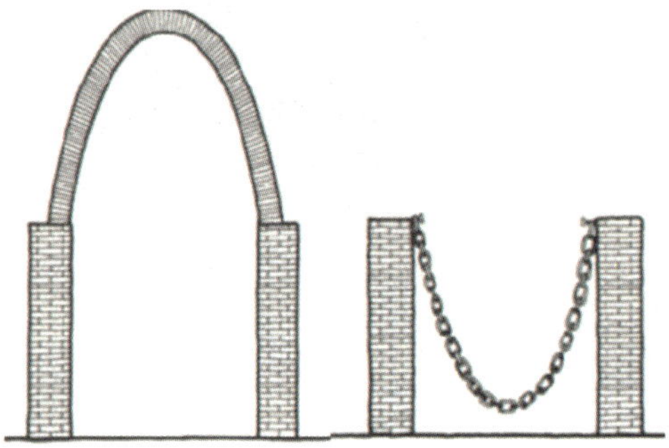

첨형 아치와 현수선

가우디의 실험(가우디 박물관 재현)

도마, 필립, 바르톨로메에게 헌정되었다.

파사드 중 가장 크고 가장 눈에 띄는 것은 중앙 본당을 향해 나 있는 남쪽의 '영광의 파사드'로, 예수 그리스도의 천상에서의 영광에 헌정되었다. 가우디는 '영광의 파사드' 건설이 그의 생애 동안 끝나지 않을 것이라는 것을 잘 알고 있었기 때문에 죽음, 최후의 심판, 지옥과 영광의 표현을 포함해 그의 비전과 계획에 대한 일반적인 아이디어와 몇 장의 스케치를 남겨 두었다. '영광의 파사드'에서 그는 그리스도의 영원한 영광을 나타내고 그리스도의 승천과 영원한 행복의 장면을 표현하고자 했는데 아직 완공되지 못했다.

가우디는 〈성 가정 성당〉을 계획하면서 고딕 성당처럼 보이지 않도록 부연부벽을 배제하고자 하였다. 부연부벽을 사용하지 않으려면 횡압력이 생기지 않는 이상적인 돔의 형태를 찾아야 했는데, 이를 위해 그는 '폴리-푸니쿨라(Poli-Fuicula; 스페인어로 다중 현수선)'라는 장치로 실험하였다. 사실 고딕의 첨형 아치의 윤곽은 현수선에 거의 일치한다. 현수선이란 쇠사슬을 수직 방향으로 늘어뜨린 뒤 중간 부분을 들어 올릴 때 그 아래쪽으로 형성되는 곡선을 말한다. 이런 현수선은 중력이 작용하는 방향을 보여주는 곡선이다. 가우디는 이 원리를 이용해 쇠사슬을 묶는 고정점, 길이, 무게라는 세 가지 요소를 고려해 가장 능률적인 아치 형태를 거꾸로 만드는 데 성공했고, 그 모양을 건물 디자인에 그대로 적용해 기둥의 위치와 숫자를 정해 나갔다. 사실 이런 '현수선 기법'은 스페인 카탈로니아 지방에서 오래전부터 사용돼 오던 건축 기법이었다. 계단 등 건축물의 일부 구조에만 사용되던 이 기법을 가우디는 건축물 내부와 외부 전체로 확장해 적용하였다.

가우디는 〈성 가정 성당〉을 고딕 양식이 아닌 새로운 성당으로 구상했지만 그 내부를 보면 현대판 고딕 성당처럼 보인다. 수많은 기둥과 기둥에서 뻗어 나간 지주들로 가득 찬 내부가 고딕 성

성 가정 성당 내부

당을 연상시키기 때문이다. 고대 게르만족들에게 있어 숲은 두려움의 대상이자 숭배의 대상이었다. 중세 전성기에 이르러 개간사업이 활발히 진행되면서 많은 숲, 특히 도시 부근의 숲이 많이 파괴되었다. 고딕 성당은 이러한 사라진 숲의 모습을 형상화한 것이라 할 수 있다. 특히 게르만족들의 숭배 대상이었던 참나무 등 하늘로 쭉쭉 뻗은 나무를 형상화한 것인데, 늑재는 거대한 나무에서 뻗어 나간 가지의 곡선을 이미지화한 것이라 할 수 있다. 성당 내 어슴푸레하고 신비로운 분위기는 한낮의 숲속 분위기를 연상시킨다. 스테인드글라스를 통해 들어오는 빛은 숲속 나무 사이로 쏟아지는 빛에 비유할 수 있다. 〈성 가정 성당〉의 내부는 마치 참나무 숲을 그대로 재현한 것처럼 보인다. 기둥에서 뻗어 나간 지주들이 나뭇잎 모양의 장식을 한 천장으로 이어지고, 이것들이 반복되면서 숲속의 한 장면을 만들어낸다.

성 가정 성당 천장

자연을 모티브로 전통적인 고딕 양식에 새로운 생명력을 불어넣은 것이라 할 수 있다.

다양한 색상의 스테인드글라스는 화가이자 유리제작자인 조안 빌라 그라우(Joan Vila-Grau, 1932- )가 1999년부터 맡아 디자인 한 것이다. 그는 가우디가 설정해 놓은 지침에 따라 납으로 된 틀에 색유리를 끼워넣는 전통적인 방식으로 스테인드글라스를 제작하면서도 자신만의 고유한 스타일을 통해 '색과 빛의 교향곡'을 만들어내고자 하였다. 스테인드글라스를 통해 들어온 빛은 성당의 경건함을 한층 고양시킨다. 동쪽의 푸른 스테인드글라스는 희망, 탄생을 의미하며 서쪽의 붉은 스테인드글라스는 죽음, 순교를 의미한다.

성 가정 성당 스테인드글라스

# 10 현대 : 20세기 교회건축

마리아 막달레나 교회, 2002-04년, 독일 프라이부르크

## (1) 현대의 교회건축

19세기 후반부터 신구교 모두에서 전례에 대한 논의가 활발하게 일어났다. 가톨릭교회에서는 베네딕토 수도회를 중심으로 초기 그리스도교의 정신을 회복해야 한다는 전례 부흥 운동이 일어나 20세기 초에는 영성체가 다시 한번 미사의 핵심 부분으로 강조되었고, 기도서가 신도들과 함께 공동으로 낭송되었으며, 성가 또한 성가대뿐만 아니라 회중들도 같이 부르게 되었다. 이 과정에서 새로운 교회건축에 대한 논의도 진행되었다.

개신교 측에서도 루터파 교회를 중심으로 전례 쇄신이 논의되었다. 개신교 측 논의는 주로 제단과 설교대 사이의 관계와 배치 문제였다. 이에 따라 개신교의 교회건축에 대한 여러 안이 제시되었는데, 그중 1891년 '비스바덴 프로그램(Wiesbadener Programm)'은 교회건축의 전환점이 되었다. 이 프로그램은 독일 비스바덴의 목사 에밀 페젠마이어(Emil Veesenmeyer)가 제안한 것으로, 1861년의 '아이제나하 규정(Eisenacher Regulativ)'을 정면으로 반대한 것이었다. 아이제나하 규정에 따르면 교회 건물은 로마네스크 양식이나 고딕 양식을 따라야 하고, 설교대는 중세 교회와 같이 회중석 측면 기둥에, 오르간은 입구 위 서쪽에 부착되어야 했다. 그러나 페젠마이어는 기존의 방식을 반대하면서 교회 건물의 양식을 특정하지 않았고, 회중들의 능동적 참여와 설교에 중점을 두었다. 그는 설교대가 그리스도가 회중들에게 영혼의 양식을 주는 곳이기 때문에 제단과 일체화시켜 같은 쪽에 배

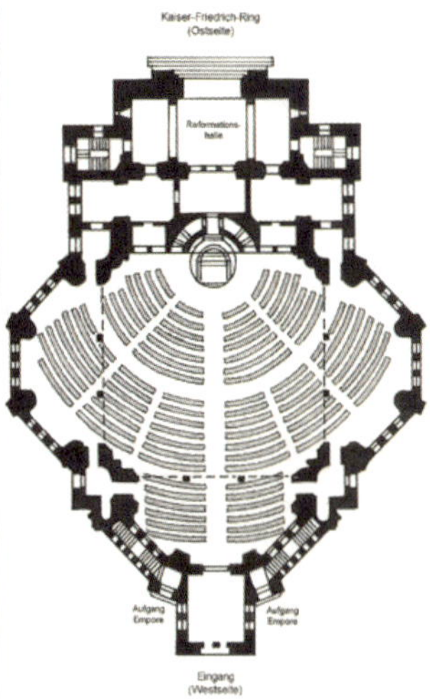

링 교회 / 평면도 / 제단과 설교대

치해야 하고 오르간은 제단 상부에 있어야 한다고 주장했다. 또한 "건물의 내부 특성은 건물의 외관으로 표현되어야 한다"며 "건물의 건축은 건물의 구체적인 목적과 사용 방식에 따라 이루어져야 한다."라고 주장하였다. 그리고 이를 위해 중앙집중식의 교회건축을 제안하였다.

비스바덴 프로그램에 기초한 최초의 교회는 비스바덴의 〈링 교회〉(1892-94)였다. 베를린의 건축가 요하네스 오첸(Johannes Otzen, 1839-1911)이 설계한 이 교회는 신로마네스크 양식으로 지어졌는데, 당시 민족주의의 영향으로 중세 로마네스크 양식이 특히 독일적이라고 여겨졌기 때문이었다. 교회의 평면은 모서리가 날카로운 비스듬한 다각형으로 구성된 중앙집중식이다. 교회 내부는 기둥이 없이 툭 트여있고, 바닥은 제단을 향해 약간 기울어져 있다. 또한 모든 좌석이 동쪽의 제단과 설교대를 향해 반원형으로 배열되어 시각적으로나 청각적으로 접근이 용이하도록 하였다. 이 교회는 20세기 초까지 개신교의 중앙집중식 교회건축의 모델이 되었다.

1894년에는 제1회 루터파 교회 건축회의가 열렸는데, 이 회의에서는 비스바덴 프로그램을 수정해 20세기 교회건축의 새로운 방향을 제시하였다. 그 핵심은 제단이 단순한 상징으로서가 아니라 실제에 있어서 교회의 중심에 놓여야 한다는 것이었다. 이에 따라 제단 뒤의 벽이 사라지고 그 대신 성찬례 때 사제가 그 자리에 서게 되었다. 루터파 교회의 전례 쇄신에 영향을 받은 개혁파 교회 역시 갤러리를 없애고 보다 기능적인 홀 교회를 제안하였다.

19세기 후반부터 일어난 신구교 각 교파들의 부흥 운동은 세부적인 면에서는 차이가 있었지만, 교회건축을 둘러싼 신학적인 기초와 교회 건물의 디자인 면에서는 점차 유사해지는 경향을 보였다. 20세기에 들어와 가톨릭교회의 성당에서는 그동안 사라졌던 세례대(세례반)가 부활했고, 제단과 회중석과의 적극적인 관계를 고려해 기존의 직사각형 평면의 선형 교회를 벗어나 여러 가지 형태의 중앙집중형 교회가 시도되었다. 개신교의 교회에서도 공동체의 연대를 재고하고 회중석 가까이에 제대를 배치하려는 노력이 이어지면서 여러 가지 중앙집중형 평면이 제시되었다.

## 롱샹 경당

〈롱샹 경당〉(1953-55)은 프랑스 동부 오트-사온 지역의 작은 마을 롱샹에 있는 가톨릭교회의 순례경당이다. 보통 '롱샹 성당'이라 부르고 있지만, 일반 성당과 달리 성체를 모시지 않는다는 점에서 '경당'이 정확한 표현이다. 이 경당이 들어선 자리는 마을 외곽 가파른 언덕으로 로마 시대부터 천혜의 요새였고, 독일-프랑스 간 수많은 전투에서 중요한 군사적 보루였다. 고대 신전이 있던 이 언덕에 원래 성모 마리아에게 헌정된 순례경당이 세워졌지만 제2차 세계 대전 중에 파괴되자 경당 재건이 논의되었다. 이 과정에서 무신론자를 자처했던 건축가 르 코르뷔제(Le Corbusier, 1887-1965)가 도미니크 수도회의 지원을 받아 경당의 설계를 맡게 되었다.

롱샹 경당

롱샹 경당

르 코르뷔제는 산업혁명 이후 기술의 발전과 공업화로 인해 모든 것이 진일보한 사회에서는 새로운 시대에 맞는 새로운 건축을 추구해야 한다고 주장하였다. 그는 건축을 생성하는 가장 근원적인 요소가 빛이라고 보았다. 공간을 만들고 연출하는 것은 물리적인 건축 요소가 아니라 빛과 그림자에 의해 결정되며, 이러한 빛의 역할을 통해 가소성을 표현할 수 있어야 한다고 강조하였다. 빛을 건축의 핵심으로 보는 그의 건축관은 젊은 시절 그리스와 터키 여행을 통한 경험에서 비롯되었다. 그는 이 여행을 통해 위대한 건축의 공통점은 빛을 다루는 방식이라는 것을 깨닫고 이를 자신의 건축에 반영하였다. 그가 〈롱샹 경당〉의 건축과정을 기록한 책에서도 이곳을 성스러운 공간으로 만들고자 했으며, 그 실마리는 '빛'이라고 적고 있다.

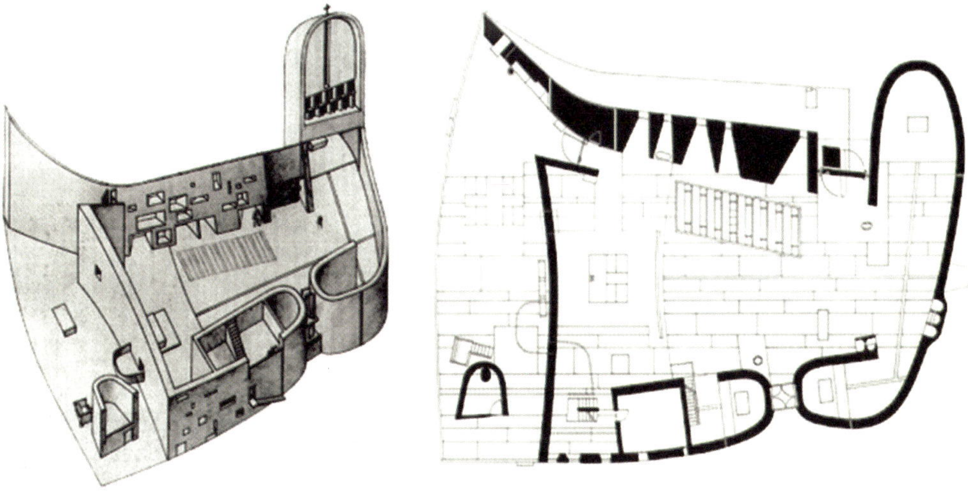

롱샹 경당 구조

## 롱샹 경당의 구조와 구성

르 코르뷔제는 언덕의 가장 높은 곳에 경당을 동서축으로 설계한 후 콘크리트를 이용해 두터운 벽을 쌓고, 물결치듯 휘어지고 기울어진 형태의 지붕을 얹었다. 경당의 평면에는 단일 공간을 구성하는 부등변 사각형 형태의 중랑을 비대칭적으로 배치하였다. 폭 11-13m, 길이 26m인 경당의 평면은 뒤에서부터 앞쪽 제단 쪽으로 열려있어 예배자들이 제단에 쉽게 접근하도록 하였다. 경당의 바닥은 제단을 향한 언덕의 자연적인 경사를 따르고 있는데, 제단의 바닥도 높지 않게 처리해 성찬례의 친밀한 분위기를 유도하고자 하였다.

〈롱샹 경당〉은 평면 자체도 비정형이지만, 구조 또한 르 코르뷔제의 후기 스타일의 다른 작품보다 극단적인 디자인이라고 할 정도로 특이하다. 북쪽 벽에는 작은 출입문 사이에 둥그렇게 들어

롱샹 경당 내부

간 알코브(alcove) 형태의 소 경당과 사각형 형태의 제의실이 있고, 남쪽 벽에는 출입구 옆에 알코브 형태의 소 경당이 하나 더 있다. 소 경당 내부 벽 위쪽에는 작은 창을 내어 빛의 효과를 극대화하였다. 경당 안의 긴 의자들은 남쪽 벽을 따라 한 줄로만 놓여있고, 나머지는 비워두었다. 이 경당은 순례경당이기 때문에 좌석은 50석에 불과하지만 빈 공간까지 해서 약 200명을 수용할 수 있다. 대규모의 순례자들을 위한 미사는 옥외공간에서 진행되는데, 야외 제단은 내부의 주 제단과 등을 맞대고 넓은 풀밭을 향해 열려있다. 경당의 정면 벽과 측면 벽 사이의 남쪽으로 난 작은 문을 통해 내부 제단과 외부 제단이 바로 연결된다.

롱샹 경당 북쪽 외관

남쪽 소 경당 내부

경당 내부는 두터운 백색 외벽들과 노출 콘크리트의 천장이 어두컴컴한 단일 공간을 이루고 있다. 내부의 조형적 형태는 콘크리트의 가소성을 최대한 살리면서 외부와는 전혀 다른 분위기를 창출한다. 지붕은 벽으로부터 약 10cm 정도 떠 있고, 그 빈 공간은 창으로 채워졌는데 이는 마치 고딕 성당의 고측창처럼 외부로부터 빛을 받아들이는 역할을 한다. 내부 공간은 부드럽게 휘어지면서 부분적으로 단절되고 다시 이어지는데, 남쪽 벽을 제외한 나머지 벽들에는 창이 매우 제한적이다. 서쪽과 북쪽에는 아예 창이 없고, 제단이 있는 동쪽 벽에는 성 모자상을 모신 사각형의 창과 이를 점점이 둘러싼 작은 구멍들이 있을 뿐이다. 반면 동쪽 벽과 남쪽 벽이 만나는 부분에는 수직으로 큰 창이 나 있어 그 옆의 어두운 제단과 대조를 이루면서 제단 뒤쪽의 성 모자상을 안치한 밝은 창과 더불어 어두운 제단을 더욱 엄숙한 공간으로 만들어준다.

벽에 난 크고 작은 창들은 추상적인 스테인드글라스의 조각들로 장식되었다. 불규칙한 패턴으로 흩어져 있는 다양한 크기의 창에서 나오는 비대칭적 조명은 공간의 신성한 속성을 더욱 강화시킨다. 특히 15cm 두께의 남쪽 벽은 크기가 다른 창들이 휘어진 벽을 가로질러 불규칙한 패턴으로 흩어져 있는데, 개구부는 다양한 각도로 중심을 향해 기울어져 다양한 각도에서 빛을 받아들인다. 내부의 조명 또한 외부에서 들어오는 빛과 어우러지고 흰색 벽에 반사되어 부드럽고 신비로운 분위기를 만들어 낸다.

롱샹 경당 남쪽 벽 내부

〈롱샹 경당〉은 1930년대 이후 프랑스 도미니크 수도회의 진보적인 성직자들을 중심으로 꾸준히 전개된 '성 미술(L'Art Scar)' 운동의 결정체라고 할 수 있다. '성 미술' 운동은 그리스도교 미술을 쇄신하고 교회 안에 현대미술을 적극적으로 수용하고자 했던 운동으로, 기존의 도상학에 기초한 종교미술에서 벗어나 비신자들의 세속적인 미술을 교회 안에 수용하고자 하였다. 그 과정에서 '성스러움'에 대한 논쟁도 있었지만, 결국 현대 추상미술이 성스러움을 표현하는데 적합한 양식으로 인정받게 되었다. 작지만 강렬한 이미지를 발산하는 〈롱샹 경당〉은 '성 미술' 운동의 결정체로서 모더니즘 건축의 발전에 기여한 르 코르뷔제의 작품 중 가장 독특한 작품이자 현대 종교건축의 새로운 이정표로 평가된다.

## 빌헬름 황제 기념교회

독일 베를린의 〈빌헬름 황제 기념교회〉(1959-61)는 베를린 복음주의 교회(독일 개신교 연합조직)에 소속된 개신교 교회이다. 원래 이 교회는 독일의 빌헬름 2세가 전통적인 종교적 가치로의 복귀를 통해 독일 노동 운동과 사회주의 운동에 대항하기 위해 시작한 개신교 교회건축 프로그램의 일부로 계획되었다. 건축 공모를 통해 베를린 건축 아카데미의 회원이자 왕실건축 책임자인 프란츠 슈베히텐(Franz Schwechten, 1841-1924)의 안이 채택되었다. 슈베히텐이 설계한 기념교회는 〈본 대성당〉을 모델로 113m의 첨탑(지금은 71m만 남아 있다)을 네 개의 작은 탑이 둘러싸고 있는 형태의 신로마네스크 양식이었는데, 당시 브란덴부르크 지역에서는 매우 생소한 것이었다.

빌헬름 황제 기념교회

교회는 1891년에 초석을 놓은 뒤 1895년에 봉헌되었다. 교회 이름은 빌헬름 2세의 권유에 따라 그의 할아버지 빌헬름 1세를 기리는 의미에서 '빌헬름 황제 기념교회'로 정해졌다. 빌헬름 1세는 비스마르크와 함께 독일을 통일하고 독일 제국을 건설한 황제이다.

그러나 구 교회는 제2차 세계 대전 중인 1943년 2월의 폭격으로 심하게 파손되어 첨탑을 중심으로 일부 폐허만 남게 되었다. 전후 교회 재건에 대한 논의가 있었지만 연합군은 이 교회가 과도한 국가적 자부심의 상징이라는 이유로 재건에 반대하였다. 이후 폐허가 된 교회는 베를린 사람들에게 전쟁의 공포를 끊임없이 상기시키는 역할을 하였다. 그러다 1956년 교회 잔해를 철거하고 완전히 새로운 교회를 짓기로 결정이 난 후 2단계 설계 공모를 통해 에곤 아이어만(Egon Eiermann, 1904-70)의 안이 채택되었다. 그는 초기 설계에서 새로운 교회 건설을 위해 구 교회 첨탑의 잔해를 제거하도록 제안했지만, 폐허가 된 첨탑이 베를린의 상징이라고 생각하는 시민들의 항의로 인해 첨탑을 보존하기로 하고 디자인을 수정하였다.

구 빌헬름 황제 기념교회

## 빌헬름 황제 기념교회 구조와 구성

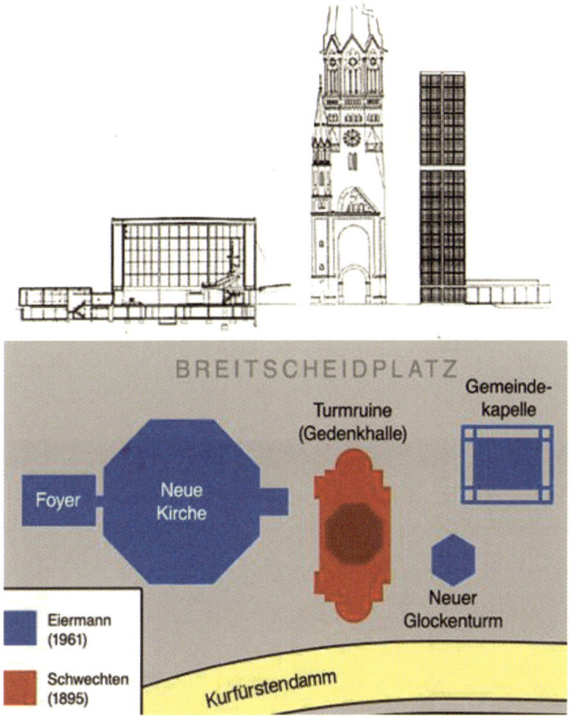


빌헬름 황제 기념교회 구조

〈빌헬름 황제 기념교회〉는 브라이트샤이트 광장에서 여섯 계단 높이의 연단 위에 구 교회의 유적과 팔각형 본당, 육각형 종탑, 사각형 경당 등을 포함하는 그룹화된 네 개의 건물로 구성되었다. 전쟁 기념관으로 보존된 첨탑의 폐허 서쪽에는 직사각형 대기실이 딸린 본당이 자리하고, 폐허 동쪽에는 경당이 딸린 육각형의 종탑과 사각형의 경당이 배치되었다. 새 건물은 독특한 외관 때문에 '립스틱과 파우더 상자(Lippenstift und Puderdose)'라는 별명이 붙었고, 폐허로 남은 첨탑은 '속이 빈 이빨(Hohler Zahn)'이라는 별명이 붙기도 하였다.

새 교회는 콘크리트와 강철 및 유리로 지어졌다. 팔각형의 본당은 격자 모양의 유리벽을 이중으로 구성해 만들었는데, 외벽과 내벽 사이는 강철 구조물로 연결되었고, 저녁에는 조명도 가능하도록 하였다. 외벽과 내벽은 스테인드글라스로 이루어진 콘크리트 벌집처럼 보인다. 프랑스 유리예술가인 가브리엘 루아르(Gabriel Loire, 1904-96)가 색유리를 불규칙한 작은 조각으로 부수어 정사각형으로 배열하고 이를 콘크리트 격자에 배치해 삽입

빌헬름 황제 기념교회 외벽과 내벽 사이 공간

한 것이다. 스테인드글라스는 '샤르트르 블루'라 불리는 샤르트르 대성당의 스테인드글라스에서 영감을 받아 푸른색이 주를 이루고 있다. 이 색은 아이어만이 원래 의도한 열은 물색보다 더 강렬했기 때문에 교회 방문객들을 현혹시키지 않도록 스테인드글라스를 4m 높이 위쪽으로만 설치하였다. 이 때문에 교회 내부는 신비로우면서도 차분한 분위기를 연출한다. 본당은 지름 35m, 높이 20.5m로 1000명 이상을 수용할 수 있다. 북동쪽의 사각형 경당은 순수한 강철 구조이지만 그 프레임은 역시 유리 블록으로 만들어졌는데, 약간 연한 푸른색이 섞인 밝은 색상이다.

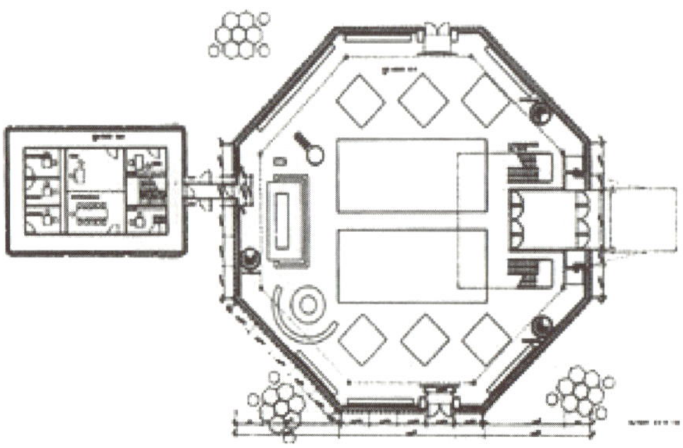

빌헬름 황제 기념교회 본당 평면도

빌헬름 황제 기념교회 본당 내부

빌헬름 황제 기념교회 본당 그리스도상

본당 내부의 입구 맞은편에는 카알 헤메터(Karl Hemmeter, 1904-86)가 만든 부활하신 그리스도상이 제단 위에 매달려 있다. 아이어만은 원래 교회 내 제단, 설교대, 세례반, 촛대, 램프, 좌석, 바닥, 오르간 케이스 등 본당 내부의 모든 필수 요소를 디자인했는데, 제단 뒤에 단순한 십자가를 걸고자 했던 그의 의도와는 달리 교회의 요구에 따라 무게 약 300kg, 높이 4.60m의 황동 그리스도상을 설치해야 했다. 여기서도 독일 개신교의 성격을 엿볼 수 있다. 그리스도상 앞에 12개의 촛대가 있는 제단이 자리했는데, 12는 12제자, 이스라

엘의 12지파 등을 나타낸다. 그 왼쪽에는 대형 알루미늄 세례반이, 오른쪽에는 팔각형 설교대가 자리하고 있다. 제단 맞은편 발코니에는 파이프 오르간이 설치되었다.

육각형의 종탑은 지름 12m, 높이 53.5m로, 평평한 지붕 꼭대기에는 구체 위에 십자가가 세워져 있다. 종탑에는 6개의 청동 종이 걸려 있는데, 이것들은 1870-71년 프로이센이 프랑스와의 전쟁에서 노획한 대포로 주조된 것이다. 구 교회의 첨탑 아래 공간은 제2차 세계 대전의 참상과 파괴를 기억하는 기념관이자 화해의 장으로 개조되어 1987년에 개방되었다. 2017년에는 2016년 12월 교회 앞 크리스마스 시장을 공격한 이슬람 테러리스트에 의해 희생된 사람들을 기리기 위해 '황금 균열(Goldener Riss)'이라는 기념물이 만들어졌다. 교회 옆 브라이트샤이트 광장의 일부를 관통하는 균열은 금색 합금으로 채워져 있고, 교회 연단으로 이어지는 계단에는 희생자들의 이름이 새겨져 있다.

빌헬름 황제 기념교회 구 교회(기념관) 내부

'황금 균열' 기념물

## 클리프턴 대성당

1829년 영국에서 가톨릭교회의 활동을 실질적으로 보장하고 교회건축을 허용한 '가톨릭교회 구제법(Catholic Relief Act 1829)'이 통과되었다. 이에 영국 잉글랜드 남서부에 위치한 브리스톨의 클리프턴에서도 1834년 성당 건축이 시작되었다. 그러나 성당 부지가 산비탈이다 보니 공사가 어려워 다음 해에 중단되는 등 우여곡절 끝에 1848년에는 절반 정도 완성된 건물에 지붕을 얹어 성당으

클리프턴 대성당

클리프턴 대성당

로 사용하였다. 2년 후인 1850년에 클리프턴이 주교좌가 되면서 '대성당'으로 승격되었다. 1964년 주교좌에 걸맞은 성당을 건립하기 위한 모금이 이루어졌고, 새로운 부지를 선정해 건축가 로날드 윅스(Ronald J. Weeks, 1937-2020)에게 설계를 의뢰하였다. 이렇게 해서 탄생한 것이 〈클리프턴 대성당〉(1970-73)이다.

이 성당은 제2차 바티칸 공의회에서 비롯된 새로운 지침에 따라 지어진 최초의 가톨릭 대성당이다. 제2차 바티칸 공의회(1962-65)에서는 가톨릭교회를 내적으로 쇄신하고 전례 개혁을 비롯한 교회의 현대화를 적극 추진하였다. 공의회에서는 특히 평신도의 역할에 주목하고 그들의 능동적인 참여를 고무하였는데, 〈클리프톤 대성당〉의 설계에서부터 평신도들이 적극적으로 참여한 것도 공의회의 결과를 반영하는 것이라 할 수 있다. 성찬례에서도 사제들과 함께 평신도들의 능동적인 참여에 초점이 맞춰짐으로써 과거 수백 년 동안 이어져 온 교회건축에 일대 혁신을 가져오게 되었다.

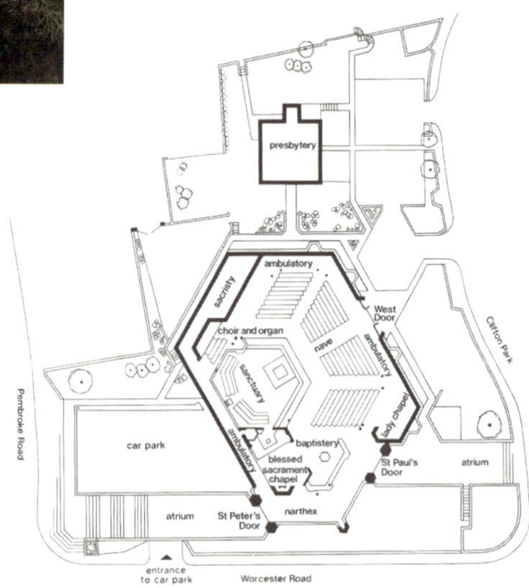


클리프턴 대성당 평면도

## 클리프턴 대성당 구조와 구성

〈클리프턴 대성당〉은 윅스가 그의 동료들과 함께 설계한 성당이다. 건물은 길쭉한 육각형 그룹을 기반으로 콘크리트로 지어졌고, 제단 위쪽에는 세 개의 층으로 솟아 있는 중첩 육각형 및 부분 육각형으로 구성된 첨탑을 두었다. 성당은 동쪽의 '성 바오로 문'과 서쪽의 '성 베드로 문'을 통해 두 방향으로 진입할 수 있다. 전실에는 영국, 프랑스 및 독일에서 수집한 8000여 조각의 색유리로 이루어진 두 개의 스테인드글라스 창이 설치되었다. 추상예술가 헨리 헤이그(Henry Haig, 1930-2007)의 작품으로, 성 베드로 문에 가까운 창은 예수가 부활하고 50일 후에 강림한 성령을 표현한 것으로 '오순절'이라 명명되었고, 성 바오로 문에 가까운 창은 하느님의 창조에 대한 기쁨을 표현한 것으로 '환희'라고 명명되었다.

클리프턴 대성당 첨탑 내부

클리프턴 대성당 전실

성당의 내부는 마감재 없이 콘크리트가 노출되어 나무판자의 질감을 느끼게 함으로써 원시적이고 소박한 정직함을 잘 보여준다. 입구 맞은편에는 육각형의 넓은 제단이 자리하고 있는데, 제단의 앞쪽에 돌로 된 제대가 배치되었다. 기존 교회에서 제대는 후진이나 제단 벽 근처에 붙여 놓는 경우가 많았으나 제2차 바티칸 공의회의 지침에 따라 사제가 제대 주위를 충분히 돌 수 있도록 벽과 충분한 공간을 유지하며, 신도들의 주의가 모이는 중심에 두게 되었다. 제단 뒤쪽에는 사제석으로 둘러싸인 주교좌를 배치했는데, 전통적으로 주교좌를 비롯한 주례 사제의 의자는 회중을 주관하고 기도를 이끄는 임무를 수행하는 장소로서 특별한 권위를 가지고 있으나, 이 성당에서는 사제나 평신도들이 같은 의자를 사용하고 있는데 이는 하느님 앞에 만인이 평등하다는 것을 나타내기 위한 것이다. 한편 제2차 바티칸 공의회 이전에는 사제가 신도들과 같은 방향으로 서서 미사를 진행하다 보니 신도들을 등진 상태에서 의식이 행해졌으나, 이제는 서로 마주 보며 의식을 진행하게 되었다.

클리프턴 대성당 내부

제단 왼쪽에는 제단과 연결된 '성체 경당'이 있는데, 성체 경당의 위치는 제단과 분리되어 눈에 잘 띄는 곳에 두어야 한다는 제2차 바티칸 공의회의 견해를 반영한 것이었다. 성체를 모신 감실은 구약에 나오는 유대인 성막을 본 따 스테인리스 스틸로 디자인되었다. 제2차 바티칸 공의회 이전에는 감실을 제단에 두었으나 이제 그 위치가 자유로워지면서 별도의 경당에 따로 둘 수도 있게 되었다. 감실 앞에는 그리스도의 현존을 표시하는 성체등을 켜두었다. 제단 오른쪽으로 성 바오로의 문 근처에는 세례반이 놓였다. 입구 근처에 세례반을 둔 것은 성당에 입장하는 사람들에게 세례를 통해 처음 하느님의 백성이 되었던 때를 상기시키기 위함이다. 성 바오로의 문 옆에는 성모 경당이 있는데, 성모 마리아에게 헌정된 경당을 '레이디 채플(Lady chapel)'이라고 칭한 것은 영국의 전통을 따른 것이다. 제단 왼쪽에는 오르간과 성가대석이 자리하고 있으며, 그 뒤쪽에 제의실이 있다.

클리프턴 대성당 성체 경당

회중석의 좌석은 제단 주위 3면으로 둘러 배열되었는데, 모든 좌석이 제대로부터 15m 이내에 놓이도록 하였다. 좌석은 여러 활동에 따라 자유롭게 이동이 가능했다. 회중석에는 기둥이 없어 시야가 툭트여 보이고, 창문이 없어 주의를 방해하지 않도록 하였다. 천장의 합판 사면체는 음향효과를 고려해 만든 것이다. 조명은 무엇보다 제단에 집중되어 있는데 제단 위쪽에 있는 육각형의 첨탑으로부터 빛이 들어와 콘크리트로 이루어진 차가운 내부 공간을 온화하게 만들어준다. 회중석 바깥쪽 주보랑에는 14처의 '십자가의 길'이 콘크리트 벽체에 저부조로 조각되어 있다. 조각가이자 건축 디자이너인 윌리엄 미첼(William George Mitchell, 1925-2020)의 작품이다.

클리프턴 대성당 세례반

클리프턴 대성당 '십자가의 길' 일부

## (2) 하나의 교회를 위한 노력

하나의 교회를 지향하는 교회일치운동은 20세기에 들어와 본격적으로 일어나기 시작했다. 이 운동을 에큐메니컬 운동(Ecumenical Movement)이라고 하는데, 이 말은 '집'을 뜻하는 그리스어 오이쿠메네(oikumene)에서 유래한 것으로, 세계를 하나의 집으로 삼는다는 '세계교회'의 실현을 지향한다는 의미를 갖는다. 교회일치운동은 여러 교단과 교파로 '갈라진 형제'들이 다시 하나가 되는 것에 머무르지 않고, 모든 그리스도인들이 이웃들에게 하느님의 놀라운 일들을 선포하는 '같은 사명'에 매진할 것을 요청한다. 이러한 운동의 근거는 요한복음에서 찾을 수 있다. 예수는 "그들이 모두 하나가 되게 해 주십시오. 아버지, 아버지께서 제 안에 계시고 제가 아버지 안에 있듯이, 그들도 우리 안에 있게 해 주십시오. 그리하여 아버지께서 저를 보내셨다는 것을 세상이 믿게 하십시오."(요한 17,21)라고 간청한다. 아버지와 아들이 하나이듯 모든 믿는 이들이 하나가 되고, 아버지의 영광을 아들이 받듯이 믿는 모든 이들이 아버지의 영광을 받아 누리도록 해달라는 것이 예수의 기도였다.

교회일치운동의 구체적인 발단은 1910년 영국의 에든버러에서 열린 세계선교회의로까지 거슬러 올라가지만, 본격적인 시작은 1948년 네덜란드 암스테르담에서 열린 세계교회회의를 계기로 세계교회협의회(World Council of Churches, WCC)가 발족되면서부터라고 할 수 있다. 제1차 세계대전이라는 비극을 겪은 후 '인간의 무질서와 하느님의 섭리'라는 주제로 열린 세계교회회의는 훼손된 유럽 사회를 재건하고 인간 탐욕과 죄를 반성하기 위한 차원에서 교회일치운동을 전개하게 된다. 제1회 대회에 이어 1954년 미국 에번스턴에서 열린 제2회 대회에는 가톨릭교회와 정교회 등이 참가하지 않았으나, 1961년 인도 뉴델리에서 열린 제3회 대회에는 소련이나 동유럽 정교회가 참가하였고, 가톨릭교회에서도 옵서버를 보냄으로써 교회일치운동의 획기적인 발전이 이루어졌다.

한편 가톨릭교회에서는 제2차 바티칸 공의회의 '일치운동에 관한 교령(Unitatis Redintegratio)'을 통해 교회론에 대한 새로운 인식이 제시되면서 가톨릭과 개신교가 일치를 모색할 수 있는 신학적 전망이 마련되었다. 제2차 바티칸 공의회가 진행되던 1964년 교황 바오로 6세는 동방 정교회의 수장인 콘스탄티노플 총대주교 아테나고라스를 방문했고, 1965년에는 동서방 교회 분열을 야기했던 1054년의 상호 파문을 취소하는 공동선언을 발표했다. 1967년부터는 루터교와 공동 위원회를 구성해 지속적인 신학적 대화 노력을 이어갔다. 2000년 대희년을 맞이하기에 앞서 1999년 가톨릭교회와 루터파 교회는 '의화 교리에 관한 공동 선언'을 발표하기도 하였다. 7년 뒤인 2006년 감리교회와도 의화 교리에 대한 공동 선언을 발표함으로써 가톨릭과 개신교 사이의 가장 큰 신학적 난제 중 하나였던 '구원'에 대한 신학적 논쟁 해결의 실마리를 풀기에 이르렀다. 어느 교파나 교회일치운동에 반대하는 사람들도 있지만, 교회일치운동은 교회건축에 대한 개념에도 상당한 변화를 가져왔다.

제1회 세계교회회의

## 마리아 막달레나 교회

마리아 막달레나 교회

독일 남서부 프라이부르크의 리젤펠트 지역에 위치한 〈마리아 막달레나 교회〉(2002-04)는 한 건물에 두 개의 주요 그리스도교 교단인 성 마리아 막달레나의 로마 가톨릭 교구와 리젤펠트의 복음주의 교구가 공동으로 사용하는 이른바 '이중 교회'이다. 이 교회는 새로운 프라이부르크 지구를 위해 2004년 리젤펠트 지역 중심부에 가톨릭교회와 개신교가 하나의 건물에 공존하는 특별한 교회를 건립하자는 취지에서 탄생하였다. 이는 교파나 교단의 차이를 초월해 모든 그리스도교 교회를 통일시키고자 하는 교회일치운동의 일환이라고 할 수 있다. 리젤펠트의 가톨릭교회와 복음주의 교회는 새로운 교회를 한 지붕 아래 두 개의 교회로 만들자는 아이디어를 냈고, 프라이부르크시가 이에 호응해 부지를 제공하였다.

마리아 막달레나 교회

1999년 공모를 통해 수잔네 그로스(Susanne Gross, 1960- )의 안이 채택되었는데, '두 교회, 하나의 교회'라는 타이틀을 내건 그녀의 제안은 매우 의미심장한 것이었다. 두 교회가 이웃해 있는 것도 아니고 하나의 건물 안에 가톨릭교회와 개신교가 같이 공존하는 것에서 나아가 하나의 교회를 지향하는 것이었기 때문이었다. 당시까지 '하나의 교회'라는 발상은 상상하기 어려운 일이었다. 특히 가톨릭교회는 교회건축에서 자신의 상징성을 완전히 포기한 적이 없었기 때문에 매우 이례적인 일로 받아들여졌다. 그러나 2004년 건물의 완공으로 '한 지붕 아래 두 교회', '두 교회, 하나의 교회'라는 아이디어는 실현되었다.

## 마리아 막달레나 교회 구조와 구성

마리아 막달레나 교회 내부

오늘날 프라이부르크는 생태 도시로 유명한데, 당시에도 이미 독일에서 생태학적으로 선도적인 도시 중 하나였다. 이 때문에 교회건축에서도 처음부터 생태학적 측면이 중요시되었다. 〈마리아 막달레나 교회〉는 지붕의 태양광 발전 시스템과 목재 및 콘크리트 재료 선택에서부터 생태학적 측면이 분명하게 나타나고 있다. 이 교회는 불규칙한 평면과 함께 회반죽이 되지 않은 경량 콘크리트로 만들어진 각진 형태로 지어졌다. 두 개의 주요 벽을 여러 번 접고 불규칙한 순서로 안쪽과 바깥쪽으로 약간 기울였는데, 이것은 "텐트와 같은 개방성과 이동성"의 인상을 주기 위한 것이었다. 교회의 모든 벽면은 높이 13m, 두께 40cm의 매끄러운 노출 콘크리트로 만들어졌고 바닥만 왁스 처리를 하였다. 천장은 나무로 되어 있고 창문과 채광창은 밝은 회색 강철 프로파일로 되어 있다.

〈마리아 막달레나 교회〉는 고전적인 의미의 파사드 대신 건물의 여러 기능에 따라 창과 문을 여러 형태로 배열하고 있다. 십자가가 걸려 있는 남쪽 면의 큰 입구를 통해 안으로 들어가면 중앙 홀이 나오고, 좌우로 두 개 교단을 위한 예배실이 배치되어 있다. 왼쪽(서쪽)에 있는 길쭉한 형태의 공간이 가톨릭교회 예배실이고, 반대편(동쪽)에 있는 조금 작은 크기의 공간이 개신교 예배실이다. 교회 공간은 두 개의 콘크리트 벽으로 분리되는데, 이 벽은 개방성과 이동성을 고려해 코스를 따라 여

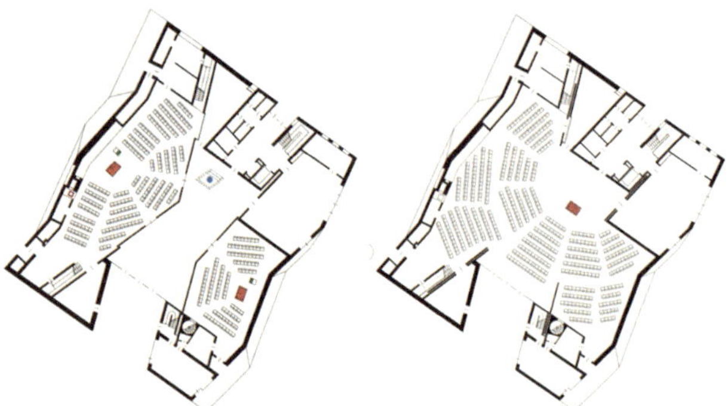

마리아 막달레나 교회 평면도

러 번 접혀 있으며 불규칙한 순서로 안쪽과 바깥쪽으로 약간 기울어져 있다. 교회 공간은 필요한 경우 가변 칸막이벽을 이동시켜 '이중 교회'의 방을 확장하고 공유할 수 있도록 하였다. 모터로 움직일 수 있는 가장 큰 칸막이벽은 크기가 100제곱미터, 무게는 30톤에 달한다. 두 교단이 각기 주일예배를 한 후 모두가 중앙홀에 함께 모일 수 있도록 했는데, 중앙홀에는 200명을 수용할 수 있다. 마리아 막달레나 축제, 추수 감사절 및 크리스마스 이브 등에는 칸막이벽을 치우고 이른바 '중앙 본당'에서 대규모 합동 예배가 거행된다.

마리아 막달레나 교회 공동 예배 장면

교회 내부 공간은 외부로부터 들어오는 빛에 의해 그 분위기가 결정되는 강한 효과가 나타난다. 내부는 대체로 간접조명이 이루어지고 있다. 위로부터 떨어지는 빛줄기는 꺾이고 구부러진 벽에 극적인 그림자를 만들고, 창들과 지붕 틈새로부터 들어오는 빛은 내부 곳곳을 밝게 비춘다. 이로써 조명효과를 통해 공간을 구조화하고 위계를 부여했던 기존 교회건축의 규범을 거부하고 공간의 평등성을 구현하였다.

가톨릭교회 예배실은 약 250명을 수용할 수 있는 공간이다. 중앙에 제대와 강론대가 놓였는데 모두 참나무로 제작되었다. 참나무는 고대 이래로 게르만족들이 신성시하는 나무이다. 제대는 40개의 다리로 이루어진 탁자로 구성되어 있는데, 40이라는 숫자는 성경에서 특별한 의미를 지닌다. 이스라엘인들은 40년 동안 광야 생활을 했고, 예수도 40일 동안 광야에서 금식을 하였다. 부활

마리아 막달레나 교회 가톨릭교회 예배실

절부터 승천일까지도 40일이다. 따라서 숫자 40은 변화와 새로운 시작을 가능하게 하는 성찰과 재정향을 요구하는 기간을 나타낸다. 제대의 40개 다리는 또한 전체 회중들을 상징하기도 한다.

가톨릭교회는 전례로 인해 추가적인 방이 필요하기 때문에 크고 작은 공간이 배치되었다. 제대 뒷벽의 공간에는 사제와 복사들을 위한 벤치가 놓여있다. 그 옆의 작은 문 뒤편에는 병자성사, 견진성사 등에 사용되는 성유가 보관되어 있다. 두 개의 경당도 있는데, 정문 옆에 있는 경당은 '침묵의 방'으로 모든 사람에게 열려있고 외부 문을 통해 밖에서 곧바로 들어갈 수도 있다. 이 방에는 탑도 있지만 그리 높지 않아 외부에서는 잘 보이지 않는다. 북쪽 경당은 미닫이 벽으로 구분되어 기도나 명상 또는 기타 소규모 모임에 사용된다. 예배실 오른쪽과 왼쪽에는 갤러리가 있는데, 북쪽 갤러리에는 오르간이 설치되어 있다. 남쪽의 작은 갤러리 아래에는 성 모자상이 서 있고, 그 옆으로 들어가면 마리아 막달레나 벽감이 있는데, 이는 예루살렘의 '바위 무덤'을 반영한 것이다. 벽감에는 부활한 예수가 마리아 막달레나에게 나타난 이야기를 다룬 요한복음 20장의 구절이 새겨져 있는데, 이는 마리아 막달레나가 부활한 예수를 가장 먼저 만나고 제자들에게 메시지를 선포하도록 위임받은 사람임을 나타낸다. 마리아 막달레나는 '사도의 사도(Apostola Apostolorum)'라고도 불리기 때문에 여기에는 13번째 사도 촛대가 놓여있다.

개신교 예배실은 약 100명을 수용하는 공간인데, 갤러리에는 최대 25개의 좌석이 더 들어갈 수 있다. 큰 창은 지역에 대한 교회의 개방성을 나타내는데, 교회는 사람들을 위해 있고 사람들의 기쁨과 슬픔에 영향을 받기를 원한다는 의미를 지닌다. 앞쪽에 매달려 있는 나무 패널은 눈부심을 방지하는 역할을 한다. 설교대와 제대는 복음주의 신앙의 중심을 의미하는데, 말씀과 전례가 하느님이 사람들을 만나는 두 가지 방법임을 나타낸다. 설교대와 제대는 가톨릭교회 예배실과 마찬가지로 참나무로 제작되었고, 제대 역시 40개의 다리로 이루어진 탁자로 구성되어 있다. 가톨릭교회와 개신교의 제대를 동일하게 만든 것은 교회 일치에 대한 열망을 보여준다.

마리아 막달레나 교회 개신교 예배실

교회 건물의 중심인 중앙홀에는 세례반과 공동 세례 장소가 있다.

마리아 막달레나 교회 세례반

세례는 그리스도교 신앙의 중심이며 다양한 교단에서 공통적으로 인정하는 성사로서 하나의 교회를 위한 상징이다. 따라서 칸막이벽이 치워지고 공동으로 행해지는 전례에서 그 중심은 세례 장소가 된다. 세례 장소는 교회 바닥보다 두 계단 낮게 되어 있어 세례를 받으려면 아래로 내려가야 하고, 고개를 숙였다 다시 일어나야 되는데, 이는 세례가 예수 그리스도와 함께 어둠과 죽음 속으로 내려가는 것을 의미하며, 하느님의 은총을 통해 죽지 않고 다시 일어나 영생을 얻게 될 것임을 나타낸다. 분수처럼 생긴 세례반에는 12개의 흑단 부착물이 있는데, 12라는 숫자는 하느님의 백성(이스라엘 12지파, 예수의 12제자) 공동체를 상징하며, 그 공동체는 세례를 통해 받아들여진다는 의미를 지닌다.

마리아 막달레나 교회 미로

교회 입구 바닥에는 미로가 설치되어 있다. 미로는 중세 대성당의 바닥에서 종종 볼 수 있는 것으로, 신에게로 나아가는 인간의 여정을 상징한다. 미로는 모든 길에는 목표가 있다는 희망을 이야기하는데, 그리스도교인들에게 있어 이 목표와 삶의 중심은 예수 그리스도이다. 구불구불한 미로는 우리의 삶에 대한 비유로서 삶의 길이 우리가 흔히 바라는 것처럼 직선적이지는 않지만 예수 그리스도를 향한 삶의 목표는 분명해야 한다는 것을 나타낸다.

## 참고문헌

김광현(2021): 성당, 빛의 성작. 전례와 공간, 이유출판.

김정신(2004): 유럽 현대 교회건축, 가톨릭출판사.

김홍섭(2012): 미술로 읽는 독일문화, 전남대학교출판부.

김홍섭(2020): 미술로 읽는 유럽문화, 신아사.

이정구(2012): 교회건축의 이해, 한국학술정보.

임석재(2003-08): 서양 건축사 1-5, 북하우스.

임석재(2011): 서양 건축사, 북하우스.

리처드 스탬프(2012). 교회와 대성당의 모든 것(공민희 옮김), 성균관대학교출판부.

Becker, Udo(o.J.): Lexikon der Symbole, Köln.

Bieger, Eckhard(o.J.): Das Bilderlexikon der christlichen Symbole, Leipzig.

Binding, Günther(2000). Was ist Gotik? Eine Analyse der gotischen Kirchen in Frankreich, England und Deutschland, Darmstadt.

Borngässer, Barbara / Rolf Toman / Achim Bednorz(o.J.). Architektur der Renaissance. Die Ästhetik großartiger Baukunst, Hamburg.

Borngässer, Barbara / Rolf Toman / Achim Bednorz(o.J.). Architektur des Barock. Die Ästhetik großartiger Baukunst, Hamburg.

Claussen, Johann Hinrich(2012). Gottes Häuser oder Die Kunst, Kirchen zu bauen und zu verstehen, München.

Conrad, Dietrich(2011). Kirchenbau im Mittelalter. Bauplaunung und Bauausführung, Leipzig.

Ellwardt, Kathrin(2008). Evangelischer Kirchenbau in Deutschland, Fulda.

Erne, Thomas(Hg.)(2012). Kirchenbau, Göttingen.

Goecke-Seischab, Margarete Luise / Ohlemacher, Jörg(2002). Kirchen erkunden Kirchen erschließen, Köln.

Goecke-Seischab, Margarete Luise / Harz, Grieder(2011). Der Kirchen Atlas. Räume entdecken Stile erkennen Symbole und Bilder verstehen, München.

Hartmann-Virnich, Andreas(2004). Was ist Romanik? Geschiche, Formen und Technik des romanischen Kirchenbaus, Darmstadt.

Jahn, Johannes / Haubenreisser, Wolfgang(1995): Wörterbuch der Kunst, Stuttgart.

Kosch Clemens(2011). Die romanischen Dome von Mainz, Worms und Speyer, Rosenburg.

Laule, Ulrike / Rolf Toman / Achim Bednorz(o.J.): Architektur des Frühmittelalters und der Romanik, Hamburg.

Laule, Ulrike / Rolf Toman / Achim Bednorz(o.J.): Architektur der Gotik, Hamburg.

Lieb, Stefanie(2010). Himmelwärts. Geschichte des Kirchenbaus von der Spätantike bis heute, Berlin.

Lücke-David, Susanne(2013): Die Baustile. Baukunst Europas von der Antike bis zur Gegenwart, Ulm.

Lützeler, Heinrich(2000): Bildwörterbuch der Kunst, Pössneck.

Nussbaum, Norbert(1994): Deutsche Kirchenbaukunst der Gotik, Darmstadt.

Pevsner, Nikolaus(1997): Europäische Architektur von den Anfängen bis zur Gegenwart, Nördlingen.

Prina, Francesca(2009): bildlexikon architektur. Elemente, Formen, Materialen, Berlin.

Schröder, Julius Hermann(1990). Deutsche Baukunst, Bidlach.

Tarabra, Daniel(2009): bildlexikon kunst. Stiele und Epochen von romanik bis zum Jugendstil, Berlin.

## 용어 해설

가고일(gargoyle): 건축물의 지붕 또는 처마 외부로 돌출된 낙수받이로서 기괴한 모습의 짐승이나 괴물 등의 형상으로 조각되어 있다.

감실(tabernacle): 성당 내에 성체를 모셔두는 곳.

강론대(pulpit): 가톨릭교회에서 강론을 위해 설치된 장소로서 개신교에서는 '설교대'라 부른다.

갤러리(galley): 측랑의 상층 부분 또는 로마네스크 성당에서 아케이드 위층의 공간.

경당(chapel): 가톨릭교회에서 예배를 위해 지정된 독립 공간으로 성체를 모시지 않는다는 점에서 성당(church)과 구분된다.

고측창(clerestory): 중랑벽 상단의 창이 나 있는 부분으로 '천측창'이라고도 한다.

공의회(Council): 가톨릭교회에서 종교적인 문제를 다루는 주교들의 회합

교차부(crossing): 십자형 평면에서 중랑과 횡랑이 교차하는 부분.

교차궁륭(cross vault, groin vault): 두 개의 원통형 궁륭이 교차해서 만들어진 궁륭.

그리스십자(greek cross): 가로 세로가 동일한 십자.

궁륭(vault): 아치로 이루어진 둥근 천장.

내진(chancel): 후진 앞쪽과 교차부 사이의 공간. 제단이 중심이 된다는 점에서 '제단소'라 부르기도 하고, 성가대가 자리한다는 점에서 '성가대석(choir)'이라고도 한다.

내진 스크린(chancel screen): 내진 전체를 둘러싸고 있는 칸막이 벽.

늑재(rib): 궁륭의 뼈대가 되는 부재로 '늑골'이라고도 한다. 기둥과 기둥 사이에 걸친 아치로서 궁륭의 무게를 기둥에 전달하며, 때로는 궁륭의 장식 부재로 사용되기도 한다.

늑재궁륭(rib vault): 아치형의 늑재를 뼈대로 구성되는 궁륭.

다발기둥(clustered pier): 중심이 되는 원주 주위에 여러 개의 가느다란 원주를 덧대어 다발처럼 보이도록 한 기둥.

대성당(cathedral): 가톨릭교회의 주교좌 성당으로 독일에서는 '돔(Dom)', 이탈리아에서는 '두오모(Duomo)'라고 한다.

독서대(ambo): 전례 중 성서를 봉독하는 장소. 나중에 강론대로 발전해 구분 없이 사용되기도 하였다.

돔(dome): 아치를 이용한 반구형의 지붕.

드럼(drum): 돔의 높이를 더하거나 채광창을 내기 위해 돔의 밑부분에 만든 원통형의 벽체.

라틴십자(latin cross): 가로보다 세로가 긴 십자.

로지아(loggia): 아케이드로 이루어진 통로로서 위는 덮여 있으나 측면이 개방된 홀.

루드 스크린(rood screen): 내진과 다른 부분들을 갈라놓는 칸박이 벽.

만돌라(mandorla): 그리스도를 감싸고 있는 달걀 모양의 후광.

문설주(Jamb): 출입구나 창 등의 측면 벽.

방사형 경당(radiating chapel): 주보랑 바깥에 방사형으로 배치된 경당.

베이(bay): 경간 구획. 4개의 기둥에 의해 구획된 단위 공간.

벽기둥(pilaster): 벽면에서 약간 튀어나와 있는 기둥.

부벽(buttress): 횡압력으로부터 벽체를 보호하기 위해 벽면 바깥에 덧붙여 쌓은 벽. '버팀벽'이라고도 한다.

부연부벽(flying buttress): 고딕 성당에서 궁륭의 횡압력을 부벽에 전달하기 위해 측랑 지붕 위쪽으로 설치한 구조물로 '벽날개'라고도 한다.

부조(relif): 평면을 돋을새김해서 만든 조각.

블라인드 아치(blind-arch): 개구부가 벽체로 막혀 있는 아치.

사(4)분 궁륭(quadripartite vault): 한 베이의 궁륭이 늑재에 의해 네 부분으로 구획된 궁륭.

상인방(lintel): 기둥과 기둥 사이에 올려져 기둥들을 지탱하는 들보.

세례반(font): 세례를 위해 사용되는 수반.

세례당(baptistery): 세례를 행하기 위해 별도로 지은 건물.

슈베(chevet): 성당 건축에서 방사형 경당을 포함한 동쪽의 끝 부분.

스투코(stucco): 소석회(또는 석고)를 주재료로 대리석 가루나 점토분 등을 섞어 만든 장식 도료.

승리의 아치(triumphal arch): 중랑과 익랑의 교차부 지점에 세워진 개선문 형태의 아치.

아케이드(arcade): 열주에 의해 지탱되는 아치군과 그것이 만들어 내는 통로 공간.

아키볼트(archivolt): 아치 밑면의 곡선을 따르는 장식용 몰딩 또는 띠.

아키트레이브(architrave): 고전 건축에서 열주가 받치고 있는 수평의 대들보 부분.

엔태블러처(entablature): 고전 건축에서 열주 위에 올려진 상부 구조로서 아키트레이브와 프리즈, 코니스 등으로 구성된다.

열주(colonnade): 줄지어 선 기둥.

영묘(mausoleum): 죽은 위인이나 신격화된 인물의 영혼을 모시는 묘지.

오더(order): 고전 건축에서 기둥과 엔태블러처가 만들어내는 건축 형식.

우물천장(lacunar): 천장을 구성하는 반자틀을 우물 정(井)자로 짜 만든 천장.

원통형 궁륭(barrel vault): 반원형 단면으로 이루어진 궁륭으로 '터널 궁륭'이라고도 한다.

원형아치(circular arch): 아치 둘레가 반원형으로 된 아치.

원형창(oculus): 눈을 뜻하는 라틴어로 돔의 천장이나 벽의 원형 창문.

웨스트워크(westwork): 독일어의 베스트베르크(Westwerk)에서 온 말로, 교회의 동쪽 부분(east end)과 대비되는 서쪽 부분을 말한다.

육(6)분 궁륭(sexpartite vault): 한 베이의 궁륭이 늑재에 의해 여섯 부분으로 구획된 궁륭.

이맛돌(keystone): 아치 꼭대기의 쐐기돌.

장미창(rose window): 고딕 성당에서 볼 수 있는 장미꽃 모양의 둥근 창.

전실(narthex): 나르텍스. 성당 입구와 회중석 사이에 만들어진 공간.

정탑(lantern): 돔 위에 설치된 랜턴 모양의 작은 탑 모양의 구조물로 '큐폴라(cupola)'라고도 한다.

제단(altar): 전례의 중심이 되는 장소로 제대 등이 자리한다.

제의실(sacristy): 전례에 쓰는 제구와 제의를 보관하는 공간으로 '성구실'이라고도 한다.

주두(capital): 기둥 머리. 기둥의 최상부를 형성하는 부재.

주보랑(ambulatory): 후진 뒤쪽의 보행용 회랑.

중랑(nave): 회중석에서 중앙에 위치하는 공간으로, 측랑과는 열주 등으로 구분된다. '신랑'이라고도 한다.

중앙기둥(trumeau): 출입문의 중앙에 있는 기둥.

중정(atrium): 아트리움. 초기 교회에서 본 건물 앞의 공간으로 회랑으로 둘러싸여 있다.

지하경당(crypt): 내진 부분의 지하에 위치한 경당으로 지하 묘실로 사용되기도 한다.

첨형 아치(pointed arch): 꼭대기가 뾰족한 아치로 '첨두 아치'라고도 한다.

측랑(aisle): 회중석에서 중랑 양측의 좁고 긴 공간.

치보리움(ciborium): 천개. 제단이나 주교좌 위에 설치하는 장식용 캐노피. 흔히 발다키노(baldacchino)라 부르기도 한다.

카타콤(catacomb): 로마시대의 지하 묘지.

콜로네이드(colonnade): 오더를 이용한 열주들의 가구식 구조.

클로이스터(cloister): 수도원의 회랑.

테라코타(terra cotta): 점토를 구워 만든 도기.

트러스(truss): 부재가 휘지 않게 접합부를 핀으로 연결한 골조 구조

트레이서리(tracery): 고딕식 창의 장식 격자.

트리뷴(tribune): 로마네스크 성당에서 아케이드 위층 공간으로 '갤러리'라고도 한다.

트리포리움(triforium): 고딕 성당 중랑벽에서 아케이드와 고측창 사이 부분으로, 보통 세 개의 연속된 아치로 되어 있어 붙여진 이름이다. '공중 회랑'이라고도 한다.

팀파눔(tympanum): 출입문 위쪽의 박공벽 또는 아치에 둘러싸인 반원 형태의 부분으로 보통 조각 등으로 장식된다.

파사드(facade): 주 출입구가 있는 건물의 정면부.

팬던티브(pendentive): 정사각형 평면 위에 아치를 세우고 그 위에 돔을 설치할 때 아치와 돔 사이의 삼각형 부분.

팬던티브 돔(pendentive dome): 팬던티브를 이용한 공법으로 건설된 돔.

페디먼트(pediment): 고전 건축에서 삼각형의 박공 부분.

프레스코(fresco): 젖은 회벽에 안료를 발라 그림을 그리는 기법.

포치(porch): 건물 본체 보다 돌출되어 지붕으로 덮인 출입구.

포털(portal): 건물의 정면 출입구.

프레델라(predella): 제단화의 받침대에 해당하는 부분으로 보통 조각이나 그림으로 장식된다.

피어(pier): 작은 돌이나 벽돌을 쌓아 만든 사각형의 견고한 기둥.

할렌키르헤(Hallenkirche): 홀 교회(Hall-church)라는 뜻으로, 중랑과 측랑의 높이가 같아 내부 공간이 하나의 홀처럼 보이는 교회 형식.

회중석(Langhaus): 중랑과 측랑을 포함하는 신도들의 공간으로 내진과 대비해 '본진'이라고도 한다.. 중랑을 의미하기도 한다.

회중찬송(congregation Hymn): 예배 중 회중들이 직접 부르는 찬송.

횡단아치(transverse arch): 궁륭의 경간구획을 나누는 아치.

익랑(transept): 트랜셉트. 십자형 평면에서 양쪽 날개에 해당하는 부분으로 '수랑' 또는 '횡랑'이라고도 한다.

후진(apse): 앱스. 출입구 맞은편, 내진 뒤쪽의 반원형 공간.

## 찾아보기